爆破造林

荒滩造林

飞播造林

封山育林

荒山造林

退耕还林

生态移民新村

人工种草

节水灌溉

小流域综合治理

谷坊坝

梯田整修

小管出流

生态修复治理

覆生态垫造林

运苗机

水源涵养林

杨树片林

乔草混交模式　　林牧模式

林草间作模式　　林水模式

乔灌草混交模式　　针阔混交模式

退耕还林硕果累累

山区蓬勃发展的旅游业

苹果生态园

苹果节

核桃基地

板栗基地

林禽模式

林桑间作模式

林药间作模式

林菌模式

山区蓬勃发展的西洋参产业

板栗加工企业

门头沟区樱桃沟退耕还林

门头沟区废弃矿山生态修复后现状

沙地果桑

怀柔区板栗优良品种

密云县荒山造林

延庆县龙庆峡荒滩造林治理

密云水库

怀柔区三渡河小流域

门头沟区担礼小流域综合治理

延庆县佛峪口生态清洁小流域综合治理

门头沟区东西马涧生态清洁小流域综合治理

怀柔区神堂峪生态清洁小流域综合治理

科学治沙的理论与实践

——北京京津风沙源治理工程实例

李金海　史亚军　主编

中国农业大学出版社

坚持用科学发展观指导防沙治沙

（代序）

风沙危害是北京面临的最严重的生态环境问题。“国家首都、国际城市、历史名城、宜居城市”的城市功能定位，使北京市更感到肩上防沙治沙工作职责的分量。我们将坚决贯彻落实全国防沙治沙大会精神，以科学发展观为指导，坚持综合防治、科学防治和依法防治的方针，努力实现北京的防沙治沙工作走在全国前列。

长期以来，北京市委、市政府高度重视防沙治沙工作，将其作为事关首都环境质量和生态安全，事关首都经济社会可持续发展、构建社会主义和谐社会首善之区的一件大事，采取有力措施，不断加大投入和防治力度，防沙治沙与生态建设取得了巨大成就。

沙化土地面积持续下降。圆满完成了京津风沙源治理、退耕还林、三北防护林体系建设等一批国家级、市级重点生态环境建设工程，全市固定沙地由 1999 年的 56 234 hm^2 减少到 54 621 hm^2，并得到初步治理。

河道沙化得到有效控制。加大了河道治理，严格禁止开采河道砂石。按照有洪行洪、无水绿化的思路，整治潮白河 25 km，永定河 28 km，初步实现了河道植被覆盖。

生态环境质量不断改善。2006 年，全市空气质量二级、好于二级的天数占 66％，比 2001 年提高了 15.3 个百分点；林木绿化率 51％，城市人均绿地 47 m^2，绿化隔离地区、平原、山区三道绿色屏障基本建成，城市青山环抱、市区森林环绕、郊区绿海田园的优美景观初步显现。

沙产业体系建设取得成效。多年来，郊区农民在沙地和潜在沙化土地上栽植了 200 多万亩果园和片林，完成了 55 万亩退耕造林工程，增加了郊区农民收入。

同时，我们也看到北京的防沙治沙形势仍然严峻，自然条件、气候变迁和人为因素等增大了土地沙化的潜在威胁，已经治理的沙化土地还很脆弱，河道私挖盗采现象仍然存在，关停废弃矿山的地表植被恢复困难，外来风沙难以抵御等等。

当前，北京市做好防沙治沙工作已经具备了许多难得的机遇和有利条件。一是北京正全力筹备 2008 年奥运会，必须努力实践“绿色奥运”，达到举办奥运会的环境标准要求。二是北京市经济社会发展进入了新阶段，人均 GDP 正在从 6 000 美元向 10 000 美元迈进。三是国家有关部门对包括北京及其周边省（区、市）的防沙治沙工作越来越重视。四是广大市民的生态意识不断提高，关注、支持和参与治沙的积极性不断高涨。

经过多年实践，我们初步摸索出了防沙治沙的自然规律和经济规律，确定完善了治理模式，逐步建立起部门联动、综合治理的工作机制。站在这一新的起点上，我们确立的防沙治沙目标是：到 2010 年，全市沙化土地得到基本治理，潜在沙化土地得到有效保护，环境明显改善，推动农村经济社会稳定发展，促进农民持续增收；到 2020 年，全面完成治理任务，建立较为完备的首都防沙治沙生态体系、沙产业体系和沙化土地监测体系，实现风沙区生态与产业发展的良性循环。

为了完成上述目标，“十一五”期间，北京将抓好以下几项防沙治沙重点任务。一是京津风沙源治理工程，完成荒山人工造林 4 万 hm^2，封山育林 16 万 hm^2；二是平原治沙工程，治理重点地区沙化土地及潜在沙化土地 1.6 万 hm^2，建设示范区 10 处；三是河道治理，严格封禁砂石厂，通过封堤限行、疏挖子槽、植树种草固槽固滩，综合防治河道风沙源；四是关停、废弃矿山生态修复治理工程，完成重点地区治理面积 0.37 万 hm^2；五是发展林下经济，形成以绿色种植、养殖、旅游为主体，有区域特色的京郊沙产业体系；六是加快沙化土地监测体系建设，建立土地沙化预警机制；七是加强区域合作，支持北京周边的张家口、承德两地区搞好防沙治沙工程建设。

为此，要采取以下措施：

■ 科学编制并严格组织实施区（县）级防沙治沙规划，综合治理风沙危害。有关区（县）政府要组织编制本行政区域的防沙治沙规划，要明确减少沙化土地的时限、步骤和措施。防沙治沙规划要与北京城市总体规划、土地利用总体规划、生态建设规划、水资源利用规划相衔接，并纳入市、区（县）国民经济和社会发展规划。

■ 建立稳定的投入机制。有关部门要将防沙治沙作为一项重点，纳入财政预算、固定资产投资和科技发展计划。在沙化土地严重地区安排的农业综合开发、水利和水土保持建设等项目，要按有关规定搞好防沙治沙。要积极引导社会资金、扩大利用外资规模，拓宽筹资渠道，增加防沙治沙投入。

■ 鼓励扶持社会力量参与防沙治沙工作。改革现行防沙治沙投入和管理方式，创造公平竞争环境，为各种社会主体开展防沙治沙提供条件。同时，要在有效治理和严格保护的基础上，积极引导各种经济实体合理利用沙区资源，大力发展沙产业，把沙区资源优势转变为经济优势。

■ 加强防沙治沙科学研究和技术推广。针对防沙治沙工程的关键性技术难题，开展多部门、多学科、多层次的联合攻关。建立健全防沙治沙技术推广和服务体系，加大先进适用技术和科技成果推广应用力度，积极探索科技推广新机制。科学开展土地沙化监测工作。

■ 加强执法力度，保护治沙成果。严格执行《中华人民共和国防沙治沙法》等有关法律法规，完善配套政策。要加强防沙治沙执法体系建设，充实执法监管力量，明确执法责任，健全监督机制，搞好执法检查，加大行政执法监督力度。

■ 抓好宣传工作。通过多种形式、多种途径、广泛宣传防沙治沙在经济社会发展和社会主义新农村建设中的重要地位和作用，提高全体市民对防沙治沙重大战略意义的认识；宣传防沙治沙的有关政策和取得的巨大成就、成功经验、典型人物及事迹；宣传《防沙治沙法》，提高公民的防沙治沙法制意识，形成全社会参与，全民防沙治沙的良好氛围。

防沙治沙是一项长期艰巨的历史任务，我们一定要以对国家、对首都、对人民、对子孙后代高度负责的态度，坚持不懈地做好防沙治沙工作，努力建设繁荣文明和谐宜居的首善之区。

北京市市长　王岐山

原载 《中国绿色时报》 2007 年 6 月 25 日

目　录

第一章

北京京津风沙源治理工程建设背景

一、京津风沙源治理工程建设的必要性和紧迫性

(一)风沙危害及治理的历史溯源

北京,西拥太行,北枕燕山,东濒渤海,南面敞向华北大平原。作为千年古都,不仅有众多的名胜古迹,而且有许多优美的自然风景,古老的历史文明和都市的现代文化交相辉映,融汇出北京特有的古都风貌。然而,由于历史的原因,曾经的绿树成荫,绿草肥美正逐渐被遍野的黄沙取而代之,荒芜的土地曾在我们的脚下沉睡,漫天的沙尘也曾在京城的上空盘旋。肆虐的风沙曾经一度给北京的生态环境和城市建设带来了深重的灾难。多少年来,北京人民在与风沙的斗争中,奏响了一曲曲绿色的凯歌。

北京地区第一次有史料记载的沙尘暴出现在北魏太平真君元年(440 年)。据《上谷郡志》记载:"春二月,上谷郡"、"风风起,坏屋庐,杀人"(上谷郡辖地相当于今张家口、小五台以东,今北京延庆、河北赤城、怀来、涿鹿、宣化一带)。

此后,北魏时期有记录的重大沙尘暴曾有三次,第一次是北魏宣武帝景明元年(公元 500 年)"二月,幽州(北京)暴风,杀一百六十一人";第二次是景明三年(502 年),"九月,幽州……暴风混雾,拔树发屋";第三次是北魏宣武帝正始二年(505 年),"春二月,上谷郡黑风拔树杀人"。

隋唐时期,北京地区没有出现过有关沙尘暴的记载。

辽金时代,随着气候变得寒冷干旱和政治经济中心地位的加强,有关风沙的记载开始多起来,作为金中都,北京地区"风霾"、"雨土"的记载尤多。

金海陵王(完颜亮)贞元三年(1155 年)四月,中都地区"昏雾四塞,日无光,风十有七日";金世宗(完颜雍)大定十二年(1172 年)"三月庚子,雨土";大定二十三年(1183 年)"三月乙酉,氛埃雨土。四月庚子亦如之";金章宗(完颜璟)泰和四年(1204 年)"三月下卯,日昏无光"。

1215 年,蒙古军攻占金中都,1271 年建新都城,1267 年改国号为"大元",定都大都(今北京)。游牧民族始入中原,开始未改牧业民族习惯,许多耕地荒废,植被得以保护,反而有利于遏制沙尘。

后来开始重视农耕,周围重新变为耕地后,沙尘暴再次降临北京地区,《元史》元贞二年(1296 年)开始有沙尘暴的记载,自元英宗至治三年到明宗至顺二年(1323—1331 年)的 9 年中有 7 年出现多次沙尘暴天气。

明代 276 年中,北京地区共有 95 个年份出现春夏之交的大风沙尘暴天气。除春夏之交

外,严重一些的年份延续到夏季,甚至秋冬季节也出现过沙尘暴。期间有过几次特大沙尘暴,毁坏建筑,死伤人众,损失惨重。如正统十四年(1449 年)四月至五月间,“京师烈风,尽晦”,“大风,黄沙蔽天”。据说,有人骑着驴过桥,人和驴都被吹落桥下被水淹死。明朝时期北京地区的沙尘暴如此频繁和强烈,在历史上是少有的。

民国时期,北京地区战乱不止,有关沙尘暴的记载不多,写于 1937 年的《中国救荒史》记录了北京地区 1935 年的特大风灾,应当是一次涉及北京地区的沙尘暴。

新中国成立以后,北京开始注重生态环境建设。20 世纪 50—60 年代是北京地区历史上沙尘天气最为严重的阶段,政府采取多种措施重点解决北京的风沙治理问题。首先,抓防治水患和水利工程建设,消除沙源。先后修建了官厅、十三陵、密云、怀柔、平谷等大型水库,既防治了千百年困扰北京的水患,又从根本上消除了就地起沙的新增沙源;其次,抓首都周边地区的的绿化,防治风沙。处在北京上风向的燕山地区,结合三北防护林工程建设,进行了燕山地区的绿化建设。虽不能彻底解决因上风向而带来的风沙侵入的问题,但对减少沙尘暴对北京的袭扰起到一定作用。此外,在重点风沙危害区和主要风口处,发动群众营造防风固沙林,通过压沙盖沙使流动沙丘得到基本控制,沙尘逐渐减弱。自 20 世纪 70 年代起,防沙治沙纳入农田基本建设规划,建设了骨干林带和农田林网,形成绿色屏障,出现沙尘的天数显著减少。

随着植被覆盖率的增加,威胁北京的风沙(主要指扬沙)日趋减少,但风沙危害的警惕性丝毫不能放松。20 世纪 80 年代,“风沙紧逼北京城”,吹响了向沙区进军的号角,义务植树大军与沙区人民一同向风沙宣战。1991 年以后,治沙造林与农民脱贫致富紧密结合,通过治沙,农民得到了更多的实惠,北京地区防沙治沙进入了一个新阶段。到了 20 世纪 90 年代中后期,年均出现的沙尘天气已降至新中国成立以来最低点。

可以说,在这 50 年当中,北京沙尘暴一直在减少。

然而,受多种因素的影响,新世纪初,沙尘再次肆虐京城。2000 年春季,北京连续出现 13 次沙尘暴天气,强度之大、范围之广历史罕见。之后几年里,北京地区连续遭遇沙尘天气。2004 年和 2005 年分别出现了 3 次沙尘天气,而 2006 年更是出现了 17 次沙尘天气,空气质量创历史最低。沙尘频繁侵袭北京城乃至整个华北地区,给人们的生活和工作造成了极为严重的影响。脆弱的环境和凶猛的沙尘又一次给我们敲响了警钟。

(二)风沙危害成因分析

1. 内因——沙源地生态失衡

北京的风沙化土地主要是因历史上永定河、潮白河、温榆河等河流多次泛滥冲击而成,并进而形成了永定河上游、潮白河上游、大沙河流域、康庄和南口地区五大风沙危害区,地处北京城的上风口,是本市就地扬沙扬尘的主要沙尘源。

1984 年 2 月,陈静生等在《中国环境科学》撰文《关于“外来尘”对北京大气质量影响的研究》指出,根据北京及其上风地区灰尘的降尘量、粒度组成、有机碳含量、化学组成和黏粒矿物组成等方面的分析,北京地区大气中的自然尘在正常天气条件下(指非沙尘暴天气)主要来源于当地。而在春季偶然性沙尘暴天气条件下,降尘的组成显著区别于北京地区天然条件下的降尘,并与上风向广阔区域有明显的联系。这些降尘中的一部分可能来自更遥远的北方。他同时指出,这是第四纪以来的一种长期地质现象,与近期内蒙古草原的破坏无必然联系。当然后者有可能加剧这一过程。

从北京受周边地区风沙危害的影响看，外地沙尘主要是经过康庄-南口、古北口-潮白河、永定河河谷三道风廊进入北京。河北省的宣化盆地、坝上高原、怀来盆地，地处永定河、潮白河的上游，位于北京的西北部、北部，与北京冬春季的主风（西北风）方向一致，成为周边地区风沙危害北京的主要成因。

多年来的调研证明，外地沙尘暴的进京路线有北路、西北路和西路三条传输路径：北路传输，自内蒙古的二连浩特、浑善达克沙地、朱日和、四子王旗起，至化德、张北、张家口、宣化，到达北京；西北路传输，自阿拉善的中蒙边境、贺兰山南，北至毛乌素沙地、乌兰布和沙漠、呼和浩特、大同、张家口，直入北京；西路传输的源地在哈密和芒崖，沙尘暴走河西走廊、银川、西安，过大同、太原，最后落于北京。

20 世纪 50—70 年代，北京的风沙为什么会趋于严重呢？中国林业科学院专家经多年研究认为，这些年来，北京的西北方，从河北省张家口地区坝上直到内蒙古草原的广大地区，草原和森林植被遭到严重破坏，沙漠、戈壁面积不断扩大，生态平衡严重失调，这是风沙危害加重的主要原因。据内蒙古自治区伊克昭盟统计，从 1957 年到 1972 年间，由于大面积滥垦牧区草场，乱砍树木，全盟沙化面积已达 1 800 万亩（1 亩＝1/15 hm^2）。乌兰察布盟、锡林郭勒盟、晋西北、河北坝上等地区，也存在类似问题。这些地方长年多西北风，风刮沙移，流沙便越来越逼近北京。

河北坝上地区和内蒙古浑善达克沙地与北京市区的距离只有 100 多 km，海拔高出京津地区 1 500 m 左右。这两个地区地形地貌复杂，自然条件恶劣，常年干旱风大，自然形成多条风道，是北部风沙南下的必经之路。河北省坝上草原面积已由 20 世纪 50 年代初的 86 万 hm^2 减少到 70 年代的 51 万 hm^2；由于过度垦荒，耕地面积由 50 年代的 40 万 hm^2 增加到 70 万 hm^2。内蒙古锡林郭勒盟风蚀沙化面积已达 11 万 km^2，占全盟总土地面积的 55%以上，浑善达克从 20 世纪 50 年代以来流动沙地面积增加了 17 倍。这些地区草场退化，土地沙化日趋严重。

2. 外因——气候条件不适宜性

沙尘暴的产生除了由于人类不合理的土地开发，为大风提供了丰富的沙尘源，导致严重风蚀的结果外，还与大气环流、地貌形态和气候因素密切相关。

(1)干旱少雨

干旱少雨是北京和我国北方广大地区春季的气候特点。由于干旱少雨，不但土壤含水率低，而且随着气候逐渐变暖、气温升高，特别是遇到暖冬且持续少雨时，裸露的土壤变得更为干燥、疏松，为沙尘天气提供了丰富的沙尘源。北京地区历史上春季多风，气候变化周期性明显，遇到干旱周期，风沙必然大；湿润周期，即使风大，沙尘也不会太大，这是一种自然现象，而且是上千年前就存在的。

(2)北方冷暖空气频繁交替

每年 3～5 月份期间，北方冷暖空气频繁交替活动，产生对流层低层强烈垂直不稳定的因素，冷空气活动产生的大风成为出现沙尘天气的重要条件。

(3)气温持续偏高

受“温室效应”的影响，近年来，全球普遍出现了气温增高的趋势。京津地区春夏季节持续高温天气加剧了沙尘天气的危害，如 2006 年 3 月以来，我国北方地区年平均气温为 3.6℃，比常年同期(2.9℃)偏高 0.7℃。气温回升，致使地表层解冻，土壤水分蒸发大，土质疏松，为初春沙尘天气频繁发生提供了条件。

此外,近年来,全市各区县建筑工地比较多,有些建筑工地对产生的渣土疏于管理,也增加了出现沙尘天气的机率。

(三)风沙危害形势严峻

近半个世纪以来,全球的土地荒漠化一直呈加速发展之势。目前,全世界2/3的国家和地区、1/4的陆地面积、近10亿人口受其危害,沙漠化已被公认为当今世界的头号环境问题。我国是世界上荒漠化最为严重的国家之一,荒漠化面积较大、分布较广。据统计,目前我国荒漠化土地面积已达262万 km^2,占国土面积的27.3%,共涉及18个省区市的471个县(旗)。目前,全国荒漠化面积正以每年超过1 000万亩的速度急剧扩展。严重的荒漠化,吞噬着良田和家园,挤压着人们生存繁衍的空间,已经成为中华民族的心腹之患。如不痛下决心治理,我们将愧对子孙后代。

荒漠化导致了土地生产力的严重衰退。近年来,全国草场退化20亿亩,占荒漠化地区草场面积的59.6%,每年因此少养羊5 000多万只;耕地退化1.16亿亩,占荒漠化地区耕地面积的40.1%。据统计,我国每年因荒漠化造成的直接经济损失达540亿元。如1993年5月西北地区的特大沙尘暴,席卷新疆、甘肃、宁夏、内蒙古的72个县(旗),农业受灾面积505万亩。

荒漠化还加剧了整个生态环境的恶化。每年输入黄河的16亿t泥沙中,就有12亿t来自荒漠化地区。特大沙尘暴在上个世纪的后半叶就发生过近60次,其中:20世纪60年代发生了8次,70年代发生了13次,80年代发生了14次,90年代发生了23次。

北京市域内分布着永定河、潮白河等5条河流,这些河流养育了两岸人民,但由于河水多次改道泛滥,造成了600多万亩沙化和潜在沙化土地,形成了康庄、南口等五大风沙危害区。该重点危害区总面积247.5万亩,占全市沙化土地面积的69%。这些地区干旱少雨,土地瘠薄,植被稀疏,长期以来,风沙活动频繁,成为影响北京市工农业生产,制约地方经济发展,影响农民脱贫致富的主要因素。危害区内"无风一片沙,有风地搬家,每当风沙起,处处毁庄稼"。大风一起,大街小巷尘土飞扬,扑面而来的风沙吹得人睁不开眼睛。一旦尘暴袭来,首都上空更是一片灰黄,白昼如同黄昏,处处风沙"迷"人。

20世纪50年代,位于京北的张家口地区坝上曾是一派"风吹草低见牛羊"的草原风光。当年贺龙、聂荣臻、罗瑞卿等中央领导同志到此视察时命名的"张北马"驰誉全国,一年一度的骡马大会迎接过无数南来北往的客人。如今,大片大片的草场已被开垦为耕地,剩下的零星草场,生长最好的牧草也高不盈尺,就是不刮风,地里跑的黄鼠也看得清清楚楚。俗话说,"寸草遮丈风",草场的破坏,使大片沙质土壤失去了植被的保护,不少地方每年被风蚀的表土竟达一寸,结果农业搞不上去,有的地方甚至连种子也收不回来。

(四)风沙治理意义重大

北京作为伟大祖国的首都,是全国的政治、文化和国际交往中心。北京生态环境建设的好坏,直接影响到首都乃至我国在国际上的形象和地位,直接关系到首都社会、经济的可持续发展。北京风沙如此猖獗,不能不引起国内外有关方面的关切和注视。1977年8月,以联合国秘书长名义在肯尼亚首都内罗毕召开的世界沙漠化会议,已经把北京划入受沙漠化威胁的范围之内。

1979年3月6日《人民日报》刊登了新华社通讯员李一功和新华社记者黄正根、傅上伦、李忠诚撰写的报道“风沙紧逼北京城”，文章指出：种种情况表明，风沙已经紧逼北京，大有“兵临城下”之势。生态环境是人类社会生存和发展的基本条件，是经济社会发展的重要基础。防风治沙、植树造林，已成为生态环境建设的当务之急。

1. 首都生态环境建设的需要

国务院正式批复的《北京城市总体规划(2004—2020)》提出了要将北京建设成为“生态城市、宜居城市”，并提出了阶段性目标。北京作为首都，如果没有一个健康、安全、优美的生态环境，就称不上生态城市、宜居城市，也履行不好“四个服务”职能。

建国后，特别是改革开放以后，北京市开展了大规模的治沙造林绿化活动。经过几代人的艰苦努力，北京市的防沙治沙和流域综合治理工作取得显著成效，对改善首都生态环境起到了积极作用。尤其是近年来，北京的生态环境建设取得了较大成绩。但由于资源状况、城市布局、产业结构等多方面原因，生态问题仍然很突出，根据《2004年中国可持续发展战略报告》，北京的环境支持系统综合评价仅列全国各省市的第14位。北京目前生态环境状况与党中央、国务院的要求和人民群众的期望相比，与首都改革开放和现代化建设的需要相比，还存在差距，风沙危害形势依然严峻，京津风沙源治理工程建设的任务仍然十分艰巨和紧迫。

京津风沙源治理工程范围基本覆盖了北京市所有山区，山区是北京的重要生态屏障和水源地，对建设生态城市、宜居城市具有举足轻重的作用。因此，我们要把京津风沙源治理工程作为实现北京生态城市、宜居城市目标的一项重要举措，并研究制定相应措施加以贯彻实施。为了实现这一目标，要找准工程建设的比较优势、发掘工程治理的潜在优势，进一步加快建设步伐，在更高层次和更高水平上为完善首都功能、促进北京经济社会发展提供强有力的环境支撑和生态保障。

党中央、国务院十分关心首都的生态环境建设。2000年1月24日，江泽民同志视察北京工作时说：“改善北京市的环境质量很重要，任务紧迫，国内外的人们都很关注，要尽快建设一个空气清新、环境优美、生态良好的现代化大都市。”由此可见，京津风沙源治理工程的任务很艰巨，加快北京市生态建设步伐，遏制土地沙化的趋势，改善首都的生态环境，刻不容缓。

2. “绿色奥运”的需要

进一步加快北京防沙治沙生态体系建设步伐，按照“新北京、新奥运”战略构想对生态环境建设的要求，办“绿色奥运”，建生态城市，努力建设适应“绿色奥运”要求的生态城市，彻底遏制土地沙化的趋势，改善首都的生态环境，为2008年举办绿色奥运、提高首都北京的国际形象打下良好基础。

3. 郊区农村率先基本实现现代化的需要

目前，郊区农村发展水平与首都率先基本实现现代化和全面建设小康社会的目标存在一定的差距，城乡差距较大。因此，必须以科学发展观为指导，以城乡统筹、和谐发展的原则和理念创新北京郊区新农村建设与发展，充分体现“国家首都、世界城市、文化名城、宜居城市”的建设与发展特色。防沙治沙将生态效益、经济效益和社会效益结合起来。现存的沙地林地生态、景观效益差，沙地果园品种老、效益低，成为制约地方经济发展和影响农民脱贫致富的主要因素。因此，要充分调动郊区人民参与治理沙荒的积极性，走上“治沙—绿化—致富”的发展道路，为郊区农村率先基本实现现代化创造条件。

4. 建设首都社会主义新农村的需要

建设社会主义新农村是我国现代化进程中的重大历史任务，社会主义新农村建设的基本要求是"生产发展、生活宽裕、乡风文明、村容整洁、管理民主"，它充分体现了物质文明、精神文明、生态文明、政治文明、社会和谐在农村的完美结合，是社会主义新农村的科学内涵。北京作为首善之区，在新农村建设过程中，必须坚持以科学发展观为统领，社会、经济、生态协调发展。北京郊区作为首善之区的重要组成部分，新农村建设既要满足首都发展的需求，也要考虑资源的保护利用；既要促进产业发展，还要注重生态环境的建设，从而最终实现郊区经济社会全面、协调、可持续发展。

5. 解决山区"三农"问题的需要

北京市委九届九次全会和2005年郊区工作会议，把解决"三农"问题作为全市工作的重中之重，把促进农民增收作为当前和今后一个时期郊区工作的中心任务。京津风沙源治理工程，也要与解决"三农"问题统筹考虑。要本着"实施一项工程，致富一方百姓"的指导思想，通过工程的实施尽可能地解决山区农民的实际问题。

京津风沙源治理工程涉及6个山区县，工程建设不仅要改善生态环境质量，而且要与繁荣发展山区经济、促进山区农民增收、推进山区城镇化紧密结合。通过实施风沙源治理工程，一是大力发展生态经济林，为农民增收奠定基础；二是依托工程建设的良好生态环境，改善山区投资软硬环境，用青山绿水吸引社会资金，合理开发山区资源，并推动相关产业发展，促进山区的经济发展；三是促进农民由第一产业向第二、三产业转移，促进农村生产、生活方式的改变，从而带来山区农民思想观念和思维方式的转变；四是促进区域功能的落实。京津风沙源治理工程基本在生态涵养发展区，通过大力发展生态环境建设的后续产业和环境友好型产业，实现生态涵养与发展的和谐统一。

"人定胜天"，不过是一种理念。破坏生态环境必遭天谴，风沙就是大自然对人类破坏环境的惩罚，这是自然发展的客观规律。"解铃还须系铃人"，人类破坏了大自然，就需要人类去修补这破损了的天，破损了的地。破坏大自然容易，那是在无声无息中进行的，但是要恢复，却决非一朝一夕的事情，需要几代人甚至几十代人的艰苦奋斗，人类势必为此付出惨重的代价。

保护环境是全世界永恒的话题，防沙治沙任重而道远。

媒体链接：全球生态保护论坛在京召开：曾培炎致辞强调搞好生态环境保护，实现人类可持续发展

全球生态保护论坛2007年6月5日在北京人民大会堂举行，中共中央政治局委员、国务院副总理曾培炎出席开幕式并致辞。他指出，生态系统是人类生存与发展的根基，中国愿与国际社会共同努力，搞好生态保护与建设，维护地球生态安全，为保护人类共有家园、实现人类可持续发展做出贡献。

曾培炎说，中国是一个有着13亿人口的发展中大国，耕地和淡水资源短缺，各类自然灾害频发，可持续发展面临很大压力。中国政府高度重视生态保护和建设，采取了一系列重大措施，相继实施了"三北"防护林、天然林保护、退耕还林、退牧还草、防沙治沙、湿地保护、野生动植物保护等生态工程，取得了显著成效，不仅促进了中国生态状况的改善，也为区域和全球生态环境的好转做出了积极贡献。

曾培炎强调，中国正处于城镇化、工业化加快发展的重要时期。我们将深入贯彻落实科学发展观，把生态保护和自然资源管理放在现代化建设的重要位置。根据环境资源承载能力等因素，更好地开发、利用和保护国土空间。继续推进重点生态工程建设，加强植树造林和物种保护，推进荒漠化治理和水污染防治。大力节约能源资源，减少污染物排放，不断改善生态环境质量。采取积极措施，控制温室气体排放，做好应对气候变化的各项工作。

曾培炎指出，面对日趋恶化的全球生态状况，维护生态安全已被世界各国广泛关注，并纳入了各种国际议程。中国作为国际社会负责的一员，愿意广泛开展双边和多边生态环境合作，认真履行国际环境公约，共同研究解决危及生态安全的世界难题，为实现人类社会的可持续发展做出应有的贡献。

全球生态保护论坛由国家林业局和世界自然基金会共同举办。国务院有关部门负责人，联合国前秘书长安南，世界自然基金会资助方以及13个国际组织和机构的代表等600多人参加了论坛。

据统计，中国的森林覆盖率从1950年的8.6%上升到目前的18.2%。人工林保存面积达8亿亩，居世界第一位。自然湿地得到了有效保护，野生动植物保护得到加强。20多年来，中国通过植树造林等措施，累计吸收二氧化碳50亿t，促进了温室气体减排。

资料来源:《中国绿色时报》 2007-06-07

二、京津风沙源治理工程伟大战略的提出

(一)中央政府审时度势，做出英明决策

20世纪末的几年，包括北京市在内的华北地区沙尘天气出现日趋频繁，给人民的生产、生活带来了很大的影响，造成了越来越严重的经济损失。仅2000年3～4月间短短的一个月时间内，沙尘暴或浮尘天气13次袭击北京城，其发生时间之早，频率之高，范围之广，强度之大是建国以来所未有的。党中央、国务院对此高度重视，从中华民族生存和发展的战略高度出发，及时做出遏制生态恶化、抓紧环京津生态圈工程建设的决定。

2000年5月，受江泽民总书记的委托，朱镕基总理专程到河北、内蒙古考察治沙工作。考察小组一行驱车1 000余km，先后考察了土地沙化严重的河北省坝上地区和内蒙古自治区锡林郭勒盟浑善达克沙地，以及河北省丰宁满族自治县滦河、潮河流域水土保持综合治理点、小坝子乡土地沙化情况，内蒙古多伦县南沙口飞播造林种草育封区、太仆寺旗万寿滩乡治沙造林工程、贡布拉嘎苏木“三化”草地，张家口市沽源县丁家梁村土地沙化、张北县波罗素林场治沙造林工程、怀来县龙宝山村天漠沙丘等。

朱镕基总理指出，“江泽民总书记十分重视保护和治理生态环境工作，多次对搞好水土保持、防止荒漠化作出了重要指示，我们必须加深认识，进一步贯彻落实”。他指出，我国土地沙化形势十分严峻，必须把防沙治沙、加强生态环境建设，作为一项艰巨、重大而紧迫的任务加以落实。要认真总结经验教训，进一步明确工作思路、政策措施，充分调动各方面的积极性，构筑绿色屏障，遏制土地沙漠化趋势，促进可持续发展目标的实现。他强调，治沙止漠刻不容缓、绿色屏障势在必建，必须要坚持做到保护优先、预防为主、防治结合、统筹规划、综合治理、突出重

点、分步实施，特别要完善机制，加强法治，实行严格的责任制，为实施这一关系中华民族生存与发展的千秋伟业而不懈奋斗。2000 年 6 月 5 日，朱镕基总理主持召开国务院党组会议，决定紧急启动京津风沙源治理工程。

朱镕基总理强调，防沙治沙迫在眉睫，一定要抓得很紧，一点也不能放松；要狠抓落实，不能讲空话；要注重实效，不能做表面文章。只要发挥社会主义制度的优越性，发扬艰苦奋斗的精神，苦干实干，经过一代又一代人坚忍不拔的努力，防沙治沙工作就一定会大见成效，我国生态环境就一定会得到显著改善。2001 年 7 月 12 日，一直深切关注京津风沙源治理工程的朱镕基总理在一份调查报告上批示国务院有关部门负责人：我诚恳、由衷地向你们呼吁，请你们为中国的生态环境着想，为首都人民的切身利益着想，真正重视此项工程，亲自关心。你们能坚持 5 年，做好此项工程，必将留芳青史。

时任中共中央政治局常委、国务院副总理李岚清，中共中央政治局委员、国务院副总理温家宝，国务委员、国务院秘书长王忠禹也分别做出重要批示。

为全面贯彻落实党的十五届五中全会精神和国务院领导同志关于防沙治沙工作的有关指示，遏制北京及周边地区土地沙化的趋势，改善京津周围生态环境，国家林业局会同农业部、水利部及京津冀晋内蒙五省（直辖市、自治区）人民政府共同组织编制了《环北京地区防沙治沙工程规划》，于 2002 年 3 月得到国务院正式批准，并更名为京津风沙源治理工程。随即，原国家计委、财政部、国家林业局、农业部、水利部五部委联合下发《京津风沙源治理工程规划（2001—2010 年）》（简称《治理规划》），京津风沙源治理工程全面展开。

《治理规划》范围西起内蒙古的达茂旗，东至河北的平泉县，南起山西的代县，北至内蒙古的东乌珠穆沁旗，涉及北京市、天津市、河北省、山西省及内蒙古自治区等五省（直辖市、自治区）的 75 个县（旗、市、区），总国土面积为 45.8 万 km^2，首次实现了 5 省市跨地区联合治沙；其中，北京市有 6 个区县，天津市 1 个县，河北省 24 个区县，山西省 13 个区县（含 2 个林局），内蒙古 31 个旗县列入工程范围，规划治理沙化土地及严重水土流失面积 20.5 万 km^2。

《治理规划》以《全国生态环境建设规划》为指导，依据《中华人民共和国防沙治沙法》、《中华人民共和国水土保持法》、《中华人民共和国草原法》进行编制，并以坚持预防为主，保护优先；统筹规划，综合治理；因地制宜，分类指导；生态优先，生态、经济和社会效益相结合；政策引导与农民群众自愿相结合；国家、集体、个人一起上为原则，全面、系统、科学地提出了规划建设内容和建设目标。项目计划总投资 558.65 亿元，其中基建投资 301.04 亿元、财政投资 257.61 亿元。项目建设期 10 年，即 2001—2010 年，分两个阶段进行，2001—2005 年为第一阶段，2006—2010 年为第二阶段。计划完成退耕还林 3 944 万亩、造林营林 7 416 万亩、草地治理15 942 万亩、修建水利配套设施 113 889 处、小流域综合治理 23 445 km^2，同时安置生态移民 18 万人。

防风治沙，功在当代，利在千秋。京津风沙源治理工程是党中央、国务院从中华民族生存和发展的战略高度出发，为合理利用土地资源、增加林草植被、再造秀美山川、维护国家生态安全，实现人与自然和谐共进而实施的一项重大战略工程。它是我国国民经济发展进入新阶段的一项重大的生态建设工程，是对北方生态脆弱地区进行综合治理的一项代表性工程，也是落实科学发展观、统筹人与自然和谐发展的一项富民强国工程。

工程自 2000 年试点至 2006 年，国家累计投入 50 亿元，县均投入达 6 000 万元以上，完成治理任务达 4 000 多万亩，使京津地区的生态环境有了改善。工程区新增林草植被面积 2 284

万亩，其中营造林 983 万亩，退耕还林 516 万亩，草地治理 606 万亩，完成小流域综合治理 179 万亩，完成水源及节水灌溉工程 10 805 处。使 1/7 的裸露土地披上了绿装，局部地区生态环境明显改善，风沙危害显著降低。

链接：国务院关于进一步加强防沙治沙工作的决定

国发[2005]29 号

各省、自治区、直辖市人民政府，国务院各部委、各直属机构：

防沙治沙，事关国家生态安全，事关中华民族生存与发展，事关全面建设小康社会进程。为深入贯彻《中华人民共和国防沙治沙法》，认真落实《全国防沙治沙规划》，进一步加强防沙治沙工作，推动沙区社会走上生产发展、生活富裕、生态良好的文明发展道路，特做出如下决定。

一、充分认识防沙治沙工作的重要性和紧迫性

1. 我国防沙治沙取得巨大成就。

党中央、国务院历来高度重视防沙治沙工作，特别是进入新世纪以来，采取了更加有力的措施，我国防沙治沙工作取得了显著成效。全国沙化土地面积开始出现净减少，由 20 世纪末年均扩展 3 436 km^2 转变为现在年均缩减 1 283 km^2，沙区生态建设状况已从治理小于破坏进入了治理与破坏相持的阶段，有效地改善了农牧业生产条件，推进了农村经济结构调整和生产方式转变，促进了民族团结和边疆稳定，为经济社会可持续发展做出了重要贡献。探索了一系列改善生态、发展沙区经济的防沙治沙模式，初步形成了一套行之有效的防沙治沙工作机制，为推进我国防沙治沙事业快速健康发展奠定了基础。

2. 土地沙化形势依然严峻。

我国是世界上土地沙化危害最严重的国家之一。全国现有沙化土地 174 万 km^2，占国土面积的 18.1%，主要分布在少数民族地区和边疆地区。因土地沙化每年造成的直接经济损失高达 500 多亿元，影响近 4 亿人口的生产和生活。当前，沙区的滥樵采、滥开垦、滥放牧、水资源紧缺和不合理利用等问题较为严重，防沙治沙的任务非常艰巨。

3. 搞好防沙治沙意义十分重大。

防沙治沙是一项社会公益事业，既是保护耕地、提高土地质量的重要基础，又是改善人民生产生活条件、促进沙区经济社会可持续发展和农牧民增收的必然途径；既是实施西部大开发战略、东北地区等老工业基地振兴战略的迫切需要，又是增进民族团结、维护边疆稳定、拓展中华民族生存和发展空间的战略选择；既是改善生态、保障生态安全的重大举措，又是推进构建社会主义和谐社会的重要保障。各有关地区、有关部门要从实践“三个代表”重要思想和落实科学发展观的高度，充分认识防沙治沙工作的重要性，进一步增强紧迫感和责任感，深入贯彻《中华人民共和国防沙治沙法》，加强领导，真抓实干，努力改善沙区生态状况。

二、明确防沙治沙工作的指导思想、基本原则和奋斗目标

4. 指导思想。

以邓小平理论和“三个代表”重要思想为指导，全面落实科学发展观，按照预防为主、科学治理、合理利用的方针，遵循自然和经济规律，实行全国动员、全民尽责、全社会参与，加大保护和建设力度，改善生态环境，在沙区建立和巩固以林草植被为主体的国土生态安全体系，打好生态建设相持阶段攻坚战，促进农牧民增收和经济社会协调发展，为构建社会主义和谐社会服务。

5. 基本原则。

我国防沙治沙工作要遵循以下基本原则：

■ 统筹规划，突出重点，分类施策，分步实施，坚持区域防治与重点防治相结合；

■ 注意发挥生态系统自然修复功能，强化保护，因地制宜，综合治理；

■ 保护和恢复植被与合理利用自然资源相结合；

■ 严格依法防治，依靠科技进步；

■ 改善生态环境与促进农牧民脱贫致富相结合；

■ 国家支持与地方自力更生相结合，政府组织与社会参与相结合，鼓励单位、个人承包防治任务；

■ 依法保障防沙治沙者的合法权益。

6. 奋斗目标。

采取综合措施，全面保护和增加林草植被。力争到 2010 年，重点治理地区生态状况明显改善；到 2020 年，全国一半以上可治理的沙化土地得到治理，沙区生态状况明显改善；到本世纪中叶，全国可治理的沙化土地基本得到治理。

三、认真搞好防沙治沙布局和规划

7. 明确防沙治沙总体战略。

我国沙化土地主要分布在西北、华北北部和东北西部地区，防治工作要因地制宜、分类施策。对于沙漠绿洲周围，要营建防风固沙林带、林网，保护现有天然荒漠植被和绿洲；对于半干旱沙地类型区，在保护好现有林草植被基础上，通过大力开展造林种草、小流域治理和生态移民等措施进行综合治理，适度开发利用沙区资源；对于青藏高原高寒沙地类型区，要保护现有自然生态系统，采取以封育为主要方式的综合措施恢复植被，严禁不合理的开发。另外，对于黄淮海平原半湿润和南方湿润沙地类型区，要积极开展造林种草，大力发展速生丰产用材林和经济林，实行沙地治理与资源开发相结合。

8. 认真编制并严格组织实施规划。

沙区县级以上地方人民政府要负责组织编制本行政区域的防沙治沙规划，明确逐步减少沙化土地的时限、步骤和措施。防沙治沙规划要与生态建设规划、土地利用总体规划和水资源规划相衔接，并纳入同级国民经济和社会发展规划。全国防沙治沙规划由国务院审批，省级防沙治沙规划由国务院林业行政主管部门会同农业、水利、国土资源、环境保护等有关部门审批，市（地）、县（市）级防沙治沙规划分别由省、市（地）级人民政府审批。规划经批准后，未经原批准机关同意，任何单位和个人不得擅自修改和调整。地方各级人民政府要认真做好规划的组织实施工作，建立健全责任制，切实将规划任务落实到具体工程项目和年度目标。定期对规划实施情况进行检查、评估，确保规划任务按期完成，取得实效。

四、突出抓好土地沙化预防

9. 切实保护沙区自然植被。

沙区地方各级人民政府要制定植被管护制度，落实管护人员，加强植被保护，杜绝“边治理、边破坏”的现象。禁止在沙漠边缘地带和林地、草原开垦耕地。禁止采集发菜，彻底取缔发菜及其制品的收购、加工和销售。禁止滥垦沙荒地、滥砍滥挖灌木。沙区地方各级人民政府要坚决禁止滥挖甘草、麻黄草等药材，在甘草和麻黄草资源分布区逐级制定保护和建设规划，在生态脆弱地区要划定禁挖区和封育区，禁止一切采挖活动，严格按照有关规定规范中药材收购行为。地方各级人民政府要积极预防森林、草原病虫害、鼠害及火灾。

10. 严格控制采伐防风固沙林。

县级以上地方人民政府要严格控制防风固沙林网、林带的采伐。对于乔木型防风固沙林网、林带，因林木老化、病虫害等原因确需进行抚育更新的，必须事先在其附近形成接替林网和林带，报经省级林业行政主管部门验收后，依照有关规定进行采伐。对于萌蘖能力强、需要通过平茬等技术措施促进更新的灌木型防风固沙林网、林带的采伐，须遵守有关规定和技术规程。对林木更新困难地区现有的防风固沙林网、林带，不得批准采伐。

11. 加强草原保护和管理。

严格保护基本草地，不得擅自征收、征用、占用或改变其用途。实行以草定畜、草畜平衡制度，严格控制载畜量。鼓励和引导农牧民发展饲草饲料生产，改良牲畜品种。在牧区要推行草原划区轮牧、季节性休牧和围封禁牧制度。

12. 加强沙化土地封禁保护区建设和管理。

国务院林业行政主管部门要会同农业、水利、国土资源、环境保护等有关部门，对暂不具备治理条件以及因保护生态需要不宜开发利用的连片沙化土地，依法划定沙化土地封禁保护区。县级以上地方人民政府要妥善安排好沙化土地封禁保护区范围内农牧民的生产生活，有计划地组织迁出并妥善安置。在沙化土地封禁保护区内，禁止一切破坏植被的生产建设活动，对确需进行的修建铁路、公路等建设活动，必须严格按程序评估和审批。

13. 强化水资源管理。

加强流域和区域水资源的统一调配和管理，合理调配江河上、中、下游用水，全面实施建设项目水资源论证制度和取水许可制度，严格控制开采地下水，合理确定生活、生产和生态用水比例。要切实节约用水，大力推行节水灌溉方式和节水技术，限制高耗水、低产出的产业发展，提高水资源利用效率，建设节水型社会。

14. 加快沙区生活能源结构调整。

沙区地方各级人民政府要采取有效措施，妥善解决城乡居民生活能源问题。积极发展替代燃料，因地制宜开发利用风能、太阳能、沼气等能源，有条件的地方应鼓励农牧民营造薪炭林。在沙区开发石油、天然气、煤炭等能源时，要优先解决当地农牧民的能源需求。大力推广节能技术，提高能源的利用率。

15. 实行沙区开发建设项目环境影响评价制度。

在沙区从事开发建设活动，必须事先就开发建设项目可能对当地及相关地区生态环境产生的影响进行环境影响评价和水资源论证。环境影响报告中应包括防治措施等方面的内容。对不具备水源条件，且有可能造成土地沙化、水土流失等灾害，严重破坏生态环境的开发建设项目，不得批准立项。经批准实施的开发建设项目，要按照环境影响评价和水资源论证规定的内容同步实施生态保护和建设，搞好水资源保护和节约用水工作。有关部门要加强监督，搞好检查验收，经检查验收不合格的，不得对开发建设项目进行竣工验收。因防治措施不力造成土地沙化的，有关部门要责令项目建设单位限期进行治理，对情节严重的应依法追究责任。

五、加强沙化土地治理

16. 因地制宜治理沙化土地。

沙区地方各级人民政府要按照防沙治沙规划，组织有关部门、单位和个人，因地制宜地采取人工造林种草、飞播造林种草、封沙育林育草和合理调配生态用水等措施,积极治理沙化土地。在沙区要合理营造防风固沙林网、林带;对生态区位重要、粮食产量低而不稳的沙化耕地,要实施退耕还林还草,并在确定退耕还林还草任务时予以优先安排,对未退耕的沙化耕地要加快农业生产方式改革,积极推行免耕留茬等保护性耕作措施;对严重退化、沙化的草原,实行退牧还草,适度发展灌溉饲草料地;对生态严重恶化的地区要有计划地实施生态移民;大力开展水土保持综合治理,搞好沙区生态建设的配套水源工程建设,发展小型蓄水节水设施。

17.切实抓好重点工程建设。

国务院林业、农业、水利等有关行政主管部门和地方各级人民政府要依据《全国防沙治沙规划》,认真组织实施好京津风沙源治理、三北防护林体系建设、退耕还林、退牧还草、草原沙化防治、水土保持、牧区水利等国家重点工程和区域性治理项目,在不同沙化土地类型区建设一批防沙治沙综合示范区,积极探索防沙治沙政策和技术模式。要严格工程建设进度、质量和资金管理,建立健全违规使用资金案件和工程质量事故责任追究制度。对工程建设情况实行评估制度,并根据评估情况,适时调整、完善工程建设项目和相关政策。

18.落实沙化土地单位治理责任制。

沙区县级以上地方人民政府对铁路、公路、河流和水渠两侧以及城镇、村庄、厂矿和水库周围的沙化土地,要落实单位治理责任制,限期由责任单位负责组织造林种草或者采取其他措施治理。有关行政主管部门要定期对责任单位的治理任务完成情况进行检查验收,对于未能按期完成治理任务的,应按规定追究有关领导人的责任。

六、完善防沙治沙扶持政策

19.建立稳定的投入机制。

各级人民政府要随着财力的增强,加大对防沙治沙的资金投入,并纳入同级财政预算和固定资产投资计划。在安排国债资金和中央预算内基建资金时,要继续将防沙治沙作为一项重点。要安排资金用于沙化土地封禁保护区建设。在沙区安排的扶贫开发、农业综合开发、水利和水土保持建设、草原建设等项目,凡涉及防沙治沙内容的,都要按有关规定搞好防沙治沙。要积极引导社会资金,扩大利用外资规模,拓宽筹资渠道,增加防沙治沙投入。加大科技投入力度,对防沙治沙重点科技支撑项目予以扶持。

20.实行税收优惠和信贷支持。

国家对防沙治沙给予必要的税收政策支持。各地区、各有关部门要认真执行好现行的防沙治沙税收优惠政策。单位和个人投资进行防沙治沙的,在投资阶段免征各种税收;取得一定收益后,可以免征或减征有关税收,具体规定另行制定。国家继续对符合林业贷款中央财政贴息规定的防沙治沙贷款给予财政贴息,有关部门要加强对贴息资金的监督管理。对符合银行贷款条件的防沙治沙项目,有关银行要适当放宽条件,积极给予信贷支持,并做好各项金融服务。继续扩大农户小额信用贷款和农户联保贷款,支持有条件、有生产能力、守信用的农户通过防沙治沙、发展多种经营实现增收致富。

21.扶持各种社会主体参与防沙治沙。

要创造公平竞争环境,为各种社会主体开展防沙治沙提供条件。改革现行防沙治沙投入和管理方式,凡纳入国家重点工程项目的公益性治沙活动,经县级以上有关行政主管部门检查验收合格后,享受国家重点工程项目的资金补助等政策。在进一步完善招投标制、报账制的同时，研究探索政府出资直接收购沙区各种社会主体营造的非国有公益林的相关政策。征占用治理后的土地，必须严格履行相关审批手续，并由征占者给予治理者合理的经济补偿。因保护生态的特殊要求，将治理后的土地划定为自然保护区、封禁保护区的，按相关规定给予治理者合理的经济补偿。对纳入公益林管理的沙区森林资源，要以多种方式给予投资治理者合理补偿。

22. 保障治理者的合法权益。

沙化土地可以通过承包、租赁等多种形式落实经营主体，按照签订的合同，限期进行治理。治理后的沙化土地，如涉及权属或地类变更，要及时依法办理土地变更登记手续，保障治理者和土地权利人的合法权益。使用国有沙化土地从事防沙治沙活动的，其土地使用权的期限最高可至 70 年，治理后的沙化土地承包经营权可以依法继承和流转。

23. 合理开发利用沙区资源。

在有效治理和严格保护的基础上，积极引导各种实体充分利用沙区的优势资源，发展特色优势产业。要扶持一批竞争力强、辐射面广的龙头企业，开展资源培育、生产加工、运输贮藏和市场营销。鼓励结合农业、林业、畜牧业结构调整，以公司加农户的形式建设沙区灌木林、药材和牧草基地，实行集约经营。大力发展沙区特色种植、养殖业，积极发展加工业，有条件的地方还可以发展沙区旅游业及其他产业，培育新的经济增长点，增加农牧民收入，促进沙区经济发展。

七、加大科技治沙和依法治沙力度

24. 加强防沙治沙科学研究和技术推广。

加强防沙治沙基础科学研究和应用技术研究，针对防沙治沙的关键性技术难题，开展多部门、多学科、多层次的联合攻关。建立健全防沙治沙技术推广和服务体系，加大先进适用技术和科技成果推广应用力度。积极探索科技推广新机制，对科技推广项目实行招投标制度。要健全防沙治沙重点工程建设与科技支撑项目同步设计、同步实施、同步验收制度，切实将科技支撑贯穿于工程建设的全过程，努力提高工程建设质量和科技含量。加强对基层技术人员和农牧民的技术培训，积极培育农牧民专业技术协会和科技型企业。对长期在重点沙区县及基层治沙单位工作的专业技术人员，在职级晋升、技术职务聘任及其子女上学等方面给予优惠。

25. 严格依法治沙。

各级人民政府和各有关部门要切实做到依法行政，严格执行《中华人民共和国防沙治沙法》等有关法律法规，完善配套规章。要加强防沙治沙执法体系建设，充实执法监管力量，明确执法责任，健全监督机制，积极配合同级人大搞好执法检查，加大行政执法监督力度。要适时开展集中专项执法行动，严厉打击破坏沙区植被和野生动植物资源、造成土地沙化及水土流失、非法征占用沙化土地等违法行为，做到有法必依、执法必严。加强法制宣传教育和保护生态环境道德教育。

26. 科学开展土地沙化监测工作。

建立健全土地沙化监测体系，科学开展监测工作。国务院林业行政主管部门要定期组织有关部门对全国土地沙化情况进行监测，及时公布监测结果。县级以上地方人民政府林业或者其他有关行政主管部门要对本行政区域的土地沙化情况进行监测，并及时向本级政府报告监测结果。地方各级人民政府要根据监测结果，调整并完善防治措施。对于有沙化趋势或者沙化程度加重的地区，要依法制止导致土地沙化的行为，并积极开展防治。

八、加强对防沙治沙工作的领导

27. 防沙治沙工作实行政府负责制。

沙区地方各级人民政府对本行政区域的防沙治沙工作负总责。沙区县级以上地方人民政府每年要向同级人民代表大会及其常务委员会报告防沙治沙工作情况，自觉接受监督。全面推行地方人民政府行政领导防沙治沙任期目标责任考核奖惩制度，将防沙治沙年度目标和任期目标纳入沙区地方各级人民政府政绩考核范围。加强防沙治沙管理机构和队伍建设。国务院林业行政主管部门要负责做好全国防沙治沙的组织、协调和指导工作，有关部门要按照职能分工，各负其责，密切配合，共同做好防沙治沙工作。

28. 进一步加强防沙治沙国际合作与交流。

国务院有关部门和有关地方人民政府，要根据我国履行《联合国防治荒漠化公约》的要求，密切合作，加强履约能力建设，认真履行我国承担的各项义务。要根据我国国情，积极引进国外的资金、技术和先进管理经验，促进我国防沙治沙事业的发展。努力开拓防沙治沙国际合作新领域，鼓励将国内防沙治沙技术向其他国家进行有偿输出和转让。

29. 广泛发动社会各界关心和支持防沙治沙事业。

大力开展防沙治沙宣传教育，提高全民的生态保护意识。积极探索新形势下开展群众性防沙治沙的新机制、新办法，引导沙区群众积极参与防沙治沙。充分发挥人民解放军、武警部队、民兵以及工会、妇联、共青团和其他社会团体在防沙治沙中的重要作用，动员社会各方面的力量，支持和关心防沙治沙事业。各级人民政府对在防沙治沙事业中取得显著成绩的单位和个人，要给予表彰奖励，对做出突出贡献的予以重奖。

国务院

二〇〇五年九月八日

(二)地方政府高度重视，制定有力政策

保护和治理生态环境，是造福子孙后代的伟大事业。2000 年，党中央、国务院要求，有关地区的党委和政府要从现代化建设的全局和实施可持续发展战略的高度，切实把防沙治沙工作放到更加突出的位置上。要加快制定全国防沙治沙规划，并把加快生态环境建设作为国民经济和社会发展第 10 个五年计划的重要内容。在全国总体规划的指导下，有关地方要抓紧研究制定本地区防沙治沙专项规划，并要纳入各自的“十五”计划中去，编制或修订市级及市级以下规划，并做好规划的实施工作。

为全面贯彻落实国务院领导同志关于防沙治沙工作的有关指示精神，遏制北京地区土地沙化的趋势，改善北京生态环境，按照国家有关部门的统一部署，2000 年，北京市林业、水利、农业等有关部门联合编制了《北京市 2001—2010 年环北京地区防沙治沙工程规划》，并以市政府名义(京政函[2001]28 号)将该规划上报国家有关部门。

根据北京城市性质和特点，北京京津风沙源治理工程规划的指导思想是：以党的十六大精神和“三个代表”的重要思想为指针，以构建和谐社会、宜居城市为切入点，以《北京市生态环境建设规划》和《关于加快本市防沙治沙生态体系建设的实施意见》为指导，以改革开放和科技进步为动力，以“保护饮用水源、改善生态环境，防治水旱风沙灾害、促进经济社会可持续发展”为目标，以水源保护区、生态脆弱区治理为重点，坚持城乡统筹、协调发展的理念，遵循自然和经

济规律，坚持生态优先、景观优美、产业优化、高质高效的原则，通过加强现有植被的保护，植树造林、退耕还林还草、小流域治理、禁牧舍饲和生态移民等措施，解决生态环境面临的突出矛盾和问题，建设山区绿色生态屏障，为首都全面建设小康社会和“绿色奥运”服务，为把北京建设成为“空气清新、环境优美、生态良好、人居和谐”的现代化国际城市贡献力量。

京津风沙源治理工程涵盖了北京市延庆、门头沟、怀柔、昌平、密云、平谷6个山区县，主要通过林业措施、农业措施、水利措施、生态移民，解决首都周围地区的风沙危害问题，保障首都及周边地区的工农业生产，美化人民的生活环境，提高人民的生活质量。它是首都乃至全国的“形象工程”，是建设山区、发展山区的重要举措，是实现“生态城市、宜居城市”目标定位的有效手段，对促进首都城乡统筹发展具有重要意义。

1. 坚持科学发展观，促进人与自然和谐发展

党的十六届三中全会提出的坚持以人为本，树立全面、协调、可持续的科学发展观，是各项工作的统领。北京市的生态环境建设虽然已取得了较好的成效，但距“宜居城市”要求，距“绿色奥运”的承诺还有很大的差距。京津风沙源治理工程就是通过建设绿色生态屏障，统筹人与自然和谐发展，实现经济和社会协调、可持续发展的战略工程，是科学发展观的具体体现。在实施的过程中，必须深入贯彻科学发展观，以科学发展观指导工程建设，切实把科学发展观的要求贯穿于京津风沙源治理工作的各个方面、各个环节，以全面提升工程的建设水平。

为此，北京市必须不断加快推进北京京津风沙源治理工程，把生态建设和实践科学发展观紧密结合，坚持以人为本，通过打造良好的生态环境，促进、带动山区发展。随着工程建设的深入，京津风沙源治理工作必须贯彻科学发展观，既要抓外延发展，更要重视抓内涵发展，抓质量和效益的提高。通过加强管理和科技运用，走内涵式、集约型发展道路，做到速度和结构、质量、效益相统一。

2. 坚持城乡统筹，促进区域经济社会协调发展

转变思想，提高认识，拓宽思路，用城乡统筹、城乡一体化来认识生态建设，跳出治沙来治沙。一是继续引导工程区农民保护好生态环境，积极参与建设生态环境，促进农民依托生态建设“就业、增收”；二是依托生态环境建设的成果，合理开发利用区位优势和自然资源，大力发展生态环境建设的后续产业和环境友好型产业，包括特色林果业、休闲旅游业等，加快区域经济发展；三是依照以城带乡的路子，支持和鼓励投资者建设工程区、开发工程区，通过发展相关二、三产业，实现工程区城镇化目标，让工程区百姓享受城市的文明，城市居民享受生态建设的成果。

3. 坚持生态优先，实现建设与保护并重

京津风沙源治理工程是一项以生态效益为主的生态建设工程，所有治理措施和方法必须把生态效益摆在首位，在加强现有植被保护的前提下，通过综合措施，减少水土流失，建设绿色生态屏障，改善首都生态环境。以建立长效机制为主体，探索可持续发展的道路，如禁牧、围栏舍饲、生态移民等。同时要落实工程管护责任，加强执法力度，保护和巩固建设成果。

4. 坚持生态、经济、社会三效兼顾，正确处理保护与发展的关系

京津风沙源治理工程建设的根本目的是改善生态环境，促进经济和社会可持续发展。要在突出生态效益的同时，充分发挥首都区位优势，因地制地发展果树、速生林、牧草等绿色产业，积极探索各具特色的工程建设模式，把生态环境建设与产业开发、农民增收、区域经济发展

结合起来,增加农民收入,提高农民生活质量和水平。

要正确处理生态建设与经济发展的关系。京津风沙源区的生态问题,归根到底是生存问题、经济发展水平问题。沙化土地耕种、草原过牧,有管理方面的原因,更重要的是因为农牧民贫困造成的。在京津风沙源治理工程建设中,要在确保生态建设这一主体目标的同时,高度重视农民增收问题和粮食问题,确保农民生活水平和收入水平的不断提高,使生态环境建设与保护,和农民增收、农业增效、农村富裕紧密结合起来。

5. 坚持统筹规划,实行因地制宜、分类指导

造成土地沙化、水土流失、环境恶化的因素是多方面的,工程安排也要统筹规划,综合治理。采取的各项工程治理措施要从实际出发,因地制宜,突出重点,分步实施,处理好全局与局部、长远与当前的关系,既要抓好近期发展建设,更要谋划好长远的可持续发展。加强农、林、水一体化建设,加强林业、水利、农业各项措施的协调与配合,充分发挥部门优势,优先实施工程区重点风沙源的治理。

6. 坚持政策引导与农民自愿结合

北京京津风沙源治理工程建设是一项意义重大的公益事业,也关系到广大农民的切身利益,要充分尊重群众意愿,通过政府引导,使农民群众认识到,治理风沙危害既是改善生态环境的需要,也是调整农业产业结构、增加农民收入的必然选择,符合农民的根本利益,同时要坚持国家投入为主的投资机制,坚持"谁承包、谁建设、谁受益、谁管护"的原则,充分调动广大群众参与工程建设的积极性,并使之成为农民的自觉行动。

链接:北京市人民政府关于进一步加强防沙治沙工作的意见

(京政发[2006]34号)

各区、县人民政府,市政府各委、办、局,各市属机构:

为促进本市经济社会可持续发展,根据《国务院关于进一步加强防沙治沙工作的决定》(国发[2005]29号,以下简称《决定》)精神,现就进一步加强本市防沙治沙工作提出以下意见。

一、充分认识防沙治沙工作的重要性和紧迫性

防沙治沙是一项社会公益事业,做好防沙治沙工作事关首都环境质量和生态安全,事关首都社会主义新农村建设的顺利进行和城乡统筹协调发展,对于本市率先基本实现现代化和构建社会主义和谐社会首善之区目标的实现具有重要意义。市委、市政府高度重视防沙治沙工作,全面贯彻党中央、国务院关于加强北京生态建设的重要指示,采取了一系列有力措施,使本市沙化土地和潜在沙化土地得到初步治理,生态状况和环境质量持续改善。但是,本市防沙治沙工作任务依然艰巨,当前面临的主要问题包括:一是还有 4 765 hm^2 沙化土地亟须治理,108 783 hm^2 潜在沙化土地需要预防和保护;二是待治理的荒山、荒滩立地条件差,造林难度大,特别是关停、废弃矿山地表破坏严重,植被恢复十分困难;三是乱采砂石、放牧毁树等边治理边破坏的现象依然存在;四是防沙治沙在推动社会主义新农村建设和区域经济发展方面的作用有待进一步加强。各有关区县政府、市政府各有关部门要从实践"三个代表"重要思想和落实科学发展观的高度,充分认识防沙治沙工作的重要意义,进一步增强紧迫感和责任感,深入贯彻《中华人民共和国防沙治沙法》和《决定》精神,加强领导,切实推进防沙治沙工作,努力改善首都生态环境。

二、明确防沙治沙工作的指导思想和目标任务

（一）指导思想。以邓小平理论和“三个代表”重要思想为指导，全面贯彻落实科学发展观，遵循自然规律和经济规律，按照预防为主、科学治理、合理利用的方针，加大保护和建设力度，提高防沙治沙水平，改善生态环境，促进社会主义新农村建设，为实现首都经济社会可持续发展和建设宜居城市服务。

（二）目标和任务。到2010年，全市沙化土地得到基本治理，潜在沙化土地得到有效保护，生态环境得到明显改善，推动农村经济社会稳步发展，促进农民持续增收。到2020年，全面完成治理任务，建立较为完备的首都防沙治沙生态体系、沙产业体系和沙化土地监测体系，实现风沙区生态与产业发展的良性循环。

“十一五”期间抓好五项重点工程。一是京津风沙源治理工程，完成荒山人工造林4万hm^2，封山育林16万hm^2；二是平原治沙工程，治理重点地区沙化土地及潜在沙化土地1.6万hm^2，建设示范区10处；三是关停、废弃矿山生态修复治理工程，完成重点地区治理面积0.37万hm^2；四是推进沙产业和后续产业建设，形成以绿色种植、养殖、旅游为主体，具有区域特色的京郊沙产业体系；五是加快沙化土地监测体系建设，建立土地沙化预警机制。

三、确定总体布局，科学编制规划

（一）实行山区涵养、平原治理的总体战略。山区涵养是通过实施封山育林、人工造林和关停、废弃矿山生态修复等措施，增加植被，提高现有林地防护功能。平原治理是根据风沙危害成因和扬沙起尘特点，因地制宜，通过播草盖沙、沙坑治理等措施进行科学治理。

（二）科学编制并严格组织实施防沙治沙规划。各有关区县政府要根据全市防沙治沙规划，组织编制本行政区域的防沙治沙规划，明确减少沙化土地的时限、步骤和措施。防沙治沙规划要与本市城市总体规划、土地利用总体规划、生态建设规划、水资源利用规划相衔接，并纳入市、区县国民经济和社会发展规划。区县防沙治沙规划经市政府审批后实施。防沙治沙规划一经批准，未经批准机关同意，任何单位和个人不得擅自修改和调整。各有关区县政府要认真做好规划的组织实施工作，建立健全责任制，切实将规划任务落实到具体工程项目和年度目标。定期对规划实施情况进行检查、评估，确保规划任务按期完成。

四、突出抓好土地沙化预防

（一）严格控制防风固沙林的采伐。本市范围内的防风固沙林要严格管理，依照有关规定科学、合理、有序地进行更新。因林木老化、病虫害等原因确需进行抚育更新的防风固沙林，必须事先在其附近形成接替林网和林带，报经市园林绿化部门验收后，依照有关规定进行采伐。

（二）加强沙化土地封禁保护区的保护和管理。依法划定的沙化土地封禁保护区内禁牧、禁猎、禁薪、禁垦，各有关区县政府要妥善安排好沙化土地封禁保护区内农民的生产生活。沙化土地封禁保护区内确需进行的重点工程建设，必须严格按照程序进行评估和审批。

（三）实行沙化土地开发建设项目环境影响综合评价制度。在封禁保护区以外的沙化土地上进行开发建设活动，必须依法进行生态环境影响评价、水资源论证和开发建设项目水土保持方案编报。对有可能严重破坏当地生态环境的项目，不得批准立项。

（四）加强水资源管理。市和各区县政府要加强辖区内水资源的统一调配和管理工作，全面实施建设项目水资源论证制度、取水许可制度和水土保持方案编报制度，严格控制开采地下水，合理确定生活、生产和生态用水比例。要切实节约用水，大力推行节水灌溉方式和节水技术，限制高耗水、低产出的产业发展，提高水资源利用效率，建设节水型社会。

五、加快沙化土地治理

(一)因地制宜治理沙化土地。各级政府要按照防沙治沙规划,组织有关部门、单位和个人,因地制宜地采取人工造林、播草盖沙、封沙育林育草等措施,积极治理沙化土地。在沙化土地严重地区要合理营造防风固沙林网、林带;对生态区位重要的沙化耕地,要积极推行生物覆盖技术;要大力开展水土保持综合治理,搞好沙化土地生态建设的配套水源工程建设,发展小型蓄水节水设施。

(二)抓好重点工程建设。市园林绿化、农业、水务、国土资源、气象等部门和各有关区县政府要依据本市防沙治沙规划,坚持生物措施与工程措施相结合、人工修复与自然恢复相结合,重点抓好京津风沙源治理、平原治沙、关停废弃矿山生态修复、沙产业、沙化土地监测网络建设等重点工程,建设一批防沙治沙综合示范区。要严格工程建设的质量和资金管理,建立健全违规使用资金案件和工程质量事故责任追究制度。对工程建设情况实行评估制度,并根据评估情况,适时调整、完善工程建设项目和相关政策。

(三)落实沙化土地单位治理责任制。各有关区县政府对辖区内的沙化土地,要落实单位治理责任制,限期由责任单位负责组织造林种草或者采取其他措施治理。有关行政主管部门要定期对责任单位的治理任务完成情况进行检查验收,对于未能按期完成治理任务的,应按规定追究有关人员的责任。

六、完善防沙治沙扶持政策

(一)建立稳定的投入机制。各级政府要加大对防沙治沙的资金投入,将防沙治沙作为一项重点,纳入同级财政预算和固定资产投资计划。在沙化土地严重地区安排的农业综合开发、水利和水土保持建设等项目,凡涉及防沙治沙内容的,都要按有关规定搞好防沙治沙。要积极引导社会资金、扩大利用外资规模,拓宽筹资渠道,增加防沙治沙投入。加大科技投入力度,对防沙治沙重点科技支撑项目予以扶持。

(二)落实税收优惠和信贷支持政策。市有关部门和有关区县政府要认真贯彻国家制定的防沙治沙税收优惠政策。单位和个人投资进行防沙治沙的,在投资阶段免征各种税收;取得一定收益后,免征或减征有关税收,具体规定按国家有关政策执行。对符合林业贷款财政贴息规定的防沙治沙贷款项目,按财政部核准数额,市财政给予地方配套政策。继续扩大农户小额信用贷款和农户联保贷款,支持有条件、有生产能力、守信用的农户通过防沙治沙、发展沙产业和多种经营实现增收致富。

(三)扶持各种社会主体参与防沙治沙。改革现行防沙治沙投入和管理方式,创造公平竞争环境,为各种社会主体开展防沙治沙提供条件。凡纳入国家重点工程项目的公益性治沙活动,经区县有关行政主管部门检查验收合格后,享受国家重点工程项目的资金补助等政策。进一步完善招投标制、报账制,研究政府出资直接收购土地沙化严重地区各种社会主体营造的非国有公益林的相关政策。征占用治理后的沙化土地,必须严格履行相关审批手续,并由征占者给予治理者合理的经济补偿。因保护生态的特殊要求,将治理后的沙化土地划定为自然保护区、封禁保护区的,按相关规定给予治理者合理的经济补偿。对纳入公益林管理的沙区森林资源,要以多种方式给予投资治理者合理补偿。

(四)保障治理者的合法权益。沙化土地可以通过承包、租赁等多种形式落实经营主体,按照签订的合同,限期进行治理。治理后的沙化土地,如涉及权属或地类变更,要及时依法办理土地变更登记手续,保障治理者和土地权利人的合法权益。使用国有沙化土地从事防沙治沙活动的，其土地使用权的期限最高可至70年，治理后的沙化土地承包经营权可以依法继承和流转。

（五）合理利用沙区资源。在有效治理和严格保护的基础上，积极引导各种经济实体合理利用沙区资源，大力发展沙产业。大力扶持一批资源消耗低、科技含量高、竞争力强、辐射潜力大、市场前景好的龙头企业，以公司加农户的形式，把沙区资源优势转变成经济优势；鼓励和引导广大农民、各种社会主体发展具有首都特色的种植、养殖、农副产品深加工、生态旅游和高性能沙产品等产业，形成新的经济增长点。

七、加大科技治沙和依法治沙力度

（一）加强防沙治沙科学研究和技术推广。市有关部门和有关区县政府要针对防沙治沙工程的关键性技术难题，开展多部门、多学科、多层次的联合攻关。建立健全防沙治沙技术推广和服务体系，加大先进适用技术和科技成果推广应用力度，积极探索科技推广新机制。要健全防沙治沙重点工程建设与科技支撑项目同步设计、同步实施、同步验收制度，切实将科技支撑贯穿于工程建设的全过程，努力提高工程建设质量和科技含量。加强对基层技术人员和农民的技术培训，积极培育农民专业技术协会和科技型企业。对长期在区县及基层治沙单位工作的专业技术人员，在职级晋升、技术职务聘任等方面给予优惠，具体办法另行制定。

（二）科学开展土地沙化监测工作。市园林绿化部门要抓紧会同气象等有关部门，应用卫星遥感等先进科技手段，科学安排监测内容，构建覆盖全市的沙化土地监测网络体系和土地沙化预警机制，对沙化土地治理后形成的植被状况和生态环境工程效益进行科学评价。监测结果要及时向市政府报告，并适时公布；各有关区县政府要根据监测结果，调整并完善防治措施。对于有沙化趋势或者沙化程度加重的地区，及时查找原因，并积极开展防治工作。

（三）加强执法力度，保护治沙成果。各级政府要严格执行《中华人民共和国防沙治沙法》等有关法律法规，完善配套政策。要加强防沙治沙执法体系建设，充实执法监管力量，明确执法责任，健全监督机制，积极配合同级人大搞好执法检查，加大行政执法监督力度。要适时开展集中专项执法行动，严厉打击破坏沙区植被和野生动植物资源、造成土地沙化及水土流失、非法征占用沙化土地等违法行为，做到有法必依、执法必严。通过多种形式、多种途径加强防沙治沙法制宣传，提高公民的防沙治沙意识和法制意识，形成全社会参与、全民防沙治沙的良好氛围。

八、加强对防沙治沙工作的组织领导

（一）实行防沙治沙工作政府负责制。市和各有关区县政府每年都要向同级人民代表大会及其常务委员会报告防沙治沙工作情况，自觉接受监督。全面推行行政领导防沙治沙任期目标责任考核奖惩制度，将防沙治沙年度目标和任期目标纳入各区县政府政绩考核范围。

（二）部门联动，综合治理。建立防沙治沙部门联系协调机制，市有关部门要加强对全市防沙治沙工作的组织、协调和指导，按照职能分工，共同做好防沙治沙工作。市园林绿化部门是本市防沙治沙的行政主管部门，要认真组织、指导防沙治沙规划的实施，积极探索并推广适合地方特色的防沙治沙政策和技术模式；市农业部门要加快对沙化耕地的农业生产方式改革，调整产业结构，积极推行免耕留茬等农田保护性耕作措施；市水务部门要大力开展小流域综合治理和水土保持工程，对冬春季节干枯河道及水库、城乡裸地，要通过提高地表植被盖度等措施有效治理沙尘。

（三）加强对外合作与交流。根据本市防沙治沙工作开展情况，加强区域合作与国际交流，积极引进国内外的资金、技术和先进管理经验，促进防沙治沙事业的发展。在治沙措施、沙化土地监测与预警、沙产业建设等领域要加强区域统筹，积极争取周边省、自治区、直辖市的支持与协作。

（四）广泛发动社会各界关心和支持防沙治沙事业。充分发挥各种社会团体在防沙治沙工作中的重要作用，动员社会各方面的力量支持和关心防沙治沙事业。市和区县政府对在防沙治沙工作中取得显著成绩的单位和个人，给予表彰和奖励。

北京市人民政府

二〇〇六年九月二十七日

（三）基层组织密切配合，采取得力措施

京津风沙源治理工程是党中央、国务院审时度势，提出的一项伟大的战略工程，具有十分重要的战略意义。北京市委、市政府领导对此高度重视，适时出台了各项政策、制定了科学的发展规划，指导北京京津风沙源治理工程的实施。北京京津风沙源治理工程共涉及延庆、门头沟、怀柔、昌平、密云、平谷6个郊区县，工程开展几年来，得到了工程区各地方政府及基层组织的大力支持和密切配合，在上、下多方共同努力下，工程建设进展顺利、成效显著。

各区县政府坚决贯彻中央和市政府战略决策，把京津风沙源治理工程当作一项重要任务来抓，将其纳入工作计划和议事日程，采取得力措施，治理风沙。实行了区县长负责制，区县长亲自抓，主管领导具体负责，成立了工程领导小组；实行目标责任制，按部门、分乡镇落实任务，明确责任，切实做到了层层有人抓、有人管，层层落实，区县与乡镇、乡镇与行政村之间层层签订责任书，做到任务到位、责任到位、工作到位，保证了工程建设的顺利实施。

各区县在京津风沙源治理工程实施过程中，坚持“以质量建设为中心”，全力根据地区特点打造精品、亮点工程。在成立工程领导小组基础上，进一步明确责任，狠抓落实，通过对工程实施的全过程管理，加强技术服务和监督，有效把住了质量关。加强了工程建设项目的前期工作，还针对相应的管理办法制定了细则。在项目建设过程中，各区县工程技术人员深入工程建设一线，对苗木、工程材料、栽植、水利施工等进行全过程技术指导和监督，层层把关，发现问题及时纠正，保证了项目区工程实施的质量，实现了工程质量精品化。如延庆县林业局成立青年突击队克服种种困难，自制滑车运苗并利用生态垫覆盖，通过爆破造林，使玉渡山这颗美丽的明珠有了生机勃勃的大门。

在项目管理和资金管理上，工程区各区县都能从严把好设计、施工、检查验收关。一是严抓设计关，作业设计做到图、文、表齐全，将建设任务落实到山头地块，杜绝边设计边施工、甚至先施工后设计的现象；二是严把施工关，做到按设计施工，对整地、施肥、栽植提出严格要求，并跟踪检查，提高工程建设的质量；三是抓好验收关，按照国家规定的标准，对造林种草的面积、树种、密度、成活率等按小班设计验收。同时，各地普遍加强了资金管理，提高了资金的使用效能，在资金预算、下达、拨付、使用、决算等各个环节，严格执行国家的有关规定。坚持专户存储、专款专用、建立专账、单独核算、封闭运行的工程资金管理制度。审计部门加强了对资金使用的检查和审计，保证各项监督措施能及时到位。

在工程后期管护上，各区县进一步加大力度，抓好建设成果保护，严格执行《森林法》、《防沙治沙法》、《水土保持法》和《草原法》，并结合各地实际，制定了一系列规章和规范性文件，依

靠法律保护资源和建设成果。通过签订管护责任制，加强了工程建后管护，按照“谁治理、谁管护、谁受益”的原则，明确管护主体，落实管护措施，确保治理成果，长期发挥效益。把管护作为工程实施的头等大事来抓，坚持建设与保护并重，把建设任务和承包管护任务分山头地块、落实到人。不断加强工程执法队伍建设，通过建立健全管护机构，组建护林队伍，安排专兼职管护人员，确保管护人员到位。普遍在项目区推行了禁垦、禁牧、禁樵制度，改变了过去边治理、边破坏，长年造林不见林的现象。各区县有关部门之间还通过现场检查、相互交叉检查等方式进行交流合作，及时总结经验，解决问题。

在工程建设过程中，各工程区县还通过资源整合，积极创建具有特色的区域经济，探索出十一大治理模式：速生丰产林模式、林药间作模式、生态走廊模式、生态旅游模式、荒滩治理模式、水源涵养林模式、特色经济林带模式、沙坑治理模式、乔灌混交治理模式、林牧治理模式、精品采摘园治理模式，基本形成了郊区果品的“八带百群千园”的格局，区域经济得到长足发展，后续产业发展如火如荼，展现了良好的发展前景。如通州区永乐店镇发展林下食用菌种植基地 5 000 亩，发展种植农户 500 多户，平均每亩年增加经济效益 8 000～12 000 元，最高可达 2 万元，社会效益十分显著，并产生轰动效应。又如在延庆、大兴、通州等卵石荒滩和林下发展沙地桑 10 000 多亩，初步形成了沙地桑树从种植——饲料深加工——养殖——肥料的循环经济产业链。工程建设模式化的探索，不仅取得了良好的经济效益，同时有效地促进了林木的生长，产生了显著的生态效益和社会效益，对今后的推广和发展，起到了示范带头和窗口作用。

（四）郊区农民热情参与，积极投身建设

北京京津风沙源治理工程之所以能够取得今天的丰功伟绩，得益于党中央、国务院的英明决策，得益于市委、市政府的高度重视，也得益于区县及各级基层组织的大力支持。然而，更重要的是，它采取了以农民为主体的治理方针，充分发挥了农民的积极性、主动性和创造性，并因此得到了工程区广大农民群众的密切配合，这是工程建设积累的最宝贵的经验，也是工程建设最应珍视的财富。

在工程过程中，始终注意坚持农民的主体地位，采取多种措施，实行机制创新，把生态建设和农业结构调整结合起来，和农村产业发展结合起来，和农民增收致富结合起来，实现“靠山吃山”到“养山富民”的巨大转变。通过养山就业，有效缓解工程区、尤其是山区农民的贫困问题，农民收入大幅提升、农民生活水平显著提高、生活环境明显改善。正是由于工程建设处处坚持从农民的实际利益出发，能够做到急农民之所急、想农民之所想，切实考虑了农民生产、生活中最迫切和亟待解决的问题，才使得广大农民积极参与并投身工程建设，从而有力地推动了工程的顺利实施。

另外，为了更进一步调动农民的主动性和参与意识，提高广大干部群众的认识，工程建设还狠抓宣传工作，创造良好氛围，促进农民更新思想、转变观念。为进一步加大政策宣传力度，吃透政策精神，市林业主管部门及时购买了《退耕还林条例》和《退耕还林条例释义》，下发到区县、乡镇工作人员手中，并根据国家和北京市有关退耕还林工程建设的政策编制了《退耕还林政策解答》；与多家媒体进行了合作，京郊日报还开辟“退耕还林政策知识问答”专栏，采用一问一答的形式，对退耕还林工程进行详细报道，分期解答农民在退耕还林过程中可能遇到的政策问题，使退耕还林的各项具体政策措施家喻户晓，使社会各界对这项工程有了更深一步的了解，得到社会更广泛的支持。退耕还林在宣传林业、了解林业、支持林业，广泛吸取社会力量方

面,又向前迈了一步。各工程区县也通过广播、电视、电台、报纸、公示栏和印发宣传资料、出动宣传车、在村头办黑板报、宣传栏等多种方式,积极向广大农民宣传退耕还林政策。从社会问卷调查结果看,90%以上的退耕农户都掌握国家的退耕还林政策,愿意将低产田进行退耕还林,从“动员退”转变为“主动退”。广大农民群众的生态意识明显提高,上上下下切实做到了思想统一、认识统一、行动统一。

北京京津风沙源治理工程涉及到社会各界的方方面面,政策性比较强,它直接关系到工程区老百姓的生活状况,为保障农民最根本的利益,各级政府还注意提高工程透明度和政策的可执行性。同时,强化了社会监督,把政策执行情况置于群众监督之下,纳入乡村政务公开的内容;并且明令规定严肃政纪,对违反政策的个别现象进行严肃查处。广大农民从工程建设中真正得到实惠,参与工程建设的积极性大大提高。

如在退耕还林项目中,落实了承包到户政策,明确了治理、管护责任和获取收益的权利;对农牧民承包的耕地、草原、宜林地植树种草后,当地政府确认权属;落实退耕还林专项政策,把粮食、现金足额兑现给农民;按时发放围栏、饲料粮补助粮款。为保证补助钱粮的公正、合理兑现,北京市继续实行对农户的退耕面积、验收合格面积、钱粮兑现数量进行3次公示制度,提高了工程实施的透明度,有力地推动了全市退耕还林工作。

又如在生态移民项目中,由于生态移民涉及每个搬迁农户的切身利益问题,因此各级政府部门非常重视,制定了周密的实施计划,加强领导,明确工作任务和责任。提出把改善生态环境、解决农民生产生活条件及农民致富作为生态搬迁的出发点,按照“搬得出、稳得住、能致富”的要求,坚持依法办事,做到公开、公正、透明,努力做好生态移民工作。

第二章

北京京津风沙源治理工程建设内容

一、北京京津风沙源治理工程区基本情况

(一)自然条件

1. 自然状况

(1)地理位置

北京市位于华北平原的西北边缘,地理坐标为北纬 39°28′～41°05′、东经 115°25′～117°30′,周围与河北省、天津市毗邻。全市土地总面积为 1.68 万 km^2,山地占总面积的 62%,平原占总面积的 38%。

(2)地质地貌

北京市西部、北部和东北部三面环山,南部是缓缓向渤海倾斜的平原。西部山地统称为西山,属太行山脉;东北部山地统称为军都山,属燕山山脉。最高山峰东灵山海拔 2 303 m,山脉中间镶嵌着若干山间盆地,山区的宽度 20～50 km。山地多为沉积岩类,如石灰岩、砾岩、砂岩、页岩、火山岩、花岗岩、灰绿岩及斑岩等。北京的平原是由许多大大小小的扇形地和洪冲积平原连接而成,地形较平坦,海拔高度 10～50 m。

(3)水文水资源

北京市有大小河流 200 多条,主要有永定河、潮白河、蓟运河、北运河、大清河五大水系,属海河流域。其中,只有北运河水系发源于本市,其余 4 个水系发源于河北省或山西省的过境河流。绝大部分河流由西北流向东南,在天津注入渤海。

全市多年平均降水量为 595 mm。全市降雨年际变化较大,年内降雨分配不均匀,汛期(6～9 月)降水量约占全年的 85%,丰水年可达 90%以上。春季十年九旱,汛期又多暴雨、洪水和泥石流。由北京境内降水而形成的多年平均地表径流量为 23 亿 m^3,其中山区为 16.16 亿 m^3。地下水为基岩裂隙水和岩溶裂隙水,储量较少,埋藏较深,全市山区地下水可采资源量仅为 1.78 亿 m^3,较难开采,局部地区水中含氟量较高。

(4)气候条件

北京市属暖温带大陆性季风气候,其特点是:春季气温回升快,干旱多风,夏季炎热多雨,秋季天高气爽,冬季寒冷干燥。

全市年平均气温 11.5℃,7 月温度最高,平均为 25℃,1 月温度最低,平均为－6℃。昌平、怀柔和房山的山前平原为本市山前暖区,年平均气温达 12℃;广大山区为 9～11℃。全市平均气温≥0℃年活动积温值为 4 000～6 000℃,≥10℃年活动积温为 4 087.8℃。日照时数为

2 600～2 800 h，年平均辐射总量为 112～136 kcal/cm^2，年平均蒸发量 1 800～2 000 mm。平原地区无霜期为 150～200 天，山区一般 150 天。

(5)土壤条件

北京市处于暖温带半湿润地区的褐土地带。由于地形特点的差异和地下水位的影响，山区土壤垂直分布从低到高依次是山地褐土、山地棕壤土和山地草甸土。由山麓至冲积平原，其土壤类型变化是褐土、碳酸盐褐土和潮土类及部分水稻土。在局部地区又有盐碱土和沼泽类型的土壤。

2. 土地利用状况

工程区土地总面积 10 709.2 km^2。其中，林业用地面积 73 万 hm^2，耕地面积 11 万 hm^2，其他用地 22 万 hm^2。

3. 森林植被资源状况

北京的原始植被类型为暖温带阔叶落叶林和温带针叶林，由于长期人为破坏，现已不多见。中山上部原生植被为落叶松林和云杉林，已演替为山顶杂草草甸和桦、杨、栎类及混生次生林。中山中、下部原生辽东栋、蒙古栎和油松林，被破坏后形成大面积萌生丛和灌丛。低山区原生植被为松栎林，被破坏后演替为各类灌丛。山间盆地及沟谷地带生长有杨、柳、榆、桑、核桃楸、板栗、柿树等。北京地区人工栽植的树种主要有油松、侧柏、落叶松、刺槐、毛白杨、中林 46 杨、107 杨、108 杨、沙兰杨、柳、国槐、椿树、栾树、黄栌、火炬、元宝枫，以及苹果、梨、桃、葡萄、杏等。

据北京市第六次森林资源二类调查，全市山区林木绿化率 67.85%，森林覆盖率 46.55%。由于自然地理条件和人为因素等原因，项目区水土流失严重，据 2000 年底遥感调查结果显示，工程区水土流失面积 3 458 km^2。

4. 水资源利用状况

全市人均水资源量为 300 m^3，全市多年平均可供水资源量为 41 亿 m^3(包括入境水量)，其中地表水 15 亿 m^3，地下水 26 亿 m^3。现有(1999 年)大中小型水库 86 座(其中大型水库 4 座，中型水库 16 座，小型水库 66 座)，总库容 93.5 亿 m^3，全市共有机井 4.5 万眼，大、中、小型水闸 339 座，万亩以上灌区 45 处。

(二)社会经济状况

1. 人口及组成

工程区总人口 219.9 万人(据 2002 年北京统计年鉴)，农业人口 130.7 万人，劳动力 108 万人，人口密度 205 人/km^2。总面积 10 709.2 km^2，耕地面积 11 万 hm^2，人均耕地面积 0.084 hm^2/人，粮食总产量 40.7 万 t。

2. 经济状况

改革开放以来，北京在经济社会发展各方面均取得了很大成绩，在优化产业结构，提高运行质量的同时，仍然保持了较快的增长速度。据统计，项目区 2002 年末总收入 107.17 亿元，其中林业收入 18 813.6 万元，占 1.76%。

(三)生态建设状况

1.建国以来生态建设成就

新中国成立前,北京仅有残存的天然林、次生林 32 万亩,人工林很少,森林覆盖率为 1.3%,水土流失严重,风沙、旱涝等自然灾害频繁发生,生态环境十分脆弱。

新中国成立以后,党和政府十分重视北京市的生态环境建设,把生态建设列为首都建设的重要任务之一,并制定了一系列的方针、政策和法律、法规。在造林绿化、治理水土流失、保护饮用水源、防风治沙等生态建设方面取得了巨大成就。到 2000 年底,郊区林地总面积已达 1 050 万亩,林木绿化率已达 43%,比建国初增加了 40%多。城市绿化覆盖率达到 36%,人均公共绿地 10 m^2。首都的生态环境得到明显改善。昔日“风沙紧逼北京城”的局面已初步改变。据《北京市环境状况公报》,城近郊降尘量由 1986 年的每月 21 t/km^2 降到 2002 年的 13.2 t/km^2,下降了 37.1%,2002 年比 2001 年下降了 13.2%。通过近几年的京津风沙源治理工程,生态环境已经得到初步改善。

一是风沙危害区治理成效显著。康庄、南口、永定河、潮白河、大沙河五大风沙危害区初步得到治理,建成了 94 万亩的固沙片林,一些地区由风沙危害区建成了风景旅游区,改变了过去乱石滚滚、沙丘遍地的旧貌。据观测,五大风沙危害区风速降低了 40%,扬沙日数减少了 34%。

二是水土流失治理效果明显。按照“山水林田路统一规划,拦蓄灌排节综合治理”的原则,以大流域为骨干、以小流域为单元,截至 2002 年底,全市已累计达标治理面积 3 078 km^2。密云、怀柔和延庆等区县和平谷挂甲峪等 21 条小流域被水利部、财政部命名为全国水土保持生态建设示范县和示范小流域。各类水土保持设施年平均蓄水保水能力达到 1.5 亿 m^3,累计保土拦沙 1.2 亿 t,减少密云水库入库泥沙量 60%以上。开发建设造成的人为水土流失得到有效控制,水土流失监测顺利开展并取得阶段成果。

三是山区造林绿化步伐加快,生态环境进一步得到改善。“九五”期间,北京市 7 个山区县全部列入国家生态环境建设综合治理重点区县,在密云水库、怀柔水库、官厅水库的上游和太行山地区,实施了水土保持林、水源涵养林建设工程,累计造林面积超过了 450 万亩,治理水土流失面积 540 万亩,林木绿化率达到 60%,密云水库水质连续保持国家地面水环境质量二级标准。1994 年全国太行山绿化工程启动后,加速了北京市太行山绿化的建设进程,有林地面积达 325 万亩,林木绿化率达到 59.75%。2000 年启动的京津风沙源治理工程,工程区人工造林 26.6 万亩,飞播造林 20.6 万亩,封山育林 119.6 万亩,退耕地造林 35 万亩,配套造林 30 万亩。

四是风景名胜区景观效果明显改善。全市建成了 353 处风景区,其中,森林景区 134 处,人文景区 90 处,自然景区 129 处。风景区绿化面积累计 87 万亩,林木绿化率达到了 60%以上。在立地条件差、造林难度大的重点地区、重要地段,采取爆破整地造林方式进行绿化,完成绿化面积 8 万多亩。目前,已开发接待游客的风景区有 314 处,开辟森林旅游热线 30 多条,接待游人达 200 多万人次。森林旅游已成为郊区经济发展、农民致富的增长点。

2.生态建设存在的问题

北京市生态环境建设工作虽然取得了较大进展,但生态环境仍比较脆弱。一是水资源紧缺。人均水资源占有量不足 300 m^3，仅为全国人均占有量的1/8，为全世界人均占有量的1/30，远低于国际公认的人均 1 000 m^3 的缺水下限；特别是 1999 年以来的持续干旱，使水资源紧缺的问题更加突出，水资源短缺成为制约北京郊区农业发展的主要矛盾。大部分河道断流，水库蓄水入不敷出，地下水位持续下降，截至 2003 年 7 月末，全市 16 座大中型水库蓄水量仅为 11.6 亿 m^3，为总库容的 12.6%，比 1999 年同期减少 20 亿 m^3，平原地下水比 1998 年末下降了 7.13 m，储量减少 36.5 亿 m^3。不少地区机井抽不出水或只能出半管水，不仅影响到农业灌溉用水，还影响到城镇供水。此外，伴随郊区工业化和城市化进程及规模养殖、休闲旅游业的发展，污水排放量不断增加，水环境呈恶化趋势，水源保护形势严峻。水资源的严重匮乏制约着北京市的可持续发展。二是水土流失严重。到 2002 年底全市达标治理水土流失面积 3 078 km^2，但尚有 3 500 多 km^2 存在不同程度的水土流失，占山区面积的 30%，此外，40%的山区处于暴雨活动频繁的山洪泥石流易发区，1990 年以来发生 4 次较大的泥石流灾害。三是全市尚有大量潜在沙化土地亟待治理。

二、工程建设目标

京津风沙源治理工程是追求人与自然和谐发展，实现经济和社会全面、协调、可持续发展的具体体现，是改善和优化北京及周边地区生态环境、遏制风沙的骨干工程，是夯实“绿色奥运”的重大举措。

通过京津风沙源治理工程的实施，建设一个高质量、高稳定性的生态防护体系，优化首都及周边地区生态环境，使可治理的沙化土地得到基本治理，首都生态环境明显改善，风沙天气和沙尘暴天气明显减少，从总体上遏制沙化土地的扩展趋势，构筑京津风沙防护绿色屏障，将首都打造成生态城市、宜居城市，并进一步提升首都的国际地位。同时，以生态产业的发展带动当地农村产业结构的调整，稳定工程区农牧业生产，转移农村剩余劳动力，增加农民收入，实现脱贫致富，安居乐业，全面建设首都社会主义新农村。

至 2010 年计划完成退耕还林 87.0 万亩，其中退耕地造林 46 万亩，配套荒山荒地造林 41 万亩；营造林 692.7 万亩，其中人工造林 100.52 万亩，飞播造林 30.58 万亩，封山育林 538.6 万亩；京津周围绿化(爆破造林)23 万亩；种苗工程建设 53 处；草地治理 90 万亩，其中人工种草 59 万亩，草地围栏封育 30 万亩，饲料机械配套 1 000 套，草种基地 1 万亩；建设水源工程 3 642 处，节水灌溉 1 100 处，小流域治理 2 315 km^2；生态移民 14 480 人。

三、工程建设布局

(一)建设范围

依据国家《京津风沙源治理工程规划》，北京市京津风沙源治理工程涉及平谷、密云、怀柔、昌平、延庆、门头沟 6 个区(县)，面积 107.09 万 hm^2，涉及人口约 220 万。

(二)规划布局

依据《北京市生态环境建设规划》，为了合理布设工程建设内容，根据北京市的区域特点及首都城市功能、生态环境存在问题和建设主攻方向，将北京市的京津风沙源治理工程建设区域划分为4个类型区：

1. 水源保护区

本区主要指密云、怀柔、官厅水库上游区域，地跨密云、怀柔、昌平、延庆4个区县，西起延庆海坨山，东至密云雾灵山，总面积约61万 hm^2。本区是北京的重要水源地和生态屏障，承担着50%以上的城市工业和生活用水。从西到东，妫水河、潮河、白河穿境流过西部太行山脉的石灰岩和东北部燕山山脉花岗岩地区。区内地形复杂，山高坡陡，土层瘠薄，植被覆盖率低，林种和树种结构布局不合理，林分质量差，水源涵养功能较低，水土流失严重，汛期容易发生山洪、泥石流危害，水土资源开发利用水平较低。目前，三大水库泥沙淤积8亿多 m^3，降低了水库的水质和防洪能力。1994年市委市政府确定的60个边远山区乡镇分布在这一地区有40多个，保护环境与发展经济的矛盾比较突出。因此，本区生态环境建设的主攻方向是以水源保护林建设和水土保持为核心，开展天然林保护、中幼龄林抚育管理、小流域综合治理，山洪泥石流防治等生态建设工程，综合应用生物措施、工程措施、节水灌溉措施，将生态效益、社会效益和经济效益相结合，提高水源涵养林的保护功能，满足北京城市发展对水源和水质的需求。

2. 深山绿化与水土保持区

本区主要指工程区的深山地区，位于潮河、白河、永定河、泇河、温榆河的上游，总面积约25万 hm^2，有宜林荒山面积12.7万 hm^2。该区域多为石灰岩、花岗岩、片麻岩的石质山地，风化严重，地形破碎，水土流失严重，生态环境脆弱，多是山洪、泥石流易发地区，分布山洪、泥石流易发沟道518条，这里人民生活水平较低。官厅水库到门头沟三家店的官厅山峡地区河道纵坡大，土壤侵蚀严重，多年平均侵蚀模数2 500 t/(km^2·年)，导致永定河下游地区河床严重淤积，形成地上悬河，汛期严重威胁着北京城的安全。本区域生态环境建设的主攻方向是以水土保持林建设与山洪泥石流防治为核心，开展天然林保护、防护林营造、中幼龄林抚育管理、自然保护区建设、以小流域为单元的水土保持治理、山洪泥石流防治、节水灌溉等生态环境建设工程，积极发展林果业，全面控制水土流失，防灾减灾、涵养水源，屏障风沙，建立起山区良性的生态系统，提高当地人民的生活水平。

3. 浅山景观生态区

本区域主要指工程区的前山、丘陵地带，面积约为10万 hm^2。这一区域的突出特点是水土流失治理程度较高，林木覆盖率较高，水土资源综合开发利用和保护较好，农林特色植物品种较多，乡村旅游度假设施建设较快，区内有十三陵、龙庆峡等国内外著名名胜古迹，是旅游的热点区域，农民有较多接受教育和技能培训的机会，发展潜力大。伴随开发建设，人为活动频繁，对环境、植被等破坏加大，影响了该地区历史文化景观生态环境。本区生态环境建设的主攻方向是控制不合理的人为活动，营建风景林，改造老、杂、劣果园，建设发展名特优果品生产和林果良种繁育基地，建立水土保持示范教育基地，发展节水型高效农业，建设以生态旅游和观光农业为特色的景观生态环境，实现生态经济可持续发展。

4. 风沙荒滩治理区

本区主要是指潮白河、永定河、大沙河流域和康庄、南口地区五大风沙危害区，总面积

12 万 hm^2 左右。北京风沙区一般分布在古河道和风口地带，区内特点是干旱多风，土壤沙化严重，水源短缺，植被稀少，条件恶劣，对大气环境和农业生产的影响大，是北京市的主要扬沙扬尘源地。虽然已经进行了初步的治理，但治理的任务还比较大。本区域生态环境建设的主攻方向是以防风固沙林网建设为基础，以营建沙区农田林网为核心，以解决水源工程为突破口，建立园林景观式的沙地生态环境模式，带动农业的综合开发，根除北京境内的沙尘源。

四、具体建设内容

京津风沙源治理工程自 2000 年试点，2002 年正式启动。在切实加强现有林草植被保护和管理的基础上，本着因地制宜、因害设防、宜乔则乔、宜灌则灌、宜草则草的原则和生物、工程措施相结合的方式进行建设，以实行区域生态环境的良性循环。

建设内容分为林业措施、农业措施、水利措施和生态移民 4 个方面。

（一）林业措施

主要建设思路是以营林造林为主要手段，飞、封、造相结合，增加工程区的植被覆盖。在充分考虑立地条件的基础上，各项工程合理布局，结合水利措施，充分发挥森林的生态效益。在海拔高、人畜活动较少、植被恢复相对较容易的地区，进行封山育林；在海拔较高、植被覆盖度较低的地区采取飞播造林；根据北京的具体情况，实施不同项目的人工造林；对长年耕作、容易造成水土流失的坡耕地，实施退耕还林，并相应进行配套人工造林；对前脸山裸岩较多的地区，立地条件极为恶劣，但景观要求比较重要的地区实施爆破造林；在非前脸山地区，立地条件比较困难，进行大苗造林；对于平原沙地和潜在沙化土地，进行农田林网建设和治沙固沙片林建设；在密云、怀柔、官厅、金海湖四库流域为范围的水源林建设区建设水源保护林工程；为确保林业工程质量，从根本上抓好种苗产业就显得尤为重要，这样的建设思路，主要突出生态优先的原则，同时考虑到地区经济的发展以及增加农民收入的问题。

1. 退耕还林

退耕还林是指对水土流失严重或粮食产量低且不稳定的坡耕地和沙化耕地，以及生态地位重要的耕地，停止耕种，植树种草。

北京京津风沙源治理工程涉及平谷、密云、怀柔、延庆、昌平、门头沟 6 个山区县，退耕还林的重点是主要公路、河流两侧 25°以上的山坡耕地和土层薄、灌溉困难、自然灾害频繁的坡台地及沟谷川地，以营造生态林为主，适当发展经济林。

全市规划总任务 87 万亩，其中退耕地造林 46 万亩，配套荒山荒地造林 41 万亩，2000—2004 年已完成。

2. 人工造林

工程实施范围主要是在 6 个区县的偏远山区、山区公路两侧、风景旅游区周边和两滩（南口、康庄），宜林荒山荒滩、山区覆盖度较低 的灌木林地，在条件许可的情况下，进行人工造林。规划工程区人工造林总面积 100.52 万亩。

3. 飞播造林

工程主要涉及深山区，采用飞播造林，绿化人迹罕至高山地带，飞播橡树、油松效果良好。飞播造林工程规划任务 30.58 万亩。

4. 封山育林工程

封山育林是利用森林的更新能力，在自然条件适宜的山区，实行定期封山，禁止垦荒、放牧、砍柴等人为的破坏活动，以恢复森林植被的一种育林方式。根据实际情况可分为“全封”（较长时间内禁止一切人为活动）、“半封”（季节性的开山）和“轮封”（定期分片轮封轮开）。这是一种投资少、见效快的育林方式。封山育林的优点：一是成本低。封山育林到成林成材，成本只需人工造林的 1/6～1/10。二是绿化速度快。很多山区或半山区人力、资金短缺，若全靠人工造林，显然是无能为力，如果封山育林就可大大加快绿化速度。三是利用期早，收效快。四是有利于保护物种资源。育林不破坏植被，既可保护原有的树种资源，又能形成混交林，是保护珍稀树种和生物多样性的重要途径。五是可以减少森林病虫害。封山育林使林分结构、林内气候改善，有利于天敌繁殖，不利于病虫孽生发展，特别是对控制分布最广的松毛虫危害有重要作用。

北京市远山区及不宜进行人工造林的地方要以封山育林为主，加大封山育林的强度和力度。封山育林规划总面积 538.6 万亩。

5. 京津周围绿化——爆破造林工程

爆破造林是指在大多分布有次生植被，人工开挖困难的石质山地上，为方便作业引入工程爆破的做法，用炸药成片炸山、炸石，疏松地表后栽种林木的一种育林方式。

主要范围是干旱阳坡，土层薄的前山脸地区，采用爆破整地造林的方法，实现绿化。工程规划总面积为 23 万亩。

6. 种苗工程建设

种苗工程建设是林业建设的基础，主要是培育抗性强、耐干旱、治沙效果好的优质乔、灌植物材料，为京津风沙源治理工程提供充足的优质壮苗。包括新建、完善苗木基地，建设采种基地和林木种子加工贮藏库等。2000—2005 年已形成了 23 个标准化、精品基地，为京津风沙源治理工程提供优质苗木。现在京津风沙源治理工程种苗工程建设已从苗木建设向种业建设转变，通过种子建设形成以乡土树种、优势树种为主体的具有北京特色的林木种业体系。

链接：国家林业局关于京津风沙源治理工程人工造林有关标准问题的通知

林沙发[2002]258 号

北京、天津、河北、内蒙古、山西省、自治区、直辖市林业厅（局）：

为了保证京津风沙源治理工程人工造林质量，使工程建设既符合国家相关技术标准、规程的规定，又符合工程区的实际，适应当地生态环境建设的要求，现就京津风沙源治理工程人工造林有关标准问题通知如下：

一、各省（含自治区、直辖市，下同）林业厅（局）要按照原林业部 1995 年 12 月 8 日发布的《造林技术规程》（GB/T 15776—1995）和我局 2001 年发布的《生态公益林建设标准》

(GB/18337.3—2001)规定的范围和原则,并结合本地实际情况,确定京津风沙源治理工程人工造林(含退耕还林)初植密度和造林模式。国家标准没有规定的,按地方标准执行。

二、各省林业厅(局)要组织7～11名造林、防沙治沙和生态方面的专家,对提出的人工造林初植密度和造林模式进行论证,通过论证,三分之二以上专家认可的人工造林初植密度和造林模式才能用于京津风沙源治理工程的实施之中。

三、各省林业厅(局)通过论证并将采用的人工造林(含退耕还林)初植密度和造林模式,要及时报国家林业局备案。备案材料还应包括人工造林初植密度和造林模式确定的依据等相关背景材料。

四、对于上报备案的,我局在一个月内未表示否定意见的,视为同意。特此通知。

二〇〇二年十一月八日

(二)农业措施

主要建设思路是以增加草地、增加工程区农地、沙地覆盖度为目的,以人工种草、保护天然草地为主要手段。对规划范围内裸露农地采取种植适宜北京生长的草种,在保护环境的同时,增加农民收入;为保证人工种草工程的实施,购置饲料机械是提高饲草生产效率的重要手段,是降低人工劳动强度,提高经济效益的可靠保证;对天然草地进行保护治理,通过实施天然草地改良、围栏封育等措施,发挥天然草地的多种效能,提高北京天然草地的景观效果;通过多种农业措施,增加农地覆盖度,控制北京境内的沙尘源。

1.人工种草

实施范围主要分布在6个山区县25°坡以下的农用地。

规划完成京郊草地治理59万亩。

2.草地围栏封育

天然草地主要分布于山区,是首都生态屏障的重要组成部分,通过实施天然草地改良、围栏封育等措施,减少牲畜对牧草的过度啃食和践踏,草地得到合理修养,促进草地生态的自我修复,保护天然草地植被。

规划完成天然草地封育面积30万亩。

3.草种基地建设

在怀柔、延庆、门头沟建设1万亩草种基地。

(三)水利措施

主要建设思路是以"保护水源、改善环境、缓洪滞洪、拦沙减沙"为目的,坚持"山水田林路"综合治理,遵循自然规律,因地制宜布设各类工程。对有不同程度水土流失的小流域进行综合治理,紧紧围绕"燕山丘陵山地水源保护区"这一功能定位,采取生物、工程措施相结合,因地制宜地建设一批小型垃圾填埋设施,结合小流域综合治理,建设一批小型污水处理设施,将处理后的中水再利用到生态建设当中,提高水资源利用率,实现"清洁流域",增加林草植被,保持水土;在水资源十分紧缺、连年干旱、城乡用水紧张的情况下,进一步突出水源保护,将工程建设与村镇环境综合整治相结合,建设一批乡村垃圾处理设施,改善乡村人居环境,完善和配套管网等措施，提高保证能力，改善水源条件；在水利措施实施的过程中，充分利用节水技术，提高中水利用率，发挥科技优势，大力发展管道灌溉和微灌等节水灌溉工程，保护和节约水资源，加大治理面源污染力度；水利措施是京津风沙源治理工程的可靠保障，遵循自然规律，合理采取水利工程措施，为促进农民增收，巩固生态建设成果作好前提保障。

1. 小流域综合治理工程

工程主要针对水土流失的流域，坚持人与自然和谐共处的理念，因地制宜地建设一批小型污水处理设施和小型垃圾填埋设施；进一步突出水源保护，建设一批乡村垃圾处理设施，将工程建设与村镇环境综合整治相结合，改善工程区的乡村人居环境。

规划2001—2010年完成小流域治理2 315 km^2。

2. 水源工程

优化水资源配置，在进行水资源评价和分析的基础上，根据水资源的承载能力建设水源工程，同时通过完善和配套管网等措施挖掘潜力，采取移动灌溉等多种形式，提高保证能力，改善水源条件，加大治理面源污染力度。

规划2001—2010年建设水源工程3 642处。

3. 节水灌溉工程

通过发展管道灌溉和微灌等节水灌溉工程，保护和节约水资源，改善经济林的灌溉条件。渠道进行防渗衬砌和利用管道输水可以减少输水过程中的渗漏和蒸发损失，提高输水效率。发展喷灌、滴灌、微喷灌等节水灌溉技术，把浇地变为浇作物，可以大幅度节约田间灌溉用水，提高水的利用率，促进农民增收，巩固生态建设成果。与大水漫灌相比，采用渠道防渗和管道输水可节水20%～30%，喷灌可节水50%，微灌可节水60%～70%。

规划2001—2010年建设节水灌溉工程1 100处。

（四）生态移民

生态移民是因沙漠化、荒漠化、水土流失等生态环境退化引起的环境移民，它与环境灾害移民、环境污染移民并称为环境移民的3种主要形式。具体地说，生态移民就是把生态环境脆弱、不适宜人口居住地区的居民迁移到生产、生活条件较好的地区，它是坚持以人为本、贯彻落实科学发展观的需要，是践行执政为民的需要，是实现人口、资源、环境与经济协调可持续发展的重要措施。在生态移民的过程中，应提倡坚持工程建设、移民安置和生态保护并重的原则。

在京津风沙源治理工程中，生态移民主要是对生活在山区强破坏力泥石流易发区、采空区等生态脆弱区的险村、险户，通过迁出现居住址的办法，解决目前生产生活面临的危险和困难，改善生存条件和生活质量，减少原址人口容量，改善生态环境，促进水源保护，巩固建设成果。

规划搬迁14 480人。

五、主要工作特点

北京京津风沙源治理工程实施以来，在国家部委办和兄弟省市区的关心、指导和支持下，工程区各级干部和广大群众积极努力，工程建设进展顺利，总体质量良好。特别是《中共中央国务院关于加快林业发展的决定》、《国务院关于进一步加强防沙治沙工作的决定》的出台，为工程建设提出了更高的要求，也明确了目标，在两个《决定》的指导下，北京市积极贯彻城乡统筹方略，树立和落实科学发展观，创新机制，完善政策，以“改善生态环境，防治水旱风沙灾害、促进经济社会可持续发展”为目标，促进农民增收，保障工程质量，积极推进北京山区绿色生态屏障建设。通过工程的实施，北京市防沙治沙、蓄水保土能力明显增强，林木覆盖率显著提高，水土流失得到基本控制，生态状况有了全面改观，生态效益、经济效益、社会效益综合显现。

(一)领导重视，部门联动

京津风沙源治理工程涉及多项内容，点多、面广、战线长，工程难度大，是一项复杂的系统工程，涉及发改委、林业局、水务局、农委、财政局、农业局、国土局、审计局等多个部门，只有领导高度重视，上下协同作战，齐抓共管，工程建设才能顺利实施。

北京市委、市政府领导高度重视京津风沙源治理工作，主要领导和主管领导多次到山区实地考察、调研京津风沙源治理工程，深入现场检查，并做出重要指示。市委书记刘淇同志七进山区，王岐山市长多次深入山区乡镇，他们对山区的生态建设与经济发展进行了深入调研，提出了“生态与富民并举、生态建设与巩固成果并重”的具体意见，对提高北京京津风沙源治理的整体水平和实施效果具有重要指导意义。牛有成副市长多次主持召开风沙源治理工程工作会，专门听取风沙源治理工作汇报，安排布置工作，落实任务。

2006 年 9 月，北京市政府颁布了“北京市人民政府关于进一步加强防沙治沙工作的意见”，并制定了《北京市“十一五”防沙治沙规划》。王岐山市长指示要加快京津风沙源治理工程力度，加快山区关停、废弃矿山的生态修复，认真组织开展全市的泥石流情况普查，并编制了泥石流灾害预警预案。

牛有成副市长在全国第八次京津风沙源治理工程省部联席会暨现场会后，就进一步贯彻会议精神，做好北京京津风沙源治理工程提出了明确要求：一是抓好工程建设要紧紧与社会主义新农村建设相结合，促进农业增长、农民增收、村容改善；二是要突出加强科技支撑、发展后续产业两个重点；三是把握好规划、制度、创新 3 个环节。

为更好地推进工作，市委、市政府建立了由主管副市长任召集人、各有关部门和有关区县负责人参加的全市生态环境建设协调联席会议制度，定期召开联席会议，研究解决工程建设中遇到的重大问题，制定工程管理办法，规范工程建设程序；并在市发改委设立了办公室做日常办事机构，协调有关各方面的工作。各有关部门在发改委的统一协调下，按照职能分工，各司其职，各负其责，通力协作，密切配合，联合制定工程规划，联合制定管理办法，联合规范建设程序，联合落实建设任务，形成合力，确保工程顺利实施，任务全面完成。

市发改委及时下达建设任务和资金计划，组织编制实施方案，检查工程实施情况，并根据工程进展情况与市主管部门及时协调解决问题；市林业局根据工程的进展情况，及时召开工程会，明确提出实施京津风沙源治理林业工程的要求；市水务局、市农业局认真做好小流域综合治理、与生态环境建设相关的水利配套、人工种草等方面的技术指导、检查和监督工作；市财政局负责及时拨付中央和市财政资金；市农委负责组织实施生态移民的落实、协调、检查和督促；市国土局负责土地利用状况的检测；市审计局负责对项目建设资金的拨付、使用和配套资金的落实情况进行检查和审计。

各部门联合下发了《关于实施山区流域综合治理的意见》，对山区生态环境建设和管理机制及模式进行了新的探索，在改善生态环境的同时，有效解决土地资源、水资源短缺问题，鼓励发展资源集约型的项目，走综合、联动的模式，实现了资源集约。在实施中，做到了两个结合：一是农、林、水一体化建设，各种工程之间相互衔接，植树造林、水土保持、人工种草集中安排；二是各种措施相互结合，生物、工程、农艺措施综合运用，治理区域相互连接，实施地块集中连片，确保一次治理、全面见效。

(二)强化投入，创新机制

北京京津风沙源治理工程实施过程中注重加大工程投入力度，强化资金管理，创新投入机制；以大投入带动大工程，以大工程带动大发展。

一是落实工程前期费、管理费。北京市每年都将工程前期费、工程管理费纳入配套资金中，并将市级配套资金列入基本建设投资计划。二是增加配套资金。结合北京市实际情况，适当提高了部分工程的投资标准，比如对退耕地造林由每亩50元提高到100元，荒山造林、农田林网由每亩100元提高到300元；各区县严格履行资金配套的承诺，将区县配套资金提前纳入预算；部分区县还在中央和市有关政策的基础上，继续加大资金投入。三是强化资金管理。各区县建立了资金专户，做到建设资金专户储存，单独建账，专款专用，国家专项资金、市和区县配套资金全部存入专户；资金使用按工程建设进度实行报账制，有效控制了资金的不合理支出。四是建立生态补偿机制。目前，北京市对包括京津风沙源治理工程在内的山区生态公益林实施生态补偿的工作正在逐步实施中，提出“养山就业、规范补偿、以工代补、建管结合”的原则，从2004年开始建立生态补偿机制，每年财政拿出1.9亿元，安置近4万名山区农民参与抚育、保护和管理工作，人均增收4 800元，对全市912万亩山区集体生态公益林建立较完备的长效稳定的管理机制。建立山区生态建设补偿机制，不仅可以有效地巩固和保护好生态建设成果，提升生态建设水平，充分发挥生态建设的综合效益，而且对保护好、维护好、实现好山区农民的切身利益，促进山区经济社会的全面、协调、可持续发展具有重要的意义。

在工程实施过程中，探索市场化融资机制。既要最大程度发挥政府投资的效能，又要鼓励社会力量跨所有制、跨行业、跨地区投资生态环境保护和建设，拓宽融资渠道，积极推进管理体制创新。按照“政府引导、社会参与、市场运作”的要求，通过完善相关政策，积极鼓励机关、企事业单位和各社会团体以独资、合资、承包、租赁、拍卖、股份制、股份合作制，认建、认养、认管等方式共同参与京津风沙源治理工程建设。

(三)科技先行，力保质量

京津风沙源治理工程是一项科学、系统的工程。然而，由于工程区自然条件较差，加上北京连续5年干旱，形成植被困难，为了确保工程建设质量，北京市充分发挥首都科技、人才优势，通过引进优良新品种、应用先进科学技术、推广各具特色的治理模式、开展技术服务和技术培训等，把科技贯穿于工程建设的全过程，提高科技支持力度，提高工程建设质量。

在工程建设过程中，牢固树立“精品”意识，坚持高水平、高起点、高标准，以“重质量、求实效”为基本原则，按照“严管林、慎用钱、质为先”的要求，坚持用科学的发展观指导北京市林业建设，把主要精力放在高质量地完成已有的任务、用好现有的资金上，以取得实实在在的成效。我们加大了对林业工程质量管理工作的投入，在组织领导、制度建设、工作重心、资金保障、管理机制等方面采取措施，形成合力，形成一种上上下下、方方面面对林业建设质量齐抓共管的工作氛围。

首先，加大科技及资金投入。在实施国家科技支撑项目的同时，安排了专项资金，实施了风沙源、退耕还林、小型治污、人工种草等市级科技支撑项目。在市有关部门的大力支持下，投入了280万元，实施了《退耕还林经济林有机化栽培技术的推广应用》、《密云水库水土流失综合防治体系及示范推广研究》、《退耕还林丰产栽培模式示范推广》和《北京市风沙源治理技术推广与模式建设》等科技支撑项目。市、区县还分别制定了科技支撑方案，聘请专家做顾问，指导工程建设。

其次，实现工程管理现代化。建设了京津风沙源治理工程和退耕还林工程地理信息系统监测系统，实行数字化管理，在工程规划、综合治理效益分析、工程监测等方面广泛应用，加强了工程的监测和评估；2005年北京市对京津风沙源治理工程GIS信息系统平台进行了升级，增加了系统的BBS窗口，满足了从领导到基层不同层次的需求，真正实现了工程从资源、设计到档案、监测等管理的一体化、信息化和现代化；在二类资源清查、土地沙化普查中，全面运用"3S"技术，利用PDA现场采集数据，建立了森林资源属性数据库和图形数据库，为实现森林资源的动态监测和管理打下了坚实基础。工程管理逐步实现了建设数字化，管理科学化，成果资源化，资源网络化。

第三，因地制宜，采用、推广先进成熟适用技术。紧密结合工程建设，推广应用了智能化小型生活污水处理系统(简称CWT)、"旱地龙"、V形路面集雨、防渗膜集雨、抗旱造林、旱作节水、生根粉、雨洪利用、节水灌溉、小型污水治理等先进实用技术，提高了科技含量；先后引入四倍体刺槐、转基因抗病虫杨、红栌、美国大叶苜蓿等10多个优良品种。

第四，建立试验示范基地。在不同地区推广各具特色的工程模式，如荒滩和沙坑治理模式、特色经济林带模式、林药和林草间作模式等，发挥了良好的辐射、引导和带动作用；建立一批试验示范区，进行技术的试验和管理，为工程的实施提供了科学依据；建设了一批科技含量高、质量效益好、辐射带动强的示范基地。

第五，开展科技培训。以科技成果和适用技术应用为重点，根据工程建设进展情况，举办各种形式的培训班，对管理人员、技术骨干和农民开展不同类型、不同形式的技术培训，提高不同层次人员的生态意识和技术水平，帮助农民解决生产中所遇到的技术难题，收到了良好的实效，提高了工程建设的整体素质。

工程建设期间，北京市不断加大工程的科技实施力度，运用现代化的科技手段，加快工程配套科学技术研究和推广。特别是随着工程的稳步推进，造林难度越来越大，任务也越来越艰巨，更需要科技力量的支持。"十五"期间，北京市通过不同途径争取了十余项科技项目，共投入资金1 600多万元用来推动应用小型的科技成果，解决工程难题。通过几年的推广，根宝、ABT生根粉、铺膜、盖膜、水剂、土壤改良等保水、节水技术得到广泛普及；2005年推广了优良抗旱植物引种、林分结构优化配置、中幼林抚育、经济林有机化栽培等技术，促进了新植苗木的成活，大大提高了工程质量，改善了景观。2006年在北京市发改委的支持下对自行研制的滑车运苗机在全市加以推广。

(四)突出重点，分步实施

根据北京市防沙治沙的总体要求，按照统筹规划、综合治理、突出重点、因地制宜的原则，编制了《2001—2010年北京市防沙治沙规划》和《2001—2005年北京市退耕还林规划》，以流域、区域建设为单元将配套荒山造林优先安排在山区的主要河流、公路干线两侧和风沙危害严重、水土流失严重的生态脆弱区，退耕地造林优先安排在25°以上的陡坡地段、沙化严重地区和重点风景名胜地区。在对区县的实施方案和作业设计进行审批时，严格把关，注重因地制宜、切合实际，以生态环境脆弱区域为重点，保证治理区域成方连片，达到了治理一片、见效一片的效果。为突出绿化的景观效果，坚持"五多四好"（五多：多林种、多树种、多植物、多色彩、多层次；四好：好种、好活、好管、好看）的原则，加大了黄栌、火炬、元宝枫等彩叶树种的比例，给郊区发展旅游休闲业创造良好的环境。

同时在遵循植被演替规律的前提下，按照生物多样性和景观多样性的原则，在主要道路、河流、风沙危害区等重点地区和前山地区、重点风景区和通往山区的主要干线公路两侧，丰富植物品种，优化结构配置，形成多林种、多树种，乔灌草相结合的生态景观。

此外，针对京津风沙源治理工程时间紧、任务重、困难大、情况复杂的特点，为确保工程合理、有序进行，在工程实施过程中，采取了分阶段部署的办法，重点抓好工程前期工作、任务下达、组织实施、检查验收四个阶段工作。

（五）科学决策，实事求是

京津风沙源治理工程的科学性主要体现在其技术路线的正确性。依据大气环流理论对京津地区风沙源进行分析，果断做出"治中路、抑两路"的英明决策，通过治理中央、控制两厢，在进京中路切断沙源。在工程实施技术路线的选择上，针对实地情况，采取了以增加植被覆盖度为主的方法减缓并逐渐控制风沙侵袭。几年来的实践可以证明，北京京津风沙源治理工程措施得力，卓有成效。

在战略选择上，结合北京城市功能的总体定位，坚持"生态优先"的基本原则进行综合治理。北京是一个缺水城市，在实施京津风沙源治理工程中，紧紧围绕"燕山丘陵山地水源保护区"的功能定位，农林水一体化建设，山水林田路综合治理，改善生态环境。在工程治理措施和方法上坚持把生态效益放在首位，实施生态保护、生态修复、生态治理，做到因地制宜，科学规划；对主要地区，特别是水库上游地区，逐步增加了垃圾、污水处理、清洁能源等建设项目，从全面改善生态环境质量入手，摸索总结出一系列行之有效的工程建设模式，在工程建设中全面推广；在工程实施中，坚持以小流域、山头地块为单位，治理区域相对集中，治理区域年度之间、工程之间相互衔接，生物、工程和农艺措施综合运用。

在植树造林、增加植被的过程中，还充分考虑到林木生长发育和森林生态群落演化自身规律性及景观特点，坚持适地适树的原则。北京市在京津风沙源治理工程建设中始终遵循生态适应性规律和地域分布规律，做到宜林则林、宜草则草，宜乔则乔、宜灌则灌。在有条件的地方，积极采取封山育林、管护并重等措施，借助大自然的自我修复能力恢复林草植被。

同时，建立了科学的决策机制，从规划、布局到每一个具体树种的选择，力求实事求是，尊重科学，广泛听取专家和群众的意见。

（六）完善制度，规范管理

严格按照国家京津风沙源治理工程管理要求和程序，建立健全制度，强化管理机制，继续坚持高标准规划、高质量建设、高效能管理，不断提高工程建设水平，建符合"首都"标准的工程，建体现"北京特色"的工程。

坚持规范管理，出台一系列的管理办法和规定，形成一套行之有效的工程建设管理机制，做到工程管理制度化。市各有关部门严格按照基本建设程序进行建设管理，制定了《北京市京津风沙源治理工程建设管理办法》，实行工程项目第一责任人制、法人负责制、监理制、合同管理制、资金使用报账制、竣工验收制、招投标制、公示制等制度管理；对主要材料（包括苗木）和设备实行政府采购。参照基本建设项目管理的要求，严格按照"按项目设计、按设计组织施工、按工程进度拨付资金、按效益考核"的要求，执行相关管理办法，为工程的顺利实施提供了强有力的制度保障。

在资金管理上，严格财务制度，设立专户，确保专款专用，实行跟踪检查和审计监督，提高资金使用效率。对必要环节进行公示，并设立了专门的举报监督电话，提高了整个工程透明度，加大了群众监督力度。

在档案管理上，切实加强档案管理和技术培训，牢固树立"无档则乱"的思想，做到"有档可依"。严格按国家林业局的要求，实行档案的规范化、信息化管理，制定了有关规章制度，并配置了专门场所。在区县自查的基础上，及时对各工程区县的京津风沙源治理工程档案管理规范化管理工作进行检查验收。健全档案管理制度，落实资金、设备、人员，做到专人管理，专库储存，责任明确。工程档案按技术档案、文书档案、财会档案分门别类进行存放；技术档案按照实施方案、作业设计、政策兑现、检查验收及其他分为 5 类；文书档案分为各类文件、合同协议、管理办法、技术标准、工作总结及其他 6 类。

在实现工程档案管理达标的基础上，进一步实现档案的信息化管理。做到档案资料分类存放，文件材料字迹工整、图样工整、手续完备，数据表格填写完整准确，作业设计、检查验收和政策兑现等关键环节的档案实现系统化，并注明编制人、调查人、验收人等。初步实现"户有卡、村有簿、乡有档、县有库、市联网"的目标。

为进一步规范京津风沙源治理工程林业建设档案管理工作，实现档案管理的制度化、科学化、现代化，提高工程建设管理水平，举办了"林业重点生态工程建档会议暨档案员培训班"，针对林业重点工程档案管理及实际操作，对工程档案管理人员进行了档案的收集、整理、鉴定、档案文献的加工与编排、档案保护技术、档案微机管理软件的应用等技术的培训。

（七）严格检查，加强管护

生态环境的建设是一项基础性工作，建设成果的维护和效益的发挥是长期的任务。为了更好地巩固京津风沙源治理工程建设成果，实现可持续发展，必须着眼于长远，积极探索建立长效维护机制，加强检查和监测，完善配套措施，落实建后管护，以增强工程建设的后劲，确保工程建设成果。

市有关部门和区县经常深入现场检查工程建设进度、质量、资金使用等，并进行阶段性总结验收，发现问题，及时解决。为了加强对工程建设成果的监测，北京市加快了以 3S 技术为支撑的全市生态环境建设管理信息系统的建设。同时，建立了全市退耕还林监测监控系统，利用 GPS 技术核实退耕与造林面积，为政策兑现及确权发证工作提供科学依据，在林权登记发证工作中，坚持不重复发证、以土地承包合同书和退耕还林证为依据及农户自愿申请的原则，严格履行管理程序，认真开展确权发证工作。

俗话说："三分造，七分管"，为保护工程建设已取得的成效，北京市在工作中一直强调林木的抚育和管护力度。特别是 2005 年 1 月 24 日国家林业局下发的《关于加快京津风沙源治理工程林木抚育管护的通知》（林沙发[2005]12 号文）依照《通知》精神首先加大对新造林地的林分抚育，抓住雨季降雨的有利时机对新造林地进行补植补造和抚育。其次继续严格推行山区生态林补偿工作，解决山区放牧的问题，每年对山区912万亩生态林投入1.9亿元资金推动山区农民由"靠山吃山"向"养山就业"的转变。第三是限制矿产资源的开采。2005年3月15日，北京市制定了《关于加强矿产资源管理工作的意见》，意见中指出："本市今后除地热外，限制其他矿产资源的开采，不再新发采矿许可证，并逐步减少固体矿产的开采"，截止到2005年底北京山区多数矿山已经关闭，废弃关停矿山的生态修复工作开始启动。

（八）产业开发，生态富民

京津风沙源治理工程主要在北京市山区实施，山区不仅是首都重要的绿色生态屏障和主要的水源区，还是280万山区农民发展经济、实现小康的"原始股"。通过几年的建设实践，深刻认识到必须统筹山区生态建设与农民增收，促进二者协调发展，才能实现生态涵养和农民增收"双赢"。因此，在工程建设中按照"建一个工程、富一方百姓"的宗旨，赋予了京津风沙源治理工程改善生态环境、促进农民增收"双重使命"，依托工程建设成果，通过育林育果育草富民、旅游观光富民、产业延伸富民，最终实现"沙区增绿，资源增值，农民增收，企业增效，国家增税"的宏伟目标。

在注重生态综合治理的同时，高度重视后续产业的培育，积极拓展生态建设的经济功能，相关部门联合编制了《北京市京津风沙源治理工程后续产业规划》，整合和重新配置各种资源，调整经济结构，提升产业层次；加快研究扶持龙头企业、建立特色基地等配套政策；加快培育各种农民专业经济合作组织，建设和完善社会化服务体系。把实施京津风沙源治理工程作为促进区域经济发展、带动农民增收致富的新的增长点，实现工程建设产业化，为工程区生态环境建设提供新的发展机遇。

一是育林种草富民。各区县结合工程建设和种植结构调整，打破单一农业生产模式，用优势产业替代传统产业。依托退耕还林工程，大力开展精品干鲜果品基地建设，形成了板栗、仁用杏、核桃、大桃、苹果等一批有特色的标准化生产基地和观光果园，为农民增收开辟新的途径。新发展板栗、核桃、苹果等果树和速生丰产林超过20万亩，新发展牧草20万亩。二是旅游观光富民。依托工程建设创造的良好生态环境，各工程区的山区旅游、观光采摘、特色民俗游等产业蓬勃发展，更多的市民被优美的风景吸引，来到山区休闲、旅游、度假，山区农民也得到了实惠。三是产业延伸富民。围绕生态建设，发展和培育干鲜果品深加工、畜牧业和蜂产品开发、中草药开发等后续产业，发展运输、餐饮等相关产业。在产业开发过程中，积极为后续产业建设提供坚实的资金保障和相应的优惠政策，大力培育龙头加工、销售企业和农民专业合作组织，调动广大退耕农户培育农业主导产业和增收致富的积极性。发展壮大了绿润食品有限公司、源通果汁有限公司、御食园食品有限公司、丘比特酿酒公司、北京希德食品有限公司等一大批加工销售龙头企业，拓宽了销售渠道，提高了产品附加值和市场竞争力，促进了农民转移就业，延长了产业链。比如密云的绿润、家田两家板栗加工企业就吸引社会资金近2亿元；又如怀柔御食园板栗加工企业通过京津风沙源现场会的宣传和怀柔政府优惠政策的扶持，2006年比2005年多加工板栗6 000多t，增加了栗子粉、栗子乳、栗子羹等品种的生产，带动了当地板栗后续产业的发展。四是林下经济富民。以林下经济发展为突破口，发展首都林业特色产业，打造沙产业体系。林业特色产业化经济是一种循环经济，也是沙产业体系的一个重要组成部分。首都经过多年的植树造林，已经形成1 500多万亩的林地，如何向林地要收益，以林养农，成为我们首都林业发展研究的一个重点。2006年，工程以林下经济发展为突破口，在做好经济林果品产业等传统林业产业的基础上，利用工程区内已有林地的林下资源，探索和发展了林菌、林草、林药、林桑、林粮、林禽等新型林业特色产业模式，为充分实现林业资源的循环利用，进行了积极探索。

（九）综合治理，建设新农村

北京京津风沙源治理工程建设中，始终坚持城乡统筹理念，注重工程建设与社会主义新农村的紧密结合，围绕社会需要和谐、人民需要健康、首都需要绿色三大需求，来探索开发工程区的生态功能、经济功能和社会功能，让首都有更加安全的生态环境，市民有更加理想的生活空间，农民有更多的增收致富渠道。

"十五"期间，北京市加大城乡统筹、区域统筹力度，郊区基础设施建设步伐加快，政府投资向郊区开始倾斜，实现了政府投资城区与郊区由8∶2～5∶5的重大转变，2006年，北京市对郊区的市级直接资金支持达到111.8亿元。新农村建设为北京京津风沙源治理工程的继续推进提供了良好的契机。为进一步推进工程建设与社会主义新农村的紧密结合，一是以促进城乡统筹，协调发展为宗旨，加大农村林业科技普及为目标，举办了"创绿色家园、建富裕新村"、"林业科技直通车开进新农村"、"城乡手拉手、共建新农村"等系列活动；二是从改善生态环境和提高农民素质出发，把新农村的生态环境建设作为京津风沙源治理工程的重要组成部分来抓，结合新农村建设的总体规划，以实现绿化、美化、花园化为目标，努力改善农村生态环境面貌，重点抓了357个新农村绿化建设，实现绿化面积7万亩，栽植树木848万株；三是加大对农民的林果生产技能、林下经济生产技能培训，培养一批懂技术、善经营、会管理的新型林农、花农、果农等，全市共举办培训班3 353次，培训农民24.5万人次；四是在工程区内的延庆县10个村建立国家级新农村试点，扶持100个示范户；五是全市农、林、水等部门结合社会主义新农村建设联合对7条小流域进行了综合治理。

在工程实践中，北京京津风沙源治理工程以项目为纽带，找准切入点，与首都新农村建设折子工程有效结合，寻求政策支持，探索建设途径，取得了事半功倍的效果。如与新农村建设的"暖起来、亮起来、循环起来"工程建设相配套，合理安排项目。

链接：国家林业局关于印发《抓好京津风沙源治理工程　促进区域新农村建设的实施方案》的通知

林沙发[2006]72号

北京市、天津市、河北省、山西省、内蒙古自治区林业厅（局）：

为贯彻落实《中共中央 国务院关于推进社会主义新农村建设的若干意见》（中发[2006]1号），促进京津风沙源治理工程在新农村建设中发挥更大作用，结合《国家林业局关于贯彻落实〈中共中央 国务院关于推进社会主义新农村建设的若干意见〉的实施意见》（林造发[2006]50号），我局制定了《抓好京津风沙源治理工程，促进区域新农村建设的实施方案》（见附件），现印发给你们，请认真抓好落实。

二〇〇六年四月二十日

链接：抓好京津风沙源治理工程 促进区域新农村建设的实施方案

一、指导思想

在六大林业重点工程的总体布局下，按照保质保量保进度的具体要求，搞好京津及周边地区的林草植被建设与保护，改善当地的生态环境，并作为建设社会主义新农村的有效载体，为区域经济社会发展和社会主义新农村建设提供有效的生态保障和重要的物质基础，努力促进区域协调发展特别是社会主义新农村建设。

二、建设目标

经过努力，使工程区可治理的沙化土地得到治理，生态环境得到全面改善，促进农村产业结构得到优化，农村经济得到快速发展，基本实现荒山荒沙绿化、城镇村庄美化、林草资源综合利用产业化（“三化”）目标。

三、主要内容和措施

抓好京津风沙源治理工程，促进区域新农村建设是一项长期的任务，今明两年重点抓好以下工作：

（一）实施工程质量达标升级行动，保质保量完成工程建设任务，改善区域生态环境，为推进“村容整洁”服务。

1. 强化工程质量管理，提高建设成效。认真落实《国家林业局关于进一步加强京津风沙源治理工程造林管理工作的通知》（林沙发[2006]65号）要求，做好各项工作。

2. 开展工程春季造林督查，拟下派工作组深入现场指导造林生产，协调解决春季造林中的困难和问题。

3. 加强植被保护，拟下发文件强调禁止滥开垦、滥放牧、滥樵采等“三禁”制度，并组织开展“三禁”执行情况大检查，加大对毁坏林草、滥开垦等行为依法查处的力度。

4. 加强工程区林草植被抚育管护，拟制定下发《京津风沙源治理工程林分抚育管护工作考核管理办法》，并据此对各地开展抚育管护情况进行考核评比。

5. 大力推广先进实用技术与治理模式，重点推广容器苗造林实用技术和京津风沙源治理工程主要治理模式，力争容器苗造林技术得到普遍推广，工程治理效果得到明显提高。

（二）实施林沙产业富民行动，推进工程后续产业发展，拓宽群众致富门路，为推进农村“生产发展”、实现农民“生活宽裕”服务。

6. 深入抓好《国家林业局关于加快京津风沙源治理工程区沙产业发展的指导意见》（林沙发[2004]116号）的贯彻落实。

7. 根据国家现有防沙治沙、林业产业等政策性文件，编制《京津风沙源治理工程区产业政策指导手册》。

8. 协调有关促进龙头企业发展的优惠政策，促进林草资源的有效转化。在保护好生态的前提下，有效利用工程区林草资源，促进工程区林草生态资源转变为经济资源，促进生产发展。

9. 联合有关科研单位和省级林业科技推广部门，筛选推广一批适生、优良、利用价值高、市场前景好的经济林品种。提高经济产出率，增加农民收入。

10. 建立工程后续产业备选项目库，在网上公布，建立农牧民与企业家之间信息交流的平台。

11. 召开京津风沙源治理工程后续产业发展座谈会，探讨问题，交流经验，促进林沙产业发展。

12. 编写《治沙致富手册》，发放到工程区农牧民手中，提高其致富技能。

（三）实施工程管理规范化、科学化行动，促进工程健康有序开展，为推进管理民主、乡风文明服务。

13. 抓好工程区林草资源产权制度改革工作，维护农牧民权益。在工程区山林权属调查摸底基础上，提出《国家林业局关于加快落实京津风沙源治理工程区山林权属的指导意见》。

14. 抓好退耕还林政策兑现，拟下发通知对退耕还林任务安排、资金兑现等提出具体要求，做到“公平、公正、公开”。

15. 加强工程区义务植树责任制的落实，提高工程区全民义务植树尽责率。

16. 在工程区积极倡导农牧民植树种草，开展护绿、爱绿、自觉创建绿色家园活动，并纳入乡规民约。

（四）实施治沙富民技术到农家行动，加强治沙致富实用技能培训，提高工程区农牧民治沙造林、致富技能，为新农村建设奠定智能技术基础。

17. 开展先进实用技术培训。重点培训工程一线专业技术人员和农牧民，传授治沙造林、种植业、养殖业和农产品加工技术等，2006 年力争培训 10 万人。

18. 举办治沙科普知识讲座。介绍科普知识，发放科普图书和技术资料，现场答疑。2006 年拟由各地举办讲座 100 场。

19. 组织致富经验介绍。邀请优秀农民企业家和治沙致富能手，介绍创业经历、致富经验、经营思路等。

20. 进行政策宣讲咨询。围绕中央关于社会主义新农村建设、农民增收以及生态工程建设的有关政策，向基层干部和农牧民群众进行宣传，并提供咨询服务。

（五）落实优惠政策，为社会主义新农村建设奠定惠农政策基础。

21. 积极争取国家有关部门支持，尽快落实《国务院关于进一步加强防沙治沙工作的决定》提出的有关优惠政策和机制。

22. 汇编已有的治沙相关政策文件，下发给工程区管理人员、技术人员和农牧民。

23. 研究制定工程可持续发展的后续政策。

（六）实行典型引路、示范带动。

24. 拟在 5 省区市各选 2 个左右（北京 2 个、天津 1 个、河北 2 个、山西 2 个、内蒙古 3 个）具有典型意义的村，进行重点指导。

25. 推选一批工程实施以来建设成效比较突出的典型，进行经验介绍和推广宣传。

四、工作要求

（一）实事求是，注重实效，不做表面文章。各项工作开展要实而又实，要从现有的条件出发，不盲目攀比；检查、督查等活动要少而精，以不给地方增加负担为原则。

（二）因地制宜，循序渐进，不搞一刀切，根据各地实际，确定建设目标和措施。

（三）典型引路，示范带动，不搞强迫命令，要尊重农牧民意愿，不包办代替。通过典型带动，激发农牧民通过防沙治沙建设社会主义新农村的积极性和主动性。

（四）常抓不懈，持之以恒，不搞急功近利，要做好长期建设的准备，避免一哄而上、一哄而下，劳民伤财。

（五）强化责任，加强领导。本实施方案的组织工作重点在地方各级林业部门，各地要精心组织，合理安排，确保有组织、有步骤地实施，并取得实效。

链接：北京市新农村建设“亮起来、暖起来、循环起来”工程

北京市在新农村建设中为解决农村照明、农民取暖和农业资源循环利用问题所采取的举措。“农村亮起来”是指利用太阳能，解决部分村庄道路的照明问题；“农民暖起来”包括大中型沼气工程、生物质气化集中供气工程、生物质炉具推广和高效节能卫生吊炕建设4项内容；“农业资源循环起来”主要包括雨水收集利用、中水综合利用、应急水源地水环境治理等工程。

为贯彻落实中央和市农村工作会议精神，继续解决农民最关心、最直接、最现实的问题，2007年北京市安排新农村专项资金并汇集发改委、科委、建委、水务局、环保局等部门资金6.15亿元（其中新农村专项资金4.7亿元），加大“亮起来、暖起来、循环起来”工程建设力度。①“亮起来”工程。计划安装太阳能路灯3.5万盏（包括市科委5 000盏），再解决500个村及部分乡村旅游道路照明基础设施建设问题（计划村内安装太阳能路灯3.2万盏，乡村旅游道路安装太阳能路灯3 000盏）。工程选择的乡村和线路要求集中，成片连线，对尚未安装太阳能路灯的80个试点村予以优先安排，并优先考虑2007年列入计划的120个基础设施“五项工程”建设村。②“暖起来”工程。推广节能卫生吊炕21万铺；推广生物质成型燃料技术，安装炊事用炉1.8万台；采暖炉3 000台；成型燃料生产加工点建设8处；新型农村住宅节能墙改示范600户；农民住宅节能改造研究示范200户。③“循环起来”工程。新建雨洪工程150处，新增蓄水能力900万m^3；新建大中型生物质供气系统20个，其中发改委立项10个；新建大中型沼气集中供气系统19个，其中发改委立项4个；新建有机肥生产配套点5个；规模猪场粪污治理160处。“亮起来、暖起来、循环起来”工程由区（县）具体组织实施。

资料来源：北京市农委　2007-06-20

第三章

北京京津风沙源治理工程的创新建设

在经过两年试点的基础上，2002 年京津风沙源治理工程获国务院批准全面启动实施。作为全国六大林业重点工程之一的这项工程计划用 10 年的时间，通过人工造林、退耕还林、小流域治理、生态移民等多项工程措施，从总体上遏制土地沙化的扩展趋势。通过几年的实践，在项目区产生了明显的经济效益、重大的生态效益和广泛的社会效益。这些效益是通过四大创新实现的：一是观念创新；二是机制创新；三是技术创新；四是管理创新。

一、北京京津风沙源治理工程创新建设的平台

（一）以质量建设为中心，确保建设水平

北京京津风沙源治理工程坚持“以质量建设为中心”的原则，把工程质量作为一项重点工作来抓，实行质量的过程监控，加大过程管理，确保工程质量。经过市有关部门和区县的密切配合、严格管理、精心组织施工，保证了工程建设水平的“高标准、高质量”。建成了密云古北口爆破造林工程、延庆八达岭高速路口爆破造林工程、延庆县玉渡山爆破造林工程等精品工程。延庆龙庆峡荒滩治沙工程，总面积 1.5 万亩，多年前是山洪冲击形成的卵石滩，土层瘠薄，植被稀少，加之挖沙取石，破坏了地形地貌，形成新的扬沙起尘源。从 2002 年到 2004 年，延庆县林业局分三期对该荒滩进行了综合治理，共造林 10 000 亩，植树 70 万株。工程共组建施工专业队 26 支 2 100 人，平整土地 3 840 亩，客土 152 万 m^3，打机井 14 眼，铺地下管道39 700 m，安变压器 7 台，架线 5 700 m，修路及防火道 33 km，铺生态垫 15 万 m^2。此项工程曾受到市、县各级领导的好评，工程连续三年被评为首都绿化美化优秀设计奖和优质工程奖。

（二）以产业化为龙头，带动农户增收

通过政策引导，龙头企业带动，北京市各区县突出培育农产品龙头加工销售企业和农民专业合作经济组织，调动广大退耕农户培育农业主导产业和增收致富的积极性；结合农村产业结构调整，北京市依托退耕还林工程，大力开展精品干鲜果品基地建设，形成了板栗、核桃、仁用杏、大桃、苹果等一批有特色的标准化生产基地和观光果园，为农民增收开辟新的途径。并且大多数工程区县种植了大量的蜜源和辅助性蜜源植物，为养蜂业的发展奠定了坚实基础。如在退耕还林后续产业建设中扶持、培育起来的富亿农板栗有限公司、北京御食园食品有限公司、北京红螺食品集团、北京市平谷金海蜂业发展公司、鲜绿安果业有限公司等，逐渐成为后续产业发展中的企业龙头。富亿农板栗有限公司是目前中国大规模的、优秀的板栗系列产品生产厂家之一，年产值 3 500 万元，年生产能力 3 000 t，带动农户 50 000 户。北京御食园食品有

限公司，年生产能力达 2 万多 t，年销售额超过 2 亿元。按照“企业＋协会＋基地＋农户”的产业化经营模式，建立以企业为龙头的生产经营联合体，带动栗农 8 000 多户。同时，该公司还吸收当地农民工入厂工作，增加就业收入，仅板栗加工一项每年支付农民工工资达 400 万元。

专栏："沙产业"情况简介

“沙产业”一词是我国著名科学家钱学森 1984 年提出的。近年来，根据各地的实践，有的专家把沙产业概括为：在沙区利用优势生物资源，采用高新技术，经过人工培育和科学管理，使生物不断发展和再生，形成以产品生产、加工和营销为主要内容的产业链，实现规模效益，其技术路线是“多采光、少用水、新技术、高效益”。

多年来，结合防沙治沙重点工程建设，北京市郊区大力发展“沙产业”，涌现了许多治沙与产业结合的先进典型，建立了 200 多万亩沙地果园，促进了观光休闲、民俗旅游等绿色产业的发展；栽植 100 多万亩沙地速生丰产片林，林木资源和林下经济迅速发展；结合产业结构调整，完成了 55 万亩退耕地造林，带动了农民增收和地区经济发展，郊区农民生产生活条件逐步改善。

2003 年 11 月 5～8 日由国家林业局防沙治沙办公室、国家林业局“三北”防护林建设局、中国绿化基金会、中国绿色时报、中国治沙暨沙业学会联合举办的中国(北京)首届沙产业博览会在北京中国国际科技会展中心隆重举行，北京组团参加了此次沙博会并获得圆满成功，荣获优秀组织奖和 18 项“名优产品”奖。

有经济效益的生态工程，才是有生命力的，有群众参与的生态工程，才是有生命力的。《中共中央、国务院关于加快林业发展的决定》和《国务院关于进一步加强防沙治沙工作的决定》都明确要求要大力发展沙产业。沙区不富，沙害难除，沙害不除，沙区也难富。沙产业在沙区生态、社会经济发展方面起着重要作用，尤其是在当前建设社会主义新农村的实践中，大力发展沙产业具有十分重要的意义。2006 年 8 月 7 日下午北京市政府召开专题会议，研究讨论了本市“十一五”防沙治沙规划和进一步加强防沙治沙工作，强调要大力发展沙产业，要求各部门要相互协调配合，加大对科学防沙治沙示范型企业的宣传，大力推广“沙产业”发展先进经验，共同推进首都“沙产业”的发展。

资料来源：首都园林绿化政务网，2006-08-15

(三)运用现代化手段，提高科技含量

北京市在京津风沙源治理工程建设中运用了大量的现代化技术手段，逐步实现了工程建设数字化、工程管理科学化、建设成果资源化和资源管理网络化的“四化要求”。同时结合工程建设，推广应用了智能化小型生活污水处理系统(简称 CWT)、“旱地龙”、V 形路面集雨、防渗膜集雨、抗旱造林、旱作节水、生根粉、雨洪利用等先进实用技术，极大地提高了工程科技含量和现代化管理水平。在工程档案管理工作方面，北京市对京津风沙源治理工程的各类文字材料、声像材料等文档，运用先进的多媒体技术和计算机技术进行标准化、规范化专人管理。如京津风沙源治理工程林业信息管理系统平台是北京京津风沙源治理工程建设和管理科技化、现化化的主要标志。该系统运用“3S”(GIS、GPS、RS)集成技术，遵循系统性、实用性、扩充性、

开放性和可操作性原则，以 1∶10 000 的电子地图、1∶10 000 的航空影像图和 2.5 m 分辨率的遥感影像数据为空间数据基础，以北京市第六次森林资源二类清查数据为属性数据基础，采用 GIS 系统工具软件与可视化开发语言的二次集成开发方式，设计开发了局域资源评价、造林作业设计、工程效益监测和文档管理等功能模块以及 B/S 结构（服务器/客户端）数据浏览子系统。系统的建成标志着北京京津风沙源治理工程建设和管理水平的一次质的飞跃，对促进整个京津风源治理工程信息系统平台建设是一次有益的探索。

二、北京京津风沙源治理工程的创新

创新是经济社会可持续发展的根本源泉。党的十六大报告指出："创新是一个民族进步的灵魂，是一个国家兴旺发达的不竭动力。"京津风沙源治理工程的实施，从理论到实践都经历了这种创新过程，真正将这一科学性论断落到实处。这项工程从酝酿、论证、制定规划直到组织实施，处处都体现了创新的精神。国家领导审时度势，作出了实施京津风沙源治理工程的重大决策，市委、市政府领导同志高屋建瓴的作出了指示，各相关部门研究制定出了政策和法规体系，农民群众充分发挥了他们的首创精神，很多思想、政策、方法都可以从他们的经验中找到渊源，这一切都构成了京津风沙源治理工程的基础。北京京津风沙源治理工程是一个开拓创新的工程，包含了观念创新、机制创新、技术创新、管理创新等一系列的创新。北京京津风沙源治理工程的创新建设带来了北京的天蓝、山绿、水净和人民的富裕。

（一）观念创新

首都北京的山区面积有 1.04 万 km^2，占全市总面积的 62%。一个国家的首都拥有这么大比例的山区面积，在世界各大国的首都中都是少有的。这是北京市的一大特点，也是一个潜在优势。北京京津风沙源治理工程的实施将这些山区定位在首都的腹地、绿色生态屏障、水源供给之地的位置，从而在战略上确立了山区是首都的财富、资源和可持续发展的支撑。明确了山区最大的优势在于良好的绿色生态环境、最大的潜力在于把丰富的资源变成可利用的资本，落脚点在于实现人口、资源、环境合理配置，实现工程区的可持续发展。

北京京津风沙源治理工程树立了社会效益和自身效益相统一的观念。在追求社会效益最大化的同时，努力提高工程区农民的自身效益，把二者统一起来，以社会效益保证工程区农民的自身效益，以自身效益扩充社会效益。北京京津风沙源治理工程的实施正是运用市场经济的手段，以综合性、全面性和动态性观点研究工程区的经济，以可持续发展思想指导工程区综合开发，以鼓励企业和农民投资防沙治沙工程，将工程区的各种资源转变为生产力，最终盘活工程区的资源，构筑农民增收致富的平台。

（二）机制创新

北京京津风沙源治理工程，结合可持续发展的要求，制定了正确的发展政策。国家及北京市等相关部门制定了配套的管理办法和扶持政策，各项政策办法的落实，调动了各级各部门和广大农民的积极性，起到了推动和保证作用。在坚持有利于生态环境改善、农民增收的原则的同时，大胆引入市场机制，促进科技与经济的紧密结合，建立农业科技开发、推广一体化的新机制，加速科技成果向现实生产力的转化。

水土流失的防治是京津风沙源治理工程的一项重要任务，是一项以恢复和改善生态环境为主，结合资源开发和产业建设的系统工程。水土流失的治理需要投资机制、生态补偿机制、激励机制等方面的系统创新，以达到有效控制水土流失，实现土地资源可持续利用的目标。因此，在坚持"开发利用与保护并重"和"谁开发谁管理，谁破坏谁治理，谁利用谁补偿"的方针，完善生态破坏限期治理制度和水土保持基金制度的同时，深化市场机制在水土保持实践中的作用，加大开展有偿投资的水土流失治理的力度。推行项目招标制，提高水土保持投资效果。

正是党在农村的土地承包政策与"谁投资、谁拥有、谁管理、谁受益"的产权政策的有机结合，为京津风沙源治理工程创造了一片沃土。

（三）技术创新

为提高工程质量，充分发挥首都科技、人才优势。北京京津风沙源治理工程高度重视科学技术的作用，始终坚持规划先行，切实提高工程建设水平，把科学技术是第一生产力的理念落实到实处。工程以科技为先导，以推广运用新技术、新材料、新工艺为手段，以改善区域环境和促进农民致富为目的，构筑了工程建设、工程投入、工程技术服务、工程管理四大互动体系，保障了工程区资源的优化配置。

从 2002 年开始，北京市开始实施一系列科技支撑项目。《延庆县防风固沙综合技术实验示范项目》在爆破造林示范区内采用水源涵养林结构优化配置与造林技术、保水剂造林技术、马来西亚环保型椰棕覆盖技术、湿式喷播高新技术营造水源林。在生态经济型退耕还林示范区内采用了保水剂在抗旱造林中的应用技术、干旱半干旱地区主要造林树种的密度控制技术、干旱半干旱丘陵山区经济林抗旱丰产栽培技术、生长调节剂 GGR 在沙滩造林中的技术、容器育苗造林技术等综合措施。在综合治理示范区内采用了裸露沙地覆盖技术、抗旱沙生植物栽培技术进行综合治理。《昌平区严重风沙危害区防沙治沙技术体系试验示范项目》推广应用了大范围绿化工程对荒漠环境质量作用的研究技术、北京永定河沿岸沙地综合开发试验示范区技术、营造防火林带技术、果园有机质覆盖技术。《平谷区退耕还林工程坡耕地营造生态林综合技术试验示范项目》推广应用了爆破改土整地技术、抗旱优良树种栽培技术、生根粉与保水剂应用技术等。目前，在北京市正在实施的林业科技支撑项目就达七项之多，如在市计委立项的《退耕还林丰产栽培模式示范推广》和《北京市风沙源治理技术推广与模式建设》在市林业局立项的《退耕还林经济林有机化栽培技术的推广应用》和《密云水源保护林标准化示范区建设》；同市水务局合作在市发改委立项的有《密云水库水土流失综合防治体系及示范推广研究》。

北京还通过政策发动、舆论鼓动、利益驱动、典型带动和科普宣传、科技下乡等活动，不断增强群众的科技意识、市场意识、竞争意识、质量意识和创新意识，努力营造一个学科技、用科技的良好氛围。科技创新与推广为资源优化利用、农民致富和生态环境建设奠定了坚实的基础，成为推动京津风沙源治理工程走向更高层次的重要力量。

（四）管理创新

北京京津风沙源治理工程实施推动了工程管理体制的改革。为确保北京京津风沙源治理工程项目的顺利实施，确保国家的投资效益，实现投资目标，在工程建设管理中引入了产权管理机制。在工程实施的期间，逐步建立了市场经济条件下工程管理的有效机制，使工程的责、权、利分明。明确的工程管理产权，激发了人们的积极性，同时也保障了京津风沙源治理工程的持续发展。

严格管理制度，在工程管理和实施中，北京市有关部门各司其职，各负其责，并在分工的同时加强了各部门的配合，及时沟通、主动联络、紧密配合、同步工作，严格按照工程建设程序进行项目管理，明确责任，切实实行“五到位”。按照《北京市京津风沙源治理工程管理办法》和《北京市退耕还林管理办法》，按规划立项，按项目搞设计，按设计组织施工，按工程项目安排资金，按效益考核的工程建设制度；积极实行工程项目法人负责制、资金使用报账制、设计审批制、工程监理制、竣工验收制度，重大工程项目的设计、施工实行招投标制，并采取合同制管理；对主要植物材料（包括苗木）和设施设备实行政府采购。加强资金管理，严格财务制度，实行跟踪检查和审计监督，设立专户，确保专款专用，提高资金使用效率。同时对退耕还林工程采用农户退耕面积公示、县级验收面积公示、钱粮兑现数量公示的三次公示制，设立了专门的举报监督电话，加大了群众监督力度，使整个工程透明化。

另外，在水利措施方面加大管理创新力度表现在：

一是制定一系列技术规范文件。出台《北京市水土保持小流域综合治理暂行规定》，下发《北京市生态清洁型小流域建设与评价标准》、《北京市生态清洁型小流域综合治理项目建议书（代可行性研究报告）编制提纲》、《北京市生态清洁型小流域调查监测方案（试行）》以及《北京市水土保持生态建设工程概（估）算编制说明（参考文本）》，为生态清洁型小流域建设提供技术指导和建设规范。

二是建立联动机制。市发改委、农委、国土资源局、林业局、水务局、农业局等部门建立联动机制，定期召开联席会议，以此为平台，市委市政府建立起支持生态清洁型小流域建设的长效机制，以京政办发[2006]66号文发布了推进山区小流域综合治理的通知，今后新治理小流域都要在统一规划的基础上，达到生态清洁型小流域标准，每年治理面积增加到310 km^2，政府投资标准增加到50万元/km^2。

三是创新工作模式。建立1万名农村管水员队伍，对小流域实施管护，提高农民参与生态清洁型小流域建设积极性；探索总结出农村垃圾“村收、镇运、区（县）处理”的管理模式，促进了垃圾无害化处理。

此外，北京市在2006年的京津风沙源治理中，积极探讨科学创新，充分调动全社会参与京津风沙源治理工程的积极性，继续加大生态资源的治理开发力度。强化产权制度改革，坚持“谁治理、谁经营、谁所有、谁受益”的原则，按照“明确所有权、稳定经营权、搞活使用权”的要求，大力推行先进的治理经验，加快治理进程，巩固治理成果，确保工程效益的长久发挥。2007年，北京市继续把京津风沙源治理工程作为全北京市生态工作的重中之重，加强领导，明确责任，制定措施，狠抓落实，精心组织实施，强化工程管理，注重治理成效，全力搞好工程建设。

三、北京京津风沙源治理工程的保障

京津风沙源治理工程是一项伟大的事业。北京市委市政府深入贯彻落实党的“十六大”精神和“三个代表”重要思想，把京津风沙源治理工程作为新时期践行“立党为公，执政为民”的一项重要任务来抓；市园林绿化局等多家单位同心协力，密切配合，齐抓共管，采取部门联动、政策集成、资源配套等方式积极开展工作，有力地推动了工程建设。

几度耕耘，几度收获。京津风沙源治理工程经过几年的实施，显著改善了首都及周边地区的生态环境；并通过大力发展生态产业，大幅度地促进了当地农民的增收致富，创造出巨大的社会效益、经济效益和生态效益。

北京作为国家首都，担负着建设首善之区的历史重任。“世界城市、宜居城市”的发展定位对北京未来发展提出了新的、更高的要求，它不仅包括繁荣的经济、快捷的交通、发达的文化和灵敏的信息，还包括良好的生态、优美的环境、和谐的氛围。

北京郊区生态环境建设迫在眉睫，京津风沙源治理工程任重道远。为保障后期工程的顺利实施，要从政策、资金、人员等多方面入手，提供强有力的保障措施，构筑完善的支撑体系，以圆满完成规划建设任务。

(一)拓宽筹资渠道，努力加大工程区资金投入力度

生态环境的建设具有很强的外部性和公益性，防沙治沙工程的建设应充分发挥政府的主导作用。“以大投入带动大产出”是北京京津风沙源治理工程的显著特点，应在原有投资规模的基础上，进一步加大工程的资金投入力度。在积极争取国家支持的同时，市财政和区(县)财政要把防沙治沙生态体系建设的投资，纳入基本建设投资计划，列入财政预算。市财政应根据防沙治沙生态体系建设具体工程项目的情况，制定相应的资金投入政策，给予一次性财政补贴，主要用于绿化苗木补助和部分基础设施、养护管理等费用，不足资金由区县和乡镇、村及承包经营者自筹解决。

在保持政府投资主体地位不变的基础上，大力吸引金融资本、工商资本、借贷资本等社会力量积极主动参与农村生态环境保护与建设，逐步形成财政、信贷、金融部门多元投资开发的格局，多渠道解决工程区建设的资金问题，夯实工程建设的经济基础。

(二)完善生态补偿机制，促进生态建设区农民增收致富

经过多年的建设与发展，工程区部分区县已经形成特色林果业、绿色养殖业、休闲旅游业等优势产业，当地农民收入水平大大提高，农民生产生活条件显著改善。然而，作为首都的绿色生态屏障，与其他区县相比，工程区产业发展仍存在一定的局限性，当地农民为保护生态环境作出了巨大的牺牲。在工程下一步建设过程中，要继续探索多种生态产业发展模式，依照“在生态建设中富民”的思路让从事生态建设的农民有稳定的收入来源，使农民在生态建设中增收致富，实现经济效益、生态效益与社会效益多赢。

首先，要加强宣传，提高生态意识。全面提高决策层领导、基层干部和普通群众的生态环境意识，明确人们对生态价值的认识，加大宣传力度，向群众灌输环境有价的理念，增强群众的维权意识。加快国民经济绿色核算体系建设，将生态资源遭到破坏的部分，算入国民经济成本，改变只注重经济增长指标的政绩考核办法。

其次，加强生态补偿机制的基础研究工作。开展生态保护立法研究，为完善生态环境补偿机制提供法律依据；根据工程区环境污染和生态破坏的实际情况，科学确定不同的补偿标准、补偿方式和补偿对象；在财政支付能力有限、政府控制力不足的条件下，加强产权改革制度的研究，调动民间参与污染治理和生态建设的积极性，适度引导政府主导型生态治理模式逐步转变为民间主导型治理模式。

再次，进一步完善生态补偿的收费制度。遵循“污染者付费、利用者补偿、开发者保护、破

坏者恢复”的原则，积极探索生态补偿收费的实践，建立生态破坏保证金（或抵押金制度），并逐步扩大排污收费的范围，提高排污收费标准，加大收缴力度，加强对有关部门行政不作为的监督。在资金管理上，制定严格的征收标准，实行收支两条线管理，征收的生态补偿费专款专用，用于生态恢复和补偿。

（三）构建政策支撑体系，切实减轻工程区农民税费负担

结合农村税费改革制度、土地流转制度等农村政策，进一步完善和落实工程区农村和农业发展政策支撑体系，切实减轻农民税费负担；适当放宽标准，加大针对工程区的各项扶持政策力度，使工程区享有比其他地区更加优惠的政策倾斜，为工程的建设搭建良好的政策平台。

（四）强化农民教育培训，提高工程区农民科技文化素质

农民是工程建设的主力军，工程的建设离不开广大农民群众的积极参与。要保证防沙治沙下一步工作的顺利开展，巩固工程建设成效，必须尽快提高工程区的农民科技文化素质。实行“生态移民”与“教育移民”并举，在加强基础教育的同时，重点办好农村成人学校，通过各类职业技术学校和各种不同类型的短期培训，提高农民掌握先进治沙防沙技术和适用技术的能力。在京科研院所和大专院校应充分发挥科技资源优势，结合工程区的特点及时为当地农民提供科技与信息服务，提供智力支持，对农民进行不定期的农业实用技术培训，并与农民建立互利互惠的长期合作关系。

（五）突出生态保护与建设，实现工程区可持续发展

北京京津风沙源治理工程要以坚持科学发展观为前提，以城乡统筹为理念，以建设资源节约型和生态保护型社会为原则，充分体现“建设与保护并重”的特点，实现工程区城乡经济社会全面、协调、可持续发展。在工程实施过程中，充分考虑资源与环境的承载能力，积极探索有利于节约资源、减少污染的发展模式，提高资源利用效率，处理好经济发展、人口增长与资源利用、生态环境保护的关系。

第四章

北京京津风沙源治理工程建设效果评估

根据国家《京津风沙源治理工程规划》的统一部署，京津风沙源治理工程以科学发展观为指导，以求真务实的作风，按照构筑山区绿色生态屏障的总体思路，以培育优质资源为主导，以发展绿色产业为纽带，为北京市生态环境建设与改善做出了突出的贡献。

工程的实施，有利于拓展生态功能，支撑绿色奥运。北京正全力筹备2008年奥运会，“绿色奥运”是我们庄重的承诺。2006年全市二级和好于二级的天数达到241天，占全年总天数66%，全市林木绿化率达到51%，密云水库水质保持在二类地表水质标准，各项水土保持措施涵蓄水量3 120万 m^3，减少流失土壤91.3万t。城市青山环抱、市区森林环绕、郊区绿海田园的优美景观初步显现，生态功能明显提高，为奥运会的举办提供了良好的生态环境，有力地支撑了绿色奥运，确保达到举办绿色奥运的环境标准要求。

积极推动全民参与，促进了社会和谐。围绕“生态、产业、安全、文化和服务”五大体系建设，政府加大了公共设施建设和管理，鼓励引导市民崇尚自然、爱护和保护环境、最大限度地合理利用资源、保持经济和社会的可持续发展。通过宣传，促进了郊区居民的“保护环境就是保护生产力、改善环境就是发展生产力”意识，全体市民自觉行动起来，采取有利于环境保护的生活方式、消费方式，保护和改善生态环境，促进了人与自然的和谐发展，促进了社会和谐发展。

依托工程建设带来的良好生态资源，充分发挥区域优势，大力推进结构调整，逐步淘汰资源开采型产业，形成了特色林果业、绿色养殖业和休闲旅游业三大生态产业。“十五”期间，山区三大生态产业产值年均增长率达到17.5%，是山区经济的主要拉动因素，山区农村经济总收入年均增长18%，山区农民人均纯收入年均增长了14.7%，达到6 867元，首次出现了与平原地区农民收入差距缩小的现象，山区农民在工程建设和后续产业发展中得到了实实在在的利益。

一、林业措施建设效果评价

（一）项目完成情况

截至2006年底，北京京津风沙源治理工程共完成营林造林356.73万亩。其中，退耕还林87万亩（退耕地造林46万亩，配套荒山荒地造林41万亩），人工造林55.52万亩（含农田林网15万亩），飞播造林30.58万亩，封山育林168.63万亩，爆破造林15万亩，建设种苗基地23处。

（二）效益评价

北京京津风沙源治理工程涉及的六个区县，主要分布在山区。工程通过林业措施建设进一步丰富了京郊山区的森林资源，极大地改善了山区的生态环境。

1. 林业资源现状

(1)林地利用与林种构成

全市土地面积 1 680 780 hm^2。根据北京市第六次森林资源二类调查结果,2004 年林地面积为 1 054 280.8 hm^2,占土地面积的 62.73%;非林地面积为269 689.6 hm^2,其中四旁树占地面积 12 551.2 hm^2。

从林地利用情况来看,森林面积为 619 243.2 hm^2,占林地面积的 58.74%;疏林地 4 833.8 hm^2,占林地面积的 0.46%;灌木林地面积为 321 455.6 hm^2,占林地面积的 30.49%,其中河流中上游、土层厚度小于 30 cm、坡度大于 25°、植被盖度≥50%的为 208 542.6 hm^2,这部分林地参加林木绿化率计算,其余的 112 913.0 hm^2 需要进一步改造提高;无立木林地面积为 3 642.1 hm^2,占林地面积的 0.35%;未成林造林地面积为 33 316.0 hm^2,占林地面积的 3.16%;苗圃地面积 19 570.4 hm^2,占林地面积的 1.86%;宜林地面积 51 837.1 hm^2,占林地面积的 4.92%;辅助生产林地 382.6 hm^2,占林地面积的 0.04%(表 4-1)。从林地权属来看,国有林地面积为 88 316.9 hm^2,占全市林地面积的 8.38%;集体林地面积为 829 744.4 hm^2,占全市林地面积的 78.70%;个人林地面积 135 412.0 hm^2,占全市林地面积的 12.84%;其他权属类型的林地面积为 807.5 hm^2,占全市林地面积的 0.08%。

表 4-1 林地利用情况

项目	林地面积合计	有林地(乔木)	疏林地	灌木林地	无立木林地	苗圃地	未成林造林地	宜林地	辅助生产林地
面积/ hm^2	1 054 280.8	619 243.2	4 833.8	321 455.6	3 642.1	19 570.4	33 316.0	51 837.1	382.6
比重/%	100.00	58.74	0.46	30.49	0.35	1.86	3.16	4.92	0.04

从森林林种构成来看,全市各林种所占比重,即防护林、特用林、用材林、薪炭林和经济林的比重分别为 61.18%、8.36%、3.80%、0.04%和 26.62%;在防护林中主要以水源涵养林和水土保持林为主,分别占防护林面积的 40.5%和 46.0%。公益林和商品林的面积之比为 2.28∶1。由此可见,在现有森林结构中公益林特别是防护林所占比重较大(图 4-1),体现了北京林业以改善首都生态环境为首要任务的建设宗旨。

从山区各林种的构成来看,这种以生态建设为宗旨的特点则更为明显,山区防护林与特用林所占的比重达 77.48%,公益林和商品林的面积之比为 3.44∶1。山区森林生态建设为改善首都生态环境和缓解经济发展中的资源稀缺“瓶颈”问题发挥了重要作用。

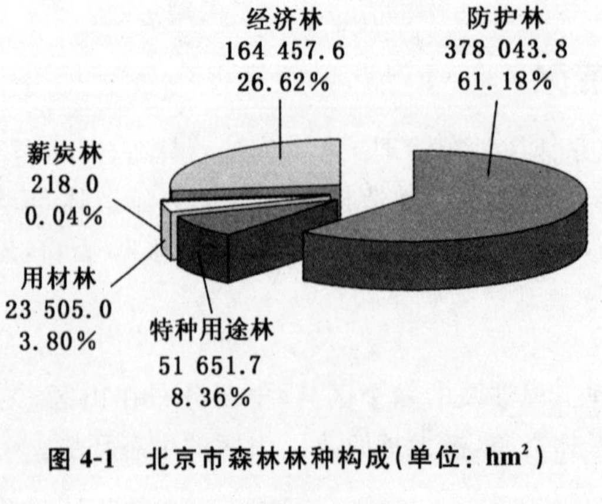

图 4-1 北京市森林林种构成(单位: hm^2)

(2)森林分布

全市地貌骨架主要由山地和平原所构成,其中山地占土地面积的2/3,平原占1/3。山区林地面积约为880 907.3 hm^2,占全市林地面积的83.56%;平原林地面积约为173 373.5 hm^2,占全市林地面积的16.44%(表4-2)。

表4-2 森林资源分布及比重

项目	林地								四旁树占地
	合计	有林地(乔木)	疏林地	灌木林地	无立木林地	苗圃地	未成林造林地	宜林地	
全市/ hm^2	1 054 280.8	619 243.2	4 833.8	321 455.6	3 642.1	19 570.4	33 316.0	51 837.1	35 602.3
比重/%	100.0	100.0	100.0	100.0	100.0	100.0	100.0	100.0	100.0
山区/hm^2	880 907.3	469 023.1	4 616.2	320 974.8	3 078.9	654.5	33 235.6	49 130.4	4 230.4
比重/%	83.56	75.74	95.50	99.85	84.54	3.34	99.76	94.78	11.88
平原/hm^2	173 373.5	150 220.1	217.6	480.8	563.2	18 915.9	80.4	2 706.7	31 371.9
比重/%	16.44	24.26	4.50	0.15	15.46	96.66	0.24	5.22	88.12

从表4-2可以看出,山区森林资源是北京市森林资源的主体,充分利用山区山场大的优势,挖掘潜力,增加山区森林资源的数量,提高其质量,是改善生态环境质量的主攻方向。

(3)森林与林木绿化率

森林与林木绿化率是反映林业生产水平和环境质量的综合指标。林木绿化率为林木覆盖面积即森林面积、参与计算林木绿化率的灌木林地面积和四旁树占地面积之和与土地总面积之比。根据第六次森林资源二类调查资料,截至2004年底,全市林木绿化率为49.99%,其中山区林木绿化率为67.85%,平原林木绿化率为23.57%。

森林覆盖率为森林面积即防护林、特用林、用材林、薪炭林和经济林五大林种面积之和与土地总面积之比,2004年全市森林覆盖率为35.47%,其中山区森林覆盖率为46.55%,平原森林覆盖率为19.10%。

从山区来看,东北部山区的林木绿化率、森林覆盖率均较西部山区高,这意味着西部山区的造林与管护力度需要加强。

(4)活立木蓄积量

北京市(不包括四城区)活立木总蓄积为15 213 411.9 m^3(表4-3),其中:林分蓄积为12 952 862.4 m^3,占全市活立木总蓄积的85.1%;疏林地蓄积为26 094.5 m^3,占全市活立木总蓄积的0.2%;散生木蓄积为142 199.0 m^3,占全市活立木总蓄积的0.9%;四旁树蓄积为2 092 256.0 m^3,占全市活立木总蓄积的13.8%。其中山区的活立木总蓄积为9 733 502.1 m^3,占全市活立木总蓄积的64.0%。北京市人均占有林木蓄积为1.02 m^3,约是全国人均占有林木蓄积9.01 m^3 的1/9。

表4-3 活立木蓄积量

项目	活立木								
	蓄积合计/m^3	林分		疏林地		散生木		四旁树	
		蓄积/m^3	比重/%	蓄积/m^3	比重/%	蓄积/m^3	比重/%	蓄积/m^3	比重/%
全市	15 213 411.9	12 952 862.4	85.1	26 094.5	0.2	142 199.0	0.9	2 092 256.0	13.8
山区	9 733 502.1	8 845 429.7	90.9	25 205.8	0.3	136 387.5	1.4	726 479.1	7.5

从优势树种组成来看，北京市活立木可划分为九大优势树种(组)，其中杨树蓄积所占比重最高，达40.6%；再其次为柞树，占16.8%；其次为油松和阔叶树，分别为14.9%和9.6%，详见表4-4。

表4-4 活立木优势树种(组)的面积与蓄积

项目	全市				山区			
	面积/hm^2	比重/%	蓄积/m^3	比重%	面积/hm^2	比重/%	蓄积/m^3	比重/%
合计	453 418.5	100.0	12 952 862.4	100.0	367 024.6	100.0	7 166 895.9	100.0
油松	78 547.0	17.3	1 932 767.2	14.9	76 379.6	20.8	1 911 510.6	26.7
侧柏	86 678.1	19.1	683 289.2	5.3	84 597.8	23.0	666 364.6	9.3
落叶松	9 903.1	2.2	393 267.2	3.0	9 903.1	2.7	393 267.2	5.5
山杨	13 552.3	3.0	370 296.9	2.9	13 552.3	3.7	370 296.9	5.2
柞树	118 973.4	26.2	2 170 917.0	16.8	118 973.4	32.4	2 170 917.0	30.3
刺槐	17 724.8	3.9	411 165.6	3.2	13 793.6	3.8	192 287.6	2.7
杨树	63 629.1	14.0	5 259 742.0	40.6	7 016.1	1.9	443 546.3	6.2

(5)林分的面积与蓄积

2004年，北京市(不包括四城区)林分面积为453 418.5 hm^2，蓄积为12 952 862.4 m^3，单位蓄积为28.6 m^3/hm^2，是全国林分单位蓄积的1/3。其中山区林分面积为382 034.1 hm^2，蓄积为8 845 429.7 m^3，单位蓄积为23.2 m^3/hm^2。由于近年来生态建设工程的开展，新增林地面积较多，山区林分质量不及北京市林分质量的整体水平，今后需要加强中幼林的管护力度。

①各林种的面积与蓄积。在林分中，防护林面积为378 043.8 hm^2，蓄积为10 761 017.9 m^3，单位蓄积为28.5 m^3/hm^2；特用林面积为51 651.7 hm^2，蓄积为1 322 967.7 m^3，单位蓄积为25.6 m^3/hm^2；薪炭林面积为218.0 hm^2，蓄积为13 145.7 m^3，单位蓄积为60.3 m^3/hm^2；用材林面积为23 505.0 hm^2，蓄积为855 731.1 m^3，单位蓄积为36.4 m^3/hm^2，详见表4-5。

表4-5 林分中各林种的面积与蓄积

林种	面积/hm^2	比重/%	蓄积/m^3	比重/%	单位蓄积/(m^3/hm^2)
防护林	378 043.8	83.4	10 761 017.9	83.1	28.5
特用林	51 651.7	11.4	1 322 967.7	10.2	25.6
用材林	23 505.0	5.2	855 731.1	6.6	36.4
薪炭林	218.0	0.0	13 145.7	0.1	60.3
合计	453 418.5	100.0	12 952 862.4	100.0	28.6

从表4-5可以看出，防护林的面积与蓄积所占比重均为最高，体现了北京森林主要发挥生态服务功能的战略定位。但从林分质量看，防护林的林分质量低于平均水平，还需要进一步加大对防护林的管护投资，提高林分质量，以便充分发挥其生态服务功能。

②各林龄组的面积与蓄积。在林分中，幼龄林面积为265 403.9 hm^2，蓄积为3 444 690.7 m^3，单位蓄积为13.0 m^3/hm^2；中龄林面积为105 692.6 hm^2，蓄积为3 461 303.2 m^3，单位蓄积为32.7 m^3/hm^2；近熟林面积为39 930.0 hm^2，蓄积为1 895 963.3 m^3，单位蓄积为47.5 m^3/hm^2；

成熟林面积为 32 429.5 hm^2，蓄积为 2 714 631.5 m^3，单位蓄积为 83.7 m^3/ hm^2；过熟林面积为 9 962.5 hm^2，蓄积为 1 436 273.7 m^3，单位蓄积为 144.2 m^3/ hm^2。

从表 4-6 可以看出，幼龄林面积比重最大，中龄林次之，两者之和占林分面积的 81.8%；但从林分质量看，幼龄林最差，中龄林次之。目前迫切需要加强中幼龄林的抚育和管护工作，加大投资力度，全面提高林分质量。

表 4-6　林分中各林龄组的面积与蓄积

林龄组	面积/hm^2	比重/%	蓄积/m^3	比重/%	单位蓄积/(m^3/hm^2)
幼龄林	265 403.9	58.5	3 444 690.7	26.6	13.0
中龄林	105 692.6	23.3	3 461 303.2	26.7	32.7
近熟林	39 930.0	8.8	1 895 963.3	14.6	47.5
成熟林	32 429.5	7.2	2 714 631.5	21.0	83.7
过熟林	9 962.5	2.2	1 436 273.7	11.1	144.2
合计	453 418.5	100.0	12 952 862.4	100.0	28.6

③不同起源的森林的面积与蓄积。北京的天然林为原生森林破坏后出现的次生林或萌生林，主要分布在海拔 800 m 以上的深山区。据北京市第六次森林资源二类调查，林分中天然林林地面积为 184 517.6 hm^2，林木蓄积为 3 569 093.2 m^3，单位蓄积为 19.3 m^3/ hm^2。北京的人工林主要是解放以来在浅山区和平原地区营造的，多以片林或林网形式存在。林分中人工林林地面积为 246 246.5 hm^2，林木蓄积为 9 224 646.8 m^3，单位蓄积 37.5 m^3/ hm^2。此外，还有一部分飞播林，所占比重不大，面积为 22 654.4 hm^2，蓄积为 159 122.4 m^3，单位蓄积 7.0 m^3/ hm^2（表 4-7）。天然林与飞播林的林分质量较差，需要加强管护和采取适当的措施，促进天然更新。

表 4-7　不同起源的森林面积与蓄积

起源	面积/hm^2	比重/%	蓄积/m^3	比重/%	单位蓄积/(m^3/hm^2)
天然林	184 517.6	40.7	3 569 093.2	27.6	19.3
人工林	246 246.5	54.3	9 224 646.8	71.2	37.5
飞播林	22 654.4	5.0	159 122.4	1.2	7.0
合计	453 418.5	100.0	12 952 862.4	100.0	28.6

(6)经济林资源

根据北京市第六次森林资源二类调查结果，2004 年全市现有经济林面积 164 457.8 hm^2，总株数 11 771 万株。其中，果树林面积 163 304.8 hm^2，总株数 11 260.9 万株；特种经济林 1 153.0 hm^2，177.8 万株；散生经济树 332.4 万株。

北京山区有经济林面积 132 352.9 hm^2，总株数 8273.1 万株。其中，果树林面积 131 639.2 hm^2，7 932.5 万株；特种经济林面积 713.7 hm^2，56.2 万株；散生经济树 284.4 万株。

从品种来看，果树资源主要为干果和鲜果，其中干果主要是核桃、板栗和仁用杏，鲜果主要是苹果、梨、桃、葡萄、柿子、鲜杏、枣和其他杂果。特种经济林资源主要为杜仲、玫瑰、香椿、花椒等。

(7)自然保护区概况

2004 年全市共有自然保护区 14 个,总面积达 81 439.3 hm^2,其中国家级自然保护区 1 个,市级自然保护区 6 个,县级自然保护区 7 个(表 4-8)。这些保护区主要分布在延庆、密云、怀柔和门头沟 4 个山区县,主要保护对象包括森林植被、野生动物、湿地候鸟、自然景观、次生林等。

表 4-8 北京地区自然保护区概况

自然保护区名称	所在区县	面积/hm^2	主要保护对象	级别
松山国家级自然保护区	延庆县	4 660	油松林和野生动物	国家级
灵雾山自然保护区	密云县	3 000	野生动物	市级
野鸭湖湿地自然保护区	延庆县	9 000	湿地候鸟、景观	市级
百花山自然保护区	门头沟区	1 699	落叶松林、野生动物	市级
喇叭沟门自然保护区	怀柔区	20 000	天然次生林	市级
云蒙山自然保护区	密云县	4 000	次生林自然演替	市级
云峰山自然保护区	密云县	2 230	天然油松林	市级
白河堡水库自然保护区	延庆县	8 260	湿地候鸟	县级
水牛湖自然保护区	延庆县	1 000	湿地候鸟	县级
龙庆峡自然保护区	延庆县	700	自然景观和森林植被	县级
玉渡山自然保护区	延庆县	9 820	森林和野生动物	县级
太安山自然保护区	延庆县	3 470	森林和野生动物	县级
大滩自然保护区	延庆县	12 130	森林和野生动物	县级
莲花山自然保护区	延庆县	1 470	森林植被	县级

(8)森林旅游资源

早在 20 世纪 80 年代,北京市的上方山、潮白河、松山、百花山等国有林场利用当地的森林、地质、文物等资源,自发修筑简易游路,增加一些游乐、接待设施,开始了森林旅游的尝试。截止到 2004 年底统计,全市已建森林公园(森林旅游区)20 个(表 4-9)。其中,国家级森林公园、森林旅游区(自然保护区)9 个,市县级森林公园、森林旅游区(自然保护区)11 个。全市森林旅游资源景区面积为 46 516 hm^2,已开发景区面积 23 260 hm^2,占景区面积的 50%。按景点计共 353 个,已开发景点 314 个,其中森林景观 118 个;未开发景点 39 个,其中森林景观 16 个。另外,有 14 个国有林场被批准建立森林公园(旅游区),占全市国有林场总数的 41%。据不完全统计,全市森林公园及旅游区新增加基础设施和生态建设投资近 4 000 万元,全年接待游客 230 万人次,总收入 8 500 多万元,利润 900 多万元。森林旅游成为旅游业的一个重要组成部分,是林业经济的一个新的增长点,同时也带动了区域经济的繁荣和社会进步。

表 4-9 北京地区主要森林公园概况

单位名称	公园级别	审批单位	批准时间	总面积/hm^2	所在区县	建设单位
西山国家森林公园	国家级	国家林业部	1992.11	5 933.3	地跨海淀、丰台、石景山	市西山试验林场
上方山国家森林公园	国家级	国家林业部	1992.11	353.3	房山区	房山区上方山林场

续表 4-9

单位名称	公园级别	审批单位	批准时间	总面积/hm²	所在区县	建设单位
蟒山国家森林公园	国家级	国家林业部	1992.11	8 581.5	昌平区	市十三陵林场
云蒙山国家森林公园	国家级	国家林业局	1995.11	2 208	密云县	密云县云蒙山林场
小龙门国家森林公园	国家级	国家林业局	2000.02	1 595	门头沟区	门头沟区小龙门林场
鹫峰国家森林公园	国家级	国家林业局	2003.12	775.1	海淀区	北林大妙峰山教学试验林场
大兴古桑国家森林公园	国家级	国家林业局	2004.12	1 164.8	大兴区	大兴区安定、长子营镇政府
大杨山国家森林公园	国家级	国家林业局	2004.12	2 106.5	昌平区	昌平区兴寿镇政府
松山森林旅游区	国家级	国务院	1980.01	4 150	延庆县	市松山林场
延庆莲花山森林公园	区县级	县林业局	1995.04	960	延庆县	延庆县国有林地。个人承包
绿色度假村	市级	市林业局	1994.07	981.2	顺义区	市共青林场(现双青集团)
五座楼森林公园	市级	市林业局	1996.07	1 366.7	密云县	密云县五座楼林场
龙山森林公园	市级	市林业局	1998.05	140.5	房山区	房山区周口店林场
马栏森林公园	市级	市林业局	1999.06	280.7	门头沟区	门头沟区马栏林场
白虎涧森林公园	市级	市林业局	1999.1	933.3	昌平区	昌平区阳坊镇林业站
丫吉山森林公园	市级	市林业局	1999.11	1 144	平谷区	平谷县丫吉山林场
八达岭森林公园	市级	市林业局	2000.03	2 940	延庆县	市八达岭林场
北宫森林公园	市级	市林业局	2002.03	800	石景山区	石景山区长辛店乡
霞云岭森林公园	市级	市林业局	2003.02	3 000	房山区	房山区霞云岭乡
百花山森林旅游区	市级	市政府	1986.01	1 699	门头沟区	门头沟区百花山林场

(9)林地经营类型

从经营类型看,全市林地可划分为10种经营类型(表4-10)。其中,管护型所占比重较大,为43.2%;其次封山育林(灌)型18.7%、经济利用型15.9%、幼林抚育型7.7%、造林更新型5.1%、特种经营型3.1%、抚育间伐型3.0%、补植型2.2%、采伐利用型1.1%。在无立木林地中,补植型所占比重较大,为41.5%;其次造林更新型27.8%、管护型13.0%、特种经营型10.4%、封山育林型3.0%、经济利用型2.0%、幼林抚育型1.8%。在宜林荒山荒地中,主要为造林更新型,占85.1%,其次为封山育林(灌)型8.4%。

表4-10　北京市林地各经营类型的面积

经营类型	面积/hm²	比重/%	无立木林地		宜林荒山荒地	
			面积/hm²	比重/%	面积/hm²	比重/%
造林型	53 354.1	5.1	1 012.8	27.8	44 126.0	85.1
低产低效林改造型	499.1	0.0	20.3	0.6	0.0	0.0

续表 4-10

经营类型	面积/hm²	比重/%	无立木林地		宜林荒山荒地	
			面积/hm²	比重/%	面积/hm²	比重/%
幼林抚育型	81 026.9	7.7	65.2	1.8	121.8	0.2
抚育间伐型	31 440.2	3.0	0.0	0.0	0.0	0.0
补植型	23 023.1	2.2	1 509.9	41.5	114.9	0.2
封山育林(灌)型	197 024.1	18.7	107.8	3.0	4 348.7	8.4
经济利用型	167 462.6	15.9	73.2	2.0	35.6	0.1
特种经营型	32 122.4	3.1	380.3	10.4	1.9	0.0
采伐利用型	11 546.0	1.1	0.0	0.0	0.0	0.0
管护型	455 032.6	43.2	472.6	13.0	3 088.2	6.0
合计	1 052 531.1	100.0	3 642.1	100.0	51 837.1	100.0

由此可知,今后林木资源的抚育管护工作较重,需要加强中幼林抚育和低质林分改造,需要加强荒山荒地造林及封山育林。而且,北京山区的林地及荒山荒地的立地条件较差,土壤瘠薄干旱,需要因地制宜、适地适树,大力发展造林技术,提高造林成活率和保存率。

(10)森林资源的动态变化

由于自然和人为因素的影响,森林资源始终处于动态变化中,主要表现在面积、蓄积和林分质量 3 个方面。

①面积的动态变化。由于近几年北京市大力发展重点工程造林和山区综合开发等,森林资源的面积表现为持续增长态势(图 4-2)。根据北京市最近两次森林资源二类调查结果,北

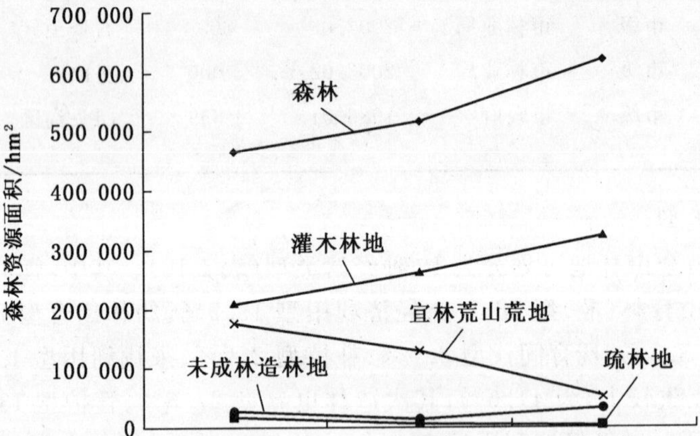

图 4-2 北京市森林资源面积变化趋势

京市森林面积增加104 121.3 hm²,增长率为 20.2%,年均增加面积 20 824.3 hm²,年增长率 3.8%。从林种来看,防护林的面积明显增加,年增长率 5.3%;经济林面积也增加,年增长率 4.1%;特用林也有少量增加;用材林和薪炭林面积则明显减少。从优势树种组来看,大规模的

人工造林和封山育林使得阔叶树、杨树、侧柏、油松、柞树、桦树和落叶松的面积有不同程度的增加,年增长率分别为11.0%、7.8%、6.6%、2.2%、2.0%、1.7%和1.3%;山杨和刺槐的面积则有所减少,年减少率为6.9%和3.7%。

灌木林地的面积增加,年增长率为4.5%,其中参加覆盖率计算的部分年增长率5.9%。未成林造林地明显增加,年增加率为18.8%,主要原因是近几年重点工程造林力度加大。疏林地则明显减少,主要是由于通过封山育林、补植补造使其中的一部分达到林分标准,年减少率为10.2%。宜林荒山荒地的面积也减少,年减少率为16.3%,主要是由于近几年的人工造林、飞播造林和封山育林取得了成效。

②蓄积的动态变化。林木蓄积是森林资源的重要指标,根据最近两次森林资源二类调查结果,全市林木总蓄积量年增长率为1.3%,其中林分蓄积年增长率3.9%;疏林地蓄积年增长率16.5%;散生木蓄积明显减少,年减少率27.5%;四旁树蓄积也减少,年减少率6.0%(图4-3)。

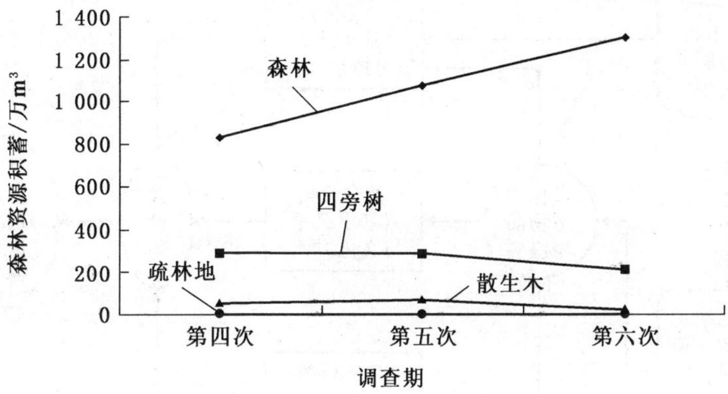

图4-3　北京市森林资源蓄积变化趋势

③林分质量的动态变化。林分质量的好坏是由多种因素决定的,其中单位面积蓄积是衡量林分质量的最重要因子,单位面积的蓄积量较高则林分质量较好。根据最近两次森林资源二类调查结果,林分的单位面积蓄积有所增加,年增长率0.1%,表明林分的质量正在逐步提高。从林分各林龄组来看,幼龄林和过熟林的单位面积蓄积增加,年增长率分别为3.2%和3.0%;中龄林、近熟林和成熟林的单位面积蓄积则减少,年减少率分别为0.8%、6.2%和8.6%。变化的原因一方面是各林龄组面积增加的幅度不一致,另一方面说明中幼林的抚育管护工作需要加强。

2.山区森林生态系统服务价值评价

森林生态系统是人类赖以生存的环境基础,为人类提供着巨大的经济、环境、与社会效益。通过对森林生态系统价值的评价,可以为决策提供参考依据,以确定政策与管理措施,从而改善森林生态系统结构与过程,提供更多更好的服务。图4-4揭示了森林资源功能、产品与服务的综合评价框架。在评价森林生态系统服务价值时,首先要确定评价指标。对于经济价值,主要表现为林地、林木资源的价值;对于生态价值,目前国际社会对森林生态价值的关注主要集中在森林的水文服务价值、森林景观或美化环境价值、生物多样性保护和碳贮存价值等方面,具体来说主要包括涵养水源、保育土壤、净化环境、固碳与制氧价值、森林防护价值、森林游憩价值、森林生物多样性价值等方面的价值;对于社会价值,包括提供就业机会、促进相关产业发展、改善投资环境等。

随着北京京津风沙源治理工程的逐步推进,山区林业建设取得了很大成绩。森林资源进一步增加,实现了森林面积与蓄积的双增长;防护林、用材林、薪炭林、特用林和经济林五大林种的结构逐步趋于合理;中幼林抚育力度加强,林分质量有所提高;森林资源管理水平显著提高,实现了造管并重。山区森林生态服务功能的发挥日益突出,充分体现了北京京津风沙源治理工程良好的建设成效。

(1)价值评价

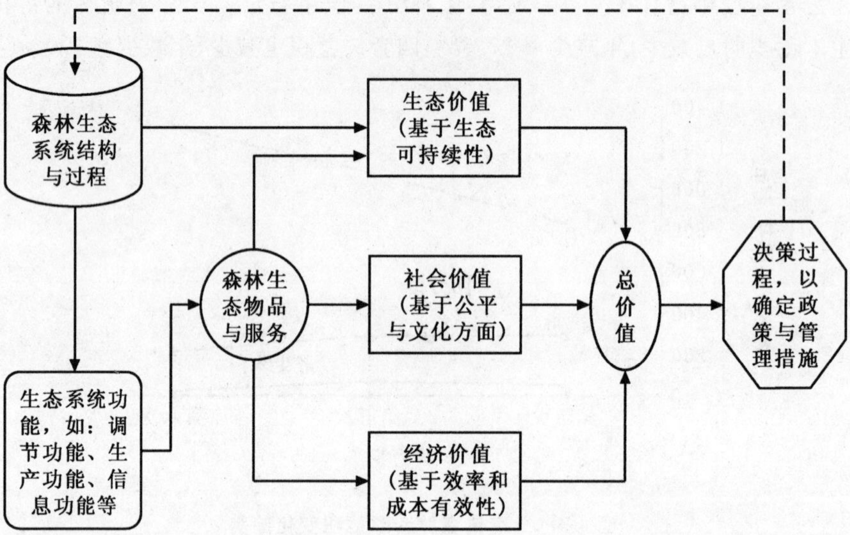

图 4-4 森林资源功能、产品与服务的综合评价框架

①经济价值评价。

A. 山区林地价值:林地是一项重要的经济资产。由于树种、造林方法、营林、木材生产方式等不同,林地的价格确定方法也不同。一般来说,林地价格的确定方法有以下 3 种:

■ 林地期望值法,也称为净现值法。它涉及经济地租,通过未来净收益的现值计算资产的价值或价值的变化。用公式表示为:

$$L=[pQ-C_T-C(1+r)^T]/[(1+r)^T-1]$$

式中:C_T 为木材轮伐期中资本化的经营成本,C 为造林成本,r 为基准收益率,$T=1,2\cdots$,为木材轮伐期,pQ 为林木成熟采伐时的收益。当土地的租金价值 R 已知时,$L=R/r$。

■ 交易价值法,也称为市场价值法。通过观察交易活动得到的价格推算将要评估的林地的价值。该方法的应用是以林地市场发育完善和规范化为前提。在没有林地市场或林地市场发育不完善的情况下通常是参照附近类似林地买卖实例及用纳税价格等资料来进行评估。

■ 成本法。通过分析林地价格的构成因素及表现形式来推算林地的价格,通常包括购买林地费用和将林地维持到现在状态所需的费用。

鉴于北京地区森林经营的目的和森林资源构成的特点，研究中一般采用交易价值法估算林地的价格。如周冰冰等(2000)根据北京市的地理条件采用分层抽样法对10个郊区县的林业用地价值进行了核算。通过选取有代表性的基本样点，收集近几年当地林地交易的价格(主要为拍卖或租赁价格)，从各样点分别推算各林种的综合林地价格。这是北京地区迄今比较有代表性的林地价值核算案例。由于时间等方面的限制，本研究中林地价格的测算主要采用效益转移法，采用周冰冰等(2000)中的北京市各林种综合林地的价格数据，并进行相应的物价指数调整。根据山区林业用地的面积统计数据和经过必要调整得到的各林种林地综合价格可以计算得到山区2006年林地总价值为24.20亿元，见表4-11。

表4-11　山区林地价值计算

林业用地	面积/hm^2	林地价格(元/hm^2)		价值/亿元
		2004年	2006年	
有林地	469 023.1	4 016.54	4 217.37	19.79
灌木林地	320 974.8	399.9	419.90	1.34
未成林造林地	33 235.6	1 142.68	1 199.81	0.40
疏林地	4 616.2	1 142.68	1 199.81	0.05
苗圃地	654.5	5 713.42	5 999.09	0.04
无林地	52 403.1	1 142.68	1 199.81	0.63
合计/平均	880 907.3	2 615.32	2 746.09	24.20

注：①这里的林地价格，实际是指林地转让或租赁价格，不是土地买卖本身的价格。
②无林地包括无立木林地、宜林地和辅助生产用地。
③林地价格根据2004年林地价格和2004—2006年固定资产投资价格指数计算得到。

根据最近两次北京市森林资源二类调查资料，山区林业用地年均增加28 132.6 hm^2，以无林地的价格计算，则山区年增加林地价值0.34亿元。

B. 山区林木资源价值：林木包括林分、疏林、散生木、四旁树。其中，林分按林种分为用材林、特用林、防护林、薪炭林；按林龄可分为幼龄林、中龄林、近熟林、成熟林和过熟林。归纳起来，目前林木估价方法主要也有3种：

■ 市场价倒算法，也称净现值法。是以林木资产皆伐后所得木材的市场销售总收入扣除木材经营所消耗的总成本(含税、费等)和应得利润后的部分作为林木资产价格。计算公式为：

$$L=[pQ-C_T-C(1+r)^T-R]/[1+r)^T-1]$$

式中：C_T为木材轮伐期中资本化的经营成本，C为造林成本，r为基准收益率，$T=1,2\cdots$，为木材轮伐期，pQ为木材的市场销售总收入，R为缴纳的税、费及应得利润的和。

■ 立木交易价法。根据观察到的与被评估林木在树种、林龄、直径、树高、地理条件、经营方式等相类似的立木交易实例，进行评价的方法。随着林业产权的逐步确立和立木交易市场的日益发展(主要是在南方集体林区)，立木交易价法将得到更多的应用。

■ 成本法。是以各年度造林投入的实际成本(含地租)为基础，并考虑投入时与评价时的物价指数变化情况，来确定林木资产的价格。

现有评估实践中，通常采用市场价倒算法评估立木资产价值，对经济林林木资产的评估则采用成本法。周冰冰等(2000)选取代表性的基本样点，收集了近几年北京地区主要树种如杨树的木材交易价格以及条件相近地区的部分树种如侧柏、落叶松等的木材市场的平均价格，最终综合处理得到了北京市用材林的立木价格。本文中利用这一研究成果，根据各优势树种的蓄积采用加权平均法计算，并进行物价指数调整，得到山区用材林的平均立木价格(表 4-12)。根据林木价格和林木资源蓄积的统计数据，可计算得到 2006 年山区林木资源价值为 27.48 亿元(表 4-13)。

根据最近两次北京市森林资源二类调查资料，山区活立木蓄积年均增加 257 295.42 m^3，按活立木平均价格 282.35 元/m^3 计算，年增加量为 0.73 亿元。

表 4-12 北京市用材林综合立木价格测算

树种	蓄积/m^3	比重/%	立木价格/(元/m^3)
油松	1 932 767.2	14.9	164.56
侧柏	683 289.2	5.3	171.91
落叶松	393 267.2	3.0	164.56
山杨	370 296.9	2.9	126.84
柞树	2 170 917.0	16.8	151.99
刺槐	411 165.6	3.2	142.56
杨树	5 259 742.0	40.6	117.92
桦树	492 064.3	3.8	126.84
阔叶树	1 239 353.0	9.6	126.84
综合立木价格	—	—	137.22

注:根据 2004 年林木价格和木材及纸浆类价格指数计算得到。

表 4-13 山区林木资源价值计算

林木	蓄积/m^3	林价/(元/m^3)	价值/亿元
林分	8 845 430	296.92	26.26
其中:用材林	282 210.1	137.22	0.39
防护林	7 985 411	274.43	21.91
特用林	577 484.8	686.07	3.96
薪炭林	323.4	48.03	0.00
疏林	25 205.8	137.22	0.03
散生木	136 387.5	137.22	0.19
四旁树	726 479.1	137.22	1.00
合计/平均	9 733 502	282.35	27.48

C. 山区经济林资源价值:山区经济林资源的价值主要是各种干、鲜果产品的价值。根据统计，2006 年北京市干鲜果品总产量为 15 亿 kg，北京市果品价值为 18.1 亿元。以山区经济林面积占全市经济林面积的比重 80.48%计算，则山区经济林产品的价值为 14.57 亿元。

②生态价值评价

A. 山区森林资源涵养水源价值

a. 蓄水价值。国内外研究成果表明，森林通过林冠截留、枯落物持水和土壤贮水对大气降水进行再分配，从而减少地表径流，调节径流的时空分布，相当于水库调节水量的作用。其中，林冠截留和枯落物贮水主要被蒸发散消耗；土壤贮水中的毛管孔隙水保存在土壤里主要用于林木生理的需求和土壤蒸发，非毛管孔隙则暂时滞留贮存，容纳暴雨，减少地表径流的产生，补充地下水和河道、沟道水流。因此，森林蓄水能力主要取决于森林土壤非毛管孔隙度。森林涵养水源效益按照有林地土壤比无林地土壤多贮水的能力来计量。林地土壤层蓄水量可按以下公式计算：

$$\Delta Wt = (P - T) \times H \times A \times \gamma$$

式中：ΔWt 为森林土壤贮水量(t)；P 为森林土壤非毛管孔隙度(%)；T 为对照荒地土壤非毛管孔隙度(%)；H 为土壤渗透的峰面厚度，即土层厚度(厘米)；A 为林地面积(hm^2)；γ 为水的比重(t/m^3)。

森林土壤的蓄水能力为：

$$W = \sum_{i=1}^{n} C_i A_i$$

式中：W 为森林土壤总蓄水量(吨)；C_i 和 A_i 分别为第 i 个树种的土壤蓄水量(t/hm^2)和林地面积(hm^2)；n 为树种数量。

根据研究人员在山区的实地监测资料得知，天然林的土壤物理性质比人工林好，混交林的土壤物理性质比纯林的好，阔叶林的物理性质比针叶林的物理形状好。灌木林的非毛管孔隙度介于天然林与人工林之间，这说明了灌木林具有很好的快速贮水能力。利用森林土壤和对照荒地土壤的非毛管孔隙度、土壤渗透的峰面厚度即土层厚度以及水的比重等数据可以计算得到森林土壤的单位面积净蓄水量。根据北京市森林资源二类调查数据和2005—2006年新增情况，可以计算得到2006年山区森林涵养水源的总净蓄水量为1.61亿t，见表4-14。

解决水源问题的另一个方法是通过修建水库开发水源，现在假设建造1.61亿t库容的水库，代替水源涵养林涵养水源起到的作用，并以建设水库所需要的经费额作为标准，来估计森林蓄水效益的价值。森林涵养水源的价值相当于建造等容量水库的价值，目前北京地区平均单位库容造价*为6.299元/m^3，由此得到2006年山区森林资源蓄水价值为10.14亿元。

表4-14　山区森林资源涵养水源效益评价

项目	非毛管孔隙度/%	土层厚度/cm	山区森林资源面积/hm^2	总净蓄水量[a]/t
侧柏	10.00	35.70	88 827.69	0.19
落叶松	8.10	47.50	10 398.26	0.02
油松	5.40	34.60	80 198.58	0.03
柞树	8.10	41.90	124 922.07	0.21

* 对北京地区平均单位库容造价1990年不变价3.15元/m^3进行物价指数调整得到。

续表 4-14

项目	非毛管孔隙度/%	土层厚度/cm	山区森林资源面积/hm^2	总净蓄水量[a]/t
桦树	14.60	42.00	13 357.37	0.07
山杨	13.50	50.90	14 229.92	0.07
刺槐	7.40	32.00	14 483.28	0.01
杨树	13.50	50.90	7 366.91	0.03
阔叶树	10.50	29.30	31 591.77	0.06
灌木	13.2	30.00	337 023.54	0.92
对照荒地	4.10	22.50	—	—
合计	—	—	—	1.61

注：a 涵养水源效益计算只考虑林分和灌木林，不包括经济林、疏林、苗圃和无立木林地。非毛管孔隙度以《水源涵养林效益研究》(于志民等，1999)为依据。

b. 净化水质价值。森林在涵养水源的同时对水质起到净化作用。根据北京市林业局和北京林业大学水源涵养林研究课题组的试验结果，有水源涵养林的流域，其水质达到国家地面水质标准的Ⅰ、Ⅱ类，优于其所属河流和水库水质，如有水源涵养林保护的流域 COD_{Mn} 的浓度是对比河流的 45.5%～80.0%，是水库的 45.5%～64.5%，并且天然林流域 COD_{Mn} 浓度低于人工林流域；氨氮的含量是对比河流的 25.8%～31.6%，同样天然林流域低于人工林流域；总磷的含量与对比河流相差不大，但仅占水库的 18%～50%；水源涵养林流域溶解氧的浓度普遍低于对比河口和水库的溶解氧浓度。另外，根据北京市防沙治沙办公室工程技术人员根据有关规定对京津风沙源治理工程在水源保护区的治理措施对涵养水源、减少水土流失、改善水质的功能所进行的监测，监测流域的水质指标低于《地表水环境质量标准》(GB 3838—2002)中Ⅱ类水质标准，达到生活用水标准。综合上述，森林资源尤其是水源涵养林对净化水质、改善水质有着明显的作用。

目前居民生活用水价格为 2.8 元/m^3，从而得到山区森林资源净化水质的价值为 4.51 亿元。这只是水源涵养林净化水质的最低价值，河流水在汇入水库的过程中也得到了净化，但由于资料所限无法计量评价。

c. 调洪价值。根据多年的水文资料观测，北京地区水土流失严重，山洪、泥石流危害时有发生，严重影响了山区经济发展，主要表现在：一是水土流失降低了土壤肥力，由于水土流失，山区土层厚度小于 25 cm 的土地，占水源保护区总面积的 47%。土壤肥力及生产力下降，使农业产量低而不稳，坡耕地每公顷产量仅 750～1 500 kg。二是水土流失破坏了地貌的完整，侵蚀使沟头前进，沟岸扩展，吞蚀农田，威胁村镇，道路。三是水土流失淤积水库，污染水质，堵塞河道，缩短了水库寿命。四是造成洪涝，泥石流危害，冲毁农田，村镇，威胁人民生命财产。据不完全统计，从 1949 年以来，北京地区有 8 年发生了泥石流 13 次，死亡人数 454 人，冲毁耕地超过 8 000 hm^2，冲毁房屋 5 000 多间，严重威胁着人民生命财产安全，也造成水库淤积、水质污染。

随着水源涵养林的建设、森林覆盖率的提高，水土流失呈下降趋势，山洪、泥石流的发生频率也下降，灾害损失也降低。水源涵养林通过滞缓洪峰流量或削减快速径流量，达到有效防治山洪泥石流的作用。由于山洪一般发生在有充分前期降雨条件下，此时土壤达到或接近毛管体积含水率，毛管孔隙已不再蓄存水分，只有非毛管孔隙因排水迅速，可为暴雨提供径流场所。因此，水源涵养林防治山洪的效果主要反映在林地非毛管孔隙的蓄水容量。其调洪效益可通过有林地和对照无林地的有效蓄洪量来评价。根据不同林地蓄洪量指标，结合林地统计资料，可以计算得到2006年山区森林资源的调洪效益(表4-15)。

表4-15 山区森林资源调洪效益

项目	蓄洪容量/mm	有效蓄洪容量/mm	净增蓄洪量[b]/mm	山区森林面积/hm^2	总净增蓄洪量[b]/亿 t
侧柏	108.7	96.1	40.3	88 827.69	0.357
落叶松	157	105.7	49.9	10 398.26	0.052 5
油松	164.1	149.8	94	80 198.58	0.756
柞树	168.9	142.2	86.4	124 922.1	1.081 5
桦树	218.1	155.1	99.3	13 357.37	0.136 5
山杨	193.9	163.1	107.3	14 229.92	0.157 5
刺槐	120	116.4	60.6	14 483.28	0.084
杨树	193.9	163.1	107.3	7 366.905	0.084
阔叶树	239.7	204.3	148.5	31 591.77	0.472 5
灌木	0	—	82.1	337 023.5	2.772
对照荒地	62.1	55.8	—	—	—
合计	—	—	—	—	5.932 5

注：b 对于灌木，使用实测树种的加权平均值；计算中只考虑林分和灌木林的蓄洪效益，不包括经济林、疏林、苗圃和无立木林地。蓄洪容量资料以《水源涵养林效益研究》(于志民等，1999)为依据。

根据表4-15，2006年山区森林资源调洪蓄洪效益为5.93亿 m^3，相当于建造等量的防洪蓄洪库容的价值，即：

$$5.93(亿\ m^3)\times 6.299(元/m^3)=37.35(亿元)$$

综合上述，2006年山区森林资源涵养水源总价值为52.00亿元。

B. 山区森林保育土壤价值：由于人为活动加剧，我国水土流失面积呈加速上升态势。华北地区最大的水库——密云水库流域水土流失也是相当严重，据统计资料，平均每年流入密云水库的泥沙为527万t。1989年密云水库被列为全国第13片水土保持重点治理区，采取工程措施和生物措施相结合的治理策略，在大规模营造水源涵养林的同时，1981—1985年治理面积490 km^2，坡耕地改梯田1 827 hm^2，整修梯田45 hm^2、水平条田654 hm^2，修谷坊坝7 972道，修拦沙坝77道，护堤坝27道。根据2000年土壤侵蚀遥感调查结果，北京市土壤侵蚀类型主要为水力侵蚀，土壤侵蚀面积为4 089 km^2，其中轻度侵蚀面积2 975 km^2，中度侵蚀面积1 114 km^2。根据北京市10个坡地径流场106个坡地径流小区和14个小流域沟道控制站的观测资料、山区(县)的88个降雨观测点汛期降雨资料，近年全市降水量和前几年相比有明显增加，但仍比多年平均值略少。北京市山区坡地汛期共产生地表径流29 376.7万 m^3，流失土壤192.4万t，流失总磷40.4 t，流失总氮186.1 t，流失 COD_{Mn} 777.3 t。水土保持方案的实施减少土壤流失17.4万t。为此，北京市水土流失治理工作按照构筑“生态修复、生态治理、生态保护”三道防线的思路，共审批开发建设项目水土保持方案47个，在18条小流域内开展水土流失综合治理，治理水土流失面积205 km^2。全市各项坡地水土保持措施共蓄水2 754.1万 m^3，减少土壤流失35.2万t，减少流失总磷18.1 t，减少流失总氮60.7 t，减少流失 COD_{Mn}223.7 t。

森林资源具有防止水土流失、保持水土的作用，这一点已被森林水文学的研究成果和北京地区的实地观测资料所证实。森林保育土壤的作用主要表现在防止地表侵蚀和保护土壤肥力。森林资源保持水土减少土壤肥力损失有利于其自身的生长，从而更好地发挥生态效益。

北京山区有防护效益的森林资源的面积为687 999.40 hm^2，则减少水土流失总量为257.11万t。如果没有这些森林资源，就要修筑各种拦截保土工程以防止水土流入水库，保持水土效益可采用重置成本法计算，按基建投资标准，目前每拦截1 m^3 土壤的工程投资为7.76元。根据测定，土壤密度为2.4～2.6 t/m^3，取其平均值2.50 t/m^3。因此，北京山区森林资源保持水土的价值为798.06万元。

另外，根据密云县水土保持站的资料，水土流失造成的土壤肥力下降的情况为每吨土壤含0.02 t复合肥，则北京山区森林资源减少肥力损失为5.14万t。以每吨复合肥的市场价格为2 070.90元/t计算，则保护土壤肥力效益为1.11亿元。森林资源保持水土减少土壤肥力损失有利于其自身的生长，从而更好地发挥生态效益。

由此，2006年北京山区森林资源保育土壤的价值为1.19亿元。

此外，森林资源保育土壤还有防止风蚀和造地育土方面的价值。防止风蚀主要是指植树造林对防治沙漠化方面的作用。北京市历史上曾是重点风沙危害区，现已在重点风沙区营造了一定规模的防风固沙林。造地育土是指通过植树造林垦复废弃的退化地、荒漠化土地或废旧矿区等；以及因森林植被形成的腐殖层和因森林保护的土壤动物及微生物作用提高的土壤腐熟程度；还有因林木庞大根系作用加厚了土壤熟化层(即耕作层)；林木还可减轻土地盐渍化或沼泽化。因上述作用，林木会在瘠薄地带、无土地带或其他不能利用的地带形成有价值的土地，及提高土地的地位级。例如，北京市的麻粒岩山地带因营造了刺槐薪炭林，结果很快形成数厘米深的地表腐殖层。这里因资料所限，暂不对这部分价值进行评价。

C. 山区森林资源净化环境价值：森林资源具有净化环境的作用，主要表现为吸收污物、阻滞粉尘、杀除细菌、降低噪声及释放负氧离子和萜烯物质。对森林净化环境价值的评价一般是根据森林面积及森林对有害物质、噪声、辐射等的减除能力及影子价格计算。考虑到北京地区污染物的来源主要是煤烟、机动车尾气、粉尘、噪声等，主要从森林吸收二氧化硫、氟化物、氮氧化物以及阻滞降尘、杀菌和减噪几个方面评价北京山区森林净化环境的价值。

a. 吸收二氧化硫。二氧化硫在有害气体中数量最多、分布最广、危害最大。树木对二氧化硫具有一定的吸收能力。根据中国环境科学院生态研究所的测算资料，树木吸收二氧化硫的能力平均为120.8 kg/hm^2。北京山区具有吸收二氧化硫能力的树木的面积为915 563.5 hm^2，包括有林地、疏林地、参与计算林木覆盖率的灌木林、果树以及四旁树的面积。因此北京山区森林资源吸收二氧化硫的总量为1.11亿kg。根据中国生物多样性国情研究报告，二氧化硫的治理成本为0.6元/kg，采用替代法得到山区森林资源吸收二氧化硫的价值为6 636.00万元。

b. 吸收氟化物。氟在大气中一般以氟化氢的形式存在，其毒性比二氧化硫大20倍左右。目前，我国的技术和管理水平还难以控制氟污染，生物防治不失为一种补救措施。根据周冰冰等(2000)研究表明，阔叶树、针叶树和果树的吸氟能力分别为4.65 kg/hm^2、0.5 kg/hm^2 和1.68 kg/hm^2。根据北京市森林资源二类清查数据，山区阔叶树面积为274 869.0 hm^2、针叶树面积为2 480 068.5 hm^2、混交林面积58 571.3 hm^2、果树面积为186 700.0 hm^2、其他参与计算林木覆盖率的灌木林面积为 208 229.2 hm^2。计算得到山区森林吸收、净化大气氟化物 2 107 813.06 kg,森林吸收氟化氢的价格采用燃煤炉窑大气污染物排污收费等筹资性标准的平均值 0.16 元/kg,其价值为 33.73 万元。

c. 吸收氮氧化物。森林对氮氧化物也有吸收、净化作用。考虑到北京地区氮氧化物污染的严重状况,采用效益转移法,利用韩国科学技术处测定的数据,森林对氮氧化物吸收能力 6.0 kg/hm^2 计算。关于森林吸收氮氧化物价格的计算方法,采用中国大气污染物排污收费标准的筹资型标准的平均值 1.34 元/kg 计算。由此得到山区森林吸收氮氧化物的价值为 694.62 万元。

d. 阻滞降尘。粉尘是主要的大气污染物之一,森林对粉尘有很强的阻挡、过滤和吸附作用。根据测定,阔叶林的滞尘能力为 10.11 t/hm^2,针叶林的滞尘能力为 33.2 t/hm^2。阻滞降尘的价格采用燃烧煤窑大气污染物排污收费等筹资性标准的平均值 0.56 元/kg。计算得到山区森林阻滞降尘 1 254.14 万 t,其价值为 702.32 万元。

e. 杀菌作用。森林杀灭空气中病菌的作用表现在两个方面:一方面是树木能分泌挥发性物质,具有杀菌或抑菌的能力;另一方面是树木减少了灰尘,因而也减少了附着在灰尘上的细菌。科学测定结果表明,树木多的地方空气中含菌量比同地区树木少的地方低,树叶覆盖度高,消尘除菌效果较好。森林杀菌的价值通过下面的公式计算(周冰冰等,2000):

$$V=\alpha TqA(1/K-1)$$

式中:α 为森林灭菌价值占森林总生态价值的比例系数,通过调查评价或专家评议;T 为森林立木价格;q 为林木单位面积蓄积量;A 为森林总面积;K 为森林直接实物性价值占森林有形与无形总价值的比例系数,一般按 10%计算。

森林灭菌价值占森林总生态价值的比例系数 α 按 4%计算,则山区森林灭菌价值为 10.29 亿元。

f. 减噪作用。森林能够降低噪声,其原理主要是通过枝叶等不规则地反射噪声声波、叶片气孔和绒毛吸收噪声以及干扰噪声波的传播。森林减低噪声价值的计算参照森林杀菌价值的计算方法。考虑到经济发展阶段的具体实际,森林减低噪声价值占森林总生态价值的比例系数按 3%计算,K 仍按 10%计算,则山区森林减低噪声的价值为 7.07 亿元。

综合上述 6 方面的价值,2006 年山区森林净化环境的总价值为 18.17 亿元。

D. 山区森林固碳与制氧价值:森林具有固碳制氧的功能,对于人类社会和整个动物界,对于缓减温室气体、维持气候平衡,都具有重要的意义。根据研究,每生产 1 g 植物干物质,要固定 1.62 g 二氧化碳,同时释放 1.2 g 氧气。在这个过程中,还将太阳能转化为化学能贮存在碳水化合物中。

森林固碳制氧数量的确定可以采用多种方法,如光合作用法、实验测定法、森林蓄积量法和调查统计法等。基于资料的可得性,这里采用光合作用法,即根据光合作用反应的方程式、森林的年材积生长量及枝桠与树根的重量计算森林固碳制氧的数量。然后根据造林成本法计算森林的固碳与制氧的价值。根据最近两次北京市森林资源二类调查资料山区活立木蓄积年均增加 270 160.19 m^3。取树枝和树根的重量为树干重量的 1/4 倍,木材的平均比重一般为 0.45 t/m^3。北京山区每年的干材、枝和根以及干物质的生长量分别为 121 572.09 t、

30 393.02 t和 151 965.10 t。根据光合作用法，北京山区森林每年固定二氧化碳的数量为 246 183.0 t，提供氧气的数量为 182 358.13 t。

根据研究，中国北方森林固碳造林的平均成本为 273.3 元/t（徐德应，1996），我国森林生产氧气的成本为 369.7 元/t（侯元兆等，1996），这里取两者的平均值并进行物价指数调整，则固碳与制氧的造林成本为 320.10 元/t。由于固碳与制氧是同一过程，采用造林成本法计算其价值时需要在固碳与制氧间进行合理分摊。假设固碳与制氧的造林成本各占 50%，则 2006 年北京山区森林固碳和制氧的价值分别为 3 938.92 万元和 2 917.73 万元，合计为 6 856.65 万元。

E. 山区森林防护价值：北京是个风沙危害比较严重的地区，为了控制风沙危害，北京市在一些重点风沙危害区营造防风固沙林、骨干防风林带和农田林网。根据北京市第六次森林资源二类调查和 2005—2006 年增量，到 2006 年底山区防护林的面积为 345 290.7 hm^2，包括水源涵养林、水土保持林、防风固沙林、农田防护林、护岸林和护路林。需要说明是，除了水源涵养林和水土保持林具有涵养水源和保育土壤的功效之外，其他的林种也具有同样的功效，只是程度上的差异。因此，前面计算了所有森林的蓄水保土价值。为避免重复计算，森林防护价值主要考虑防护农业生产和防风固沙的价值。

大量实地观测结果表明，由于防护林的综合作用，在农田防护林网内，一般可减缓风速 30%～40%，提高相对湿度 5%～15%。按粮食亩产增加 10%计算，农作物年增产量为 7 368.25万 kg。根据北京市物价局，小麦和玉米的保护价分别为 1.26 元/kg 和 1.12 元/kg，平均为 1.19 元/kg，则北京市防护林防护农业生产的效益为 8 768.22 万元。按山区森林面积占全市森林面积的比重 83.56%计算，2006 年北京山区森林防护农业生产的价值为 7 326.73 万元。

在防风固沙价值评价方面，限于测试手段和资料，还不能精确地测算防护林防风固沙的价值，但是防风固沙林保护土地资源防止沙化的价值是存在并可以计算的。这里采用替代法，利用风沙危害区防护林地的价值进行计算。防风固沙林地的价格按防护林的价格 901.1 元/hm^2 计算，北京山区 7 723.49 hm^2 防风固沙林的防护价值为 695.96 万元。

因此，北京山区森林防护农业生产和防风固沙的价值为 8 022.69 万元。

F. 山区森林游憩价值：森林生态旅游成为近年来旅游的热点。据专项调查表明，99.09%的人郊区旅游的最大目的是回归大自然。随着社会经济发展和物质水平的提高，人们投入森林旅游的时间和费用也必然会增加。北京是一个有 1 500 多万人口的国际大都市，其森林旅游业具有非常广阔的发展前景。根据北京市林业局丁望兰等的调查，北京森林旅游的游客主要来源于市区，主体市场为北京工薪阶层和青年学生。森林游憩价值的评价方法有多种。以北京市 11 个森林公园的年均最大游憩收益测算北京森林游憩的总价值，周冰冰等（2000）认为北京年均每公顷森林最大游憩收益为 2 174.50 元（按 1992 年不变价格计算）。如果按城市居民消费价格指数进行调整，则 2006 每公顷森林最大游憩收益为 4 357.66 元。

根据 1999 年我国南方五省森林公园统计（表 4-16），南方五省 1996 年森林公园总数为 21 个，总面积为 61.20 万 hm^2，游客总人数为 529.03 万人，总旅游收入为 13 518.75 万元。因而，每公顷森林旅游收入为 220.89 元。根据全国城市居民消费价格指数进行调整，每公顷森林旅游收入为 225.54 元。

表 4-16 南方五省(区)1999 年森林公园统计表

省(区)	森林公园个数/个	总面积/ hm^2	旅游收入/万元	游客总数/万人	其中:海外游客/万人
福建	16	25 399.10	2 618.74	128.38	2.52
广东	39	152 439.27	5 868.00	190.20	16.00
广西	31	188 259.70	4 303.91	76.02	0.53
海南	6	140 226.99	168.10	4.43	—
云南	29	105 711.14	560.00	130.00	1.00
合计	121	612 036.20	13 518.75	529.03	—

资料来源:王洪峰等,2002:27。

根据高岚(1996)对武夷山森林公园的游憩价值研究表明,人均消费者剩余为 2 112.87 元/hm^2。利用全国城市居民消费价格指数进行调整,森林旅游人均消费者剩余为 2 157.38 元/hm^2。按照我国传统的风景区"环境容量"中"年卡口容量"2 000 m^2/(人·日),即 0.2 hm^2/(人·日)计算,假设每人每年旅游 1 天,则每公顷森林旅游消费者剩余为 10 786.90 元/hm^2。

又根据陆文明等(2002),1998 年中国森林公园生态旅游收入为 1 362.47 元/hm^2,通过物价指数调整得到我国森林公园旅游年收入为 1 391.18 元/hm^2。

将上述研究结果取平均值,得到森林旅游的平均收入为 4 134.54 元/hm^2。该结果与北京年均每公顷森林最大游憩收益 4 357.66 元比较接近。考虑到与全国相比,北京地区经济发展水平相对较高,对森林生态旅游的需求较为旺盛。以 4 357.66 元/hm^2 作为北京市单位面积森林游憩收入进行计算。目前,北京市森林旅游资源已开发景区面积 23 260 hm^2,则北京市森林游憩价值为 10 135.92 万元,按山区森林面积占全市森林面积的比重 83.56%计算,2006 年北京山区森林游憩价值为 8 469.57 万元。

G. 山区森林生物多样性价值:生物多样性包括生态系统多样性、物种多样性和遗传多样性 3 个层次,多种多样的生物是人类赖以生存和发展的物质基础。北京地区复杂多样的地形、气候和土壤,尤其是广大的森林资源,为植被发育和野生动物的繁衍生息提供了多样的环境。北京有丰富的野生动物资源和野生植物资源,包括药用、食用、纤维、芳香油和观赏植物。据统计,共有维管束植物 169 种,898 属,2 088 种,171 变种、亚种及变型,其中栽培植物约占 20%。

森林生物多样性的价值可以分为直接经济价值和间接经济价值。直接经济价值包括野生植物资源的价值和依赖于森林资源生存的野生动物资源的价值;间接经济价值则包括分解有机废物、表土生成、生物固氮、防治病虫害、基因资源库等方面。

生物多样性价值的核算,在世界上仍是一个难题,但尽管如此,还是有一些探索性的方法问世,如物种保护基准法、支付意愿调查法、收益资本化法、费用效益分析法、市场价值法、机会成本法等。由于北京市森林生物多样性统计资料的缺乏,周冰冰等(2000)采用类比法,初步估算北京市与森林生物多样性相关的野生动物资源价值 27.36 亿元,野生植物资源的年产出价值 1.13 亿元,森林生态系统资源包括分解有机废物、表土生成、生物固氮和防治病虫害的年产出价值为 69.52 亿元。根据北京市第六次森林资源二类调查资料,按山区森林面积占全市森林面积的比重 83.56%计算,2006 年北京山区森林生物多样性相关的野生动物资源价值为 24.00 亿元,野生植物资源的年产出价值为 0.99 亿元,森林生态系统的年产出价值为 60.99

亿元。

又根据张颖(2004)运用机会成本法对我国森林生物多样性价值评价的结果,我国森林生物多样性价值最高的是热带地区,年平均为 29 625.07 元/hm^2;最低的是西北地区,年平均为 85 元/hm^2;华北地区的森林生物多样性价值每年平均为 15 653.37 元/hm^2。利用北京山区有林地的面积可以计算得到北京山区每年森林生物多样性的价值为 68.60 亿元。

比较上述结果可以发现,利用上述两项相关研究成果计算得到的北京山区森林生物多样性的价值非常接近,计算结果具有一定的可靠性,也符合我国森林生物多样性实物统计的实际。

③社会价值评价。北京森林资源的增长对改善首都环境、提供劳动就业、促进经济发展、增强社会稳定等产生了重要的社会效益。目前对森林社会效益的价值评价研究还处在起步阶段,主要是一些定性的研究。一般来说,森林社会效益主要从社会的各个方面体现出来,但由于森林与人类社会关系的全面性、密切性和复杂性,要提出一套完整的价值评价体系比较困难。这里主要从对社会就业、对相关产业的发展、对社会投资环境的影响等几个效益比较显著的方面进行定性与定量分析。

A.提供就业机会:森林提供就业机会是森林社会效益评价中考虑较多的方面。2005 年北京市林业系统从业人员为 5 510 人。根据世界银行的研究,森林直接提供就业机会的增值系数是 2.2~4.2,则北京市森林直接和间接提供就业人数为 1.10 万~2.10 万人。此外,2004 年 12 月,北京市山区生态林补偿机制工作全面实施后,在全市 10 个区县 102 个乡镇的 1 577 个山区村选定管护人员 42 990 人组建专业队(组)1 820 个,落实管护面积 912 万亩。这一举措为近 4.3 万名农民提供了就业机会。

B.促进相关产业发展:北京市经济林的发展,在不断提供各种干鲜果品的同时,也促进了果品加工业的发展。如平谷区的泰华、平乐等果品加工企业,加工量占全区果品加工量的 10%,加工成的果品饮料中 90%出口创汇,年收入达 650 万美元。果品运销业也不断发展,平谷县已发展果品运销户1 000余户,年收入都在 5 000 元以上。果品基地与旅游相结合,果园观光与采摘活动大量开展,2006 年全市观光果园共接待游客 637.5 万人次,采摘收入 2.7 亿元,分别比 2005 年增加 10.4%和 8%。随着果品加工业、运销业和果园观光业的发展,市场、餐饮和服务业等一系列相关产业也不断发展,有效地解决了劳动力就业,增加了农民收入。

C.改善投资环境:随着山区森林植被面积扩大,生态环境和空气质量等大为改善,因此也吸引了大批中外合资企业落户,国外游客络绎不绝,还吸引了一些国际会议与活动在北京山区举办。如 2006 年怀柔区林木绿化率已达到了 75.1%,建成了公园化的县城,几年来发展三资企业 331 家,其中外商企业 31 家,利用外资 2.9 亿美元。绿化带动了山区工业的发展,经济实力不断增强。

(2)价值构成分析

通过山区森林生态系统服务价值评价可知,2006 年北京山区森林生态系统的经济价值中林地总价值为 24.20 亿元,年增加林地价值 0.34 亿元;林木总价值为 27.48 亿元,活立木年增加价值 0.73 亿元;经济林年产出价值为 14.57 亿元。生态价值即森林环境服务的年产出价值为 135.68 亿元,其中涵养水源价值 52.00 亿元,占 38.32%;保育土壤价值 1.19 亿元,占

0.88%；净化环境价值18.17亿元，占13.39%；固碳制氧价值0.69亿元，占0.51%；促进农业增产及防风固沙价值为0.80亿元，占0.59%；森林游憩价值0.85亿元，占0.63%；生物多样性价值61.98亿元，占45.68%，见图4-5。

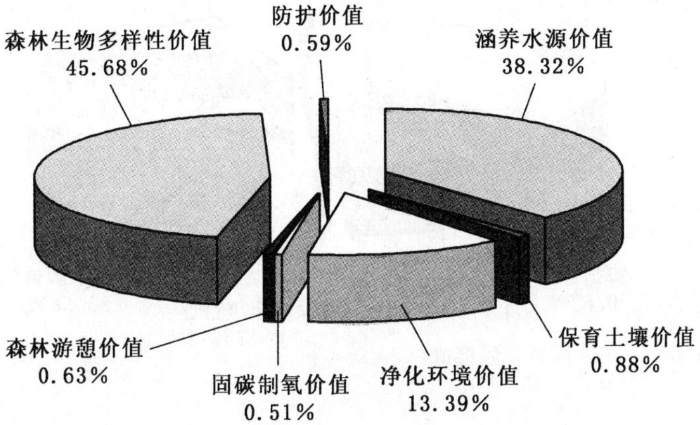

图4-5　森林环境服务的年产出价值构成

上述对北京山区森林生态系统服务价值的评价中，林地、林木的价值为2006年底的存量价值，年增加林地价值、林木价值、林果价值和生态服务价值则是流量价值。因此，需要将不同类型的森林资源价值贴现到同一时点以进行价值构成分析。考虑到北京市经济、生态环境的相对稳定性，可以认为每年经济林果品的产出价值、森林生态服务的产出价值等是大致恒定的，由此可以对各项价值进行贴现，计算现值。

如果森林的存在时间为n年，每年的森林资源产出价值为V，贴现率为r，则现值PV为：

$$
\begin{aligned}
PV &= V_1 + V_2 + \cdots + V_n \\
&= V + \frac{V}{1+r} + \frac{V}{(1+r)^2} + \cdots + \frac{V}{(1+r)^2} \\
&= \frac{V[1+r-(1+r)-n]}{r}
\end{aligned}
$$

为最大限度地发挥森林生态、经济和社会效益，北京市森林资源应可持续发展，因而在时间年限上可以认为n为无穷大。如果取贴现率为5%*，则上述公式变为：

$$PV = \frac{V(1+r)}{r} = \frac{V(1+5\%)}{5\%} = 21V$$

利用上述计算公式，可计算得到2006年北京山区森林生态系统服务价值的现值为3 253.98亿元(表4-17)，其中经济价值为380.61亿元、生态价值为2 873.37亿元，森林生态价值是林地林木等直接经济价值的7.55倍。北京山区森林生态系统的不同类型的产品与服

* 自然资源管理领域的许多经济学家，特别是林业经济学家认为，由于市场不完善以及外部性的存在，社会贴现率应该比私人贴现率更低(Brukas, et al, 2001)。欧洲森林资产贴现率的容许范围一般在1%～2.5%(Eurostat, 2002)。在本研究中，贴现率取多少只是使具体的计算数值有所不同，但基本不影响森林价值的构成分析结果。

务的价值构成如图 4-6 所示。

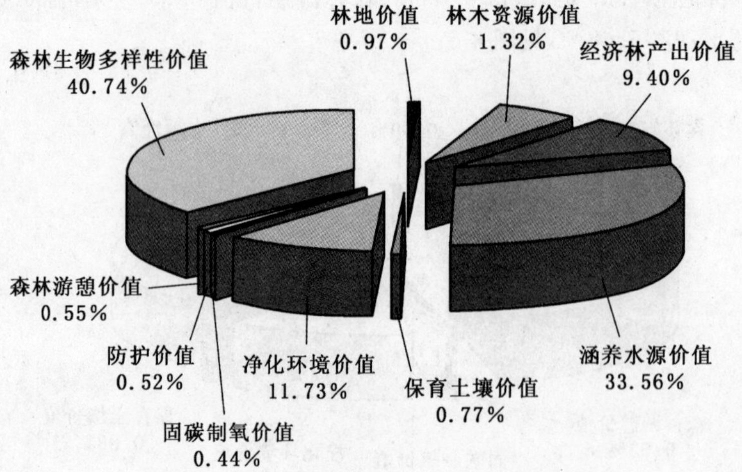

图 4-6 山区森林生态系统服务价值构成

考虑到目前采用等效替代法评价环境价值实例中所得结果较高，难以纳入统计和核算体系，更不便于实际应用的状况，根据人们对生态环境价值认识过程的特点，我国学者提出了能够表征支付意愿相对水平的发展阶段系数法。人们对生态环境价值的认识、重视程度和为其进行支付的意愿是随着社会经济发展水平和人们生活水平的不断提高而发展的。利用简化的 S 生长曲线模型和代表经济社会发展水平与人民生活水平的恩格尔系数可以得到环境价值支付意愿的发展阶段系数。由于森林生态服务主要是上游贫困地区提供而下游经济发达地区享有，这里以城镇居民的恩格尔系数计算发展阶段系数。根据北京统计年鉴，2003 年北京城镇居民的恩格尔系数为 0.322，按全国城镇居民恩格尔系数 1989－2003 年均下降率 2.60％计算，2006 年北京市城镇居民恩格尔系数为 0.308，根据发展阶段系数计算公式：

$$l=\frac{1}{1+\mathrm{e}^{(3-En^{-1})}}$$

可以计算得到北京市城镇发展阶段系数为 0.56。使用发展阶段系数对森林生态服务价值进行调整以后得到北京山区森林生态系统服务价值的现值为 1 989.4 亿元(表 4-17)，其中经济价值为 380.61 亿元，生态价值为 1 608.79 亿元，此时森林生态价值是林地林木等直接经济价值的 4.23 倍。

从山区森林生态系统对经济发展的贡献来看，2006 年北京山区森林环境服务的年产出价值为 135.68 亿元，是全市生产总值的 1.76％。如果考虑不同发展阶段的支付意愿，则 2006 年山区森林环境服务的年产出价值为 75.97 元，是 2006 年全市生产总值的 0.98％。但是这些环境服务价值却因为其外部性特点而没有通过市场得以实现，国民经济核算中没有考虑这些生态价值。

表 4-17　山区森林生态服务价值

项目	年产出价值/亿元	现值[1]/亿元	年产出价值[2]/亿元	现值[2]/亿元
一、经济价值	15.64	380.61	15.64	380.61
1. 林地价值	0.34	31.62	0.34	31.62
2. 林木资源价值	15.30	348.99	15.30	348.99
(1)林木	0.73	43.02	0.73	43.02
(2)经济林产出价值	14.57	305.97	14.57	305.97
二、生态服务价值	135.68	2 873.37	75.97	1 608.79
1. 涵养水源价值	52.00	1 092.13	29.12	611.52
(1)蓄水价值	10.14	212.92	5.68	119.28
(2)净化水质价值	4.51	94.71	2.53	53.13
(3)调洪蓄洪价值	37.35	784.35	20.91	439.11
2. 保育土壤价值	1.19	24.99	0.66	13.96
(1)减少土壤损失	0.08	1.68	0.04	0.94
(2)减少肥力损失	1.11	23.31	0.62	13.02
3. 净化环境价值	18.17	381.57	10.18	213.71
(1)吸收二氧化硫价值	0.663 6	13.94	0.37	7.77
(2)吸收氟化物价值	0.003 4	0.006 8	0.001 7	0.003 4
(3)吸收氮氧化物价值	0.069 5	1.538 9	0.039 7	0.833 7
(4)阻滞降尘的价值	0.070 2	1.524 3	0.040 1	0.842 1
(5)杀菌的价值	10.290 0	216.09	5.767 6	121.119 6
(6)减少噪声的价值	7.070 0	148.47	3.96	83.14
4. 固碳制氧价值	0.69	14.40	0.38	8.07
(1)固定二氧化碳的价值	0.393 9	8.271 9	0.217 7	4.571 7
(2)提供氧气的价值	0.291 8	6.127 8	0.166 7	3.500 7
5. 防护价值	0.8	16.850	0.45	9.35
(1)农业增产的价值	0.732 7	15.386 7	0.408 2	8.572 2
(2)防风固沙林保护土地的价值	0.069 6	1.461 6	0.039 8	0.776 1
6. 森林游憩价值	0.85	17.85	0.47	9.87
7. 森林生物多样性的价值	61.98	1 325.58	34.71	742.31
(1)野生动物资源价值	—	24.00	—	13.44
(2)野生植物资源价值	0.99	20.79	0.558 2	11.722 2
(3)森林生态系统资源价值	60.99	1 280.79	34.15	717.15
合 计	151.32	3 253.98	91.61	1 989.4

注：1. 对年产出价值进行贴现后的价值，贴现率为 5%。

2. 指考虑人们的实际支付意愿，采用发展阶段系数对森林生态价值进行调整后的年产出价值和现值。

(3)中长期预测分析

截至 2006 年底，全市林木绿化率达到 51.25%、森林覆盖率达到 41.71%，达到了中共北京市委、北京市人民政府《关于加快北京市林业发展的决定》中确定的到2008年全市林木绿化率达到50%、森林覆盖率达到36%的目标。北京山区森林资源则更为丰富，林木绿化率达到69.52%、森林覆盖率达到46.55%。如果继续采取适宜的政策与措施，保持目前的林业与生态建设力度与步伐，加强森林资源保护和生态建设，那么全市和山区的经济、环境和社会状况将呈现出新的局面，主要表现在：森林资源面积和蓄积将进一步增加，林分质量提高，荒山荒地进一步减少，林木绿化率及森林覆盖率进一步提高，城乡生态环境改善，农民收入提高，山区经济与环境逐步实现可持续发展，城乡经济逐步实现协调发展。具体来说：

①山区森林资源变化预测。山区森林资源的面积和蓄积都将增加，荒山荒沙荒地的面积进一步减少。假设保持"十五"时期的年均增长率，则2008年全市森林面积将达653 804.07 hm^2，其中山区森林面积为495 199.97 hm^2；全市活立木蓄积将达16 004 008.38 m^3，其中山区活立木蓄积为13 625 984.74 m^3。2010年全市森林面积将达67 1801.25 hm^2，其中山区森林面积为508 831.27 hm^2；全市活立木蓄积将达16 414 582.58 m^3，其中山区活立木蓄积为10 502 008.03 m^3。2020年全市森林面积将达769 496.67 hm^2，其中山区森林面积为582 827.09 hm^2；全市活立木蓄积将达18 630 958.93 m^3，其中山区活立木蓄积为11 920 039.97 m^3。

随着森林资源面积增加，林木绿化率及森林覆盖率均上升。到2008年，全市森林覆盖率为38.90%，其中山区森林覆盖率为49.38%。2010年，全市森林覆盖率为39.97%，其中山区森林覆盖率为50.74%。2020年，全市森林覆盖率为45.78%，其中山区森林覆盖率为58.12%。

②山区森林资源生态价值变化预测。森林与林木绿化率是反映林业生产水平和环境质量的综合指标。假设随着森林资源数量增加、质量提高，以及森林覆盖率的提高，山区森林资源将更好地发挥其生态效益。假设物价水平等其他因素保持不变，进行简单类推，则2008年山区森林覆盖率提高到49.38%时，森林环境服务的年产出价值将达137.05亿元，其现值为2 878.15亿元；2010年山区森林覆盖率提高到50.74%时，森林环境服务的年产出价值将达140.83亿元，其现值为2 957.42亿元；2020年山区森林覆盖率提高到58.12%时，森林环境服务的年产出价值将达161.31亿元，其现值为3 387.57亿元。

③山区森林资源生态服务对城乡发展的贡献。如果全市和山区经济发展保持10%的增长率，在不考虑发展阶段的情况下，2008年山区森林环境服务价值是郊区国内生产总值的9.65%，是全市国内生产总值的2.19%；2010年山区森林环境服务价值是郊区国内生产总值的8.20%，是全市国内生产总值的1.86%；2020年山区森林环境服务价值是郊区国内生产总值的3.62%，是全市国内生产总值的0.82%。这里，北京山区森林资源生态服务对城乡发展的贡献呈现出下降趋势，一方面主要是由于全市及山区的经济发展保持了较快的增长势头；另一方面，随着社会经济的发展以及环境价值评价技术的提高，人们对森林环境服务价值的认识将更加全面，森林环境服务的价值评价结果也将更接近其真实价值，但这里没有考虑这些因素，预测森林环境服务价值时只是在目前条件下的大概推算。

(4)小结

北京山区森林生态系统服务的价值，包括林地林木的直接经济价值、森林资源的提供的生态服务价值和社会效益价值。结合北京山区森林资源的实际情况以及数据与资料的可得性，主要对林地林木的直接经济价值和森林生态服务价值进行了定量评价，对森林社会效益的评价主要从森林的发展对社会就业、对相关产业的发展和对投资环境的改善几个方面进行了定性分析。一般来说，由于受自然科学发展水平的影响，人类对森林资源的服务功能的认识可能仍不完全。即便是已经被人类发现的价值功能，又可能由于技术手段的限制而无法进行评价。例如，在评价森林资源的社会价值时，由于受方法和时间限制，本书只进行了定性分析，未做量化评价，这必然会给整体价值评价造成缺失。因而，现有的各种生态服务价值评价结果通常都小于其实际价值。

从评价结果来看，2006 年北京山区森林生态系统经济价值中林地总价值为 24.20 亿元，年增加林地价值 0.34 亿元；林木总价值为 27.48 亿元，活立木年增加价值 0.73 亿元；经济林年产出价值为 14.57 亿元；生态价值即森林环境服务的年产出价值为 135.68 亿元，其中森林生物多样性价值所占比重最大，为 45.68%；其次是涵养水源价值为 38.32%；再次是净化环境价值为 13.39%。

当取贴现率 5%，对北京山区森林生态系统的各种产品与服务的价值进行贴现以后得到山区森林生态系统服务价值的现值为 3 253.61 亿元，其中经济价值为 380.61 亿元生态价值为 2 873.37 亿元，森林生态价值是林地林木等直接经济价值的 7.55 倍。使用发展阶段系数对森林生态服务价值进行调整以后得到北京山区森林生态系统服务价值的现值为 1 989.4 亿元，其中经济价值为 380.61 亿元，生态价值为 1 608.79 亿元，此时森林生态价值是林地林木等直接经济价值的 4.23 倍。

从山区森林生态系统对经济发展的贡献来看，2006 年北京山区森林环境服务的年产出价值为 135.68 亿元，是全市生产总值的 1.76%。尽管山区森林生态系统为社会提供了巨大的生态效益，但由于其外部性及公共物品的特点，国民经济核算中没有考虑这些生态价值。

如果继续采取适宜的政策与措施，保持目前的林业与生态建设力度与步伐，加强森林资源保护和生态建设，那么全市和山区的经济、环境和社会状况将呈现出新的局面，主要表现在：森林资源面积和林木蓄积将进一步增加，林分质量提高，荒山荒地进一步减少，林木及森林覆盖率进一步提高，城乡生态环境改善，农民收入提高，山区经济与环境逐步实现可持续发展，城乡经济逐步协调发展。假设保持“十五”时期的年均增长率进行简单预测，2008 年山区森林覆盖率将提高为 49.38%，山区森林资源生态价值的年产出价值将为 137.05 亿元；2010 年山区森林覆盖率将提高为 50.74%，山区森林资源生态价值的年产出价值将为 140.83 亿元；2020 年山区森林覆盖率将提高为 58.12%，山区森林资源生态价值的年产出价值将为 161.31 亿元。

(三)退耕还林效益评价

1. 退耕还林项目建设背景

退耕还林是京津风沙源治理工程中的一项重要措施，是党中央、国务院从中华民族生存和发展的战略高度出发，为合理利用土地资源、增加林草植被、再造秀美山川、维护国家生态安全，实现人与自然和谐共处而实施的一项重大战略工程。

(1)退耕还林的兴起与退耕还林的现实意义

①生态环境恶化挑战可持续发展。长期以来，我国生态环境边治理边破坏的现象十分严重，生态环境恶化的趋势不断加剧，表现在 3 个方面：一是水土流失日趋严重。全国水土流失面积已达 367 万 km^2，约占全国土地面积的 38.2%。近年来，许多地区水土流失面积、浸蚀速

度、危害程度呈加剧的趋势，全国平均每年新增水土流失面积1万 km^2。二是荒漠化土地面积不断扩大。据报道，截至1999年我国荒漠化土地面积267.7万 km^2，占国土面积的27.9%。1995—1999年，5年净增荒漠化土地面积5.2万 km^2，年均增长1.04万 km^2，我国荒漠化呈现逐年扩展趋势。三是生物多样性物种数量急剧下降。由于森林减少、草原退化和环境恶化，野生动植物生存空间遭到严重破坏，动植物种类日益减少。50年来，我国200种野生植物和10余种野生动物灭绝，在97种国家一级保护动物中，有20种濒临灭绝。据估计我国已有15%～20%的动植物种类受到威胁，高于世界10%～15%的水平。生态环境的恶化，加剧了自然灾害的发生，加剧了贫困程度，给国民经济与社会发展造成了极大的危害。特别是1998年长江、松花江、嫩江流域发生的特大水灾，使全国上下强烈地意识到加快植树造林、加快国土植被建设、改善生态环境已经成为全国人民面临的一项紧迫任务。

北京市生态环境仍然比较脆弱，水土流失、土地沙化和风沙危害等问题仍然比较突出，防沙治沙任务依然很重，面临的形势也比较严峻。目前，全市尚有沙化土地面积247.5万亩，占全市土地总面积的9.8%，占平原总面积的25.8%。永定河、潮白河、大沙河、康庄、南口地区"三河、两滩"五大风沙危害区还有20万亩卵石荒滩地需要治理，山区还存在大面积的陡坡耕种，水土流失比较严重。据初步统计，北京市6°～15°坡耕地34.3万亩，15°～25°坡耕地41万亩。25°以上坡耕地16.9万亩，土地面积总计92.2万亩。此外，全市还有潜在沙化土地(沙质耕地)164万亩尚需治理，山区尚有2 700多 km^2 水土流失面积未得到治理，直接影响着首都的生态环境和大气质量。

②退耕还林是保护与改善生态环境的有效途径。随着生态破坏恶果的日益严重和人们生活水平的逐步提高，人们的生态意识逐渐强化，基本认识到毁林开荒的破坏性和灾难性，认识到退耕还林的必要性和紧迫性。退耕还林就是从保护与改善生态环境出发，将水土流失严重的耕地，沙化、荒漠化、盐碱化、石漠化严重的耕地以及低产的耕地，有计划、有步骤地停止耕种，本着因地制宜(宜灌则灌、宜乔则乔、宜草则草)的原则，植树种草，恢复植被。退耕还林是减少水土流失、减轻风沙灾害、改善生态环境的有效措施，是增加农民收入、调整农村产业结构、促进地方经济发展的有效途径。

③退耕还林的兴起与发展。早在1949年4月，当时晋西北行政公署发布的《保护与发展林木林业暂行条例(草案)》规定：并已开垦而又荒芜了的林地应该还林。森林附近已开垦林地，如易于造林，应停止耕种而造林。林中小块农田应停耕还林。这是有据可查的第一份有关退耕还林的历史文献，从而掀开了中国退耕还林的序幕。1957年5月国务院第24次全体会议通过的《中华人民共和国水土保持暂行纲要》规定："原有陡坡耕地在规定坡度以上的，若是人少地多地区，应该在平缓和缓坡地增加单位面积产量的基础上，逐年停耕，进行造林种草"。1982—1986年5年间，宁夏回族自治区西吉县在世界粮食计划署援助下实施的"2605"项目，即是退耕还林。这是我国首次开展的退耕还林工程实践，不仅开创了我国退耕还林工作的先河，而且为后来的退耕还林工作积累了经验与教训。

1997年8月江泽民总书记"再造一个山川秀美的西北地区"的重要指示，向全国各族人民发出了加强与保护生态环境建设的伟大号召，为退耕还林工作奠定了坚实的思想基础。

1999年我国粮食产量继1996年、1998年之后第3次超过5 000亿 kg 大关，全国粮食库存2 750亿 kg，加上农民手里的库存2 000亿 kg，全社会存粮近5 000亿 kg，相当于全国一年的粮食产量，粮食出现了阶段性、区域性、结构性供大于求的局面。特别是随着改革开放的不断深入,我国综合国力显著增强,财政收入大幅增加,为大规模的开展退耕还林奠定了坚实的经济基础与物质基础。

进入21世纪以来,首都连续发生了多次前所未有的沙尘暴或浮尘天气,党中央、国务院高度重视,及时做出了加快环北京周围地区防沙治沙工作,努力改善京津地区生态环境的重要指示。2001年,国家有关部门在试点的基础上全面实施京津风沙源治理工程,并将退耕还林工作作为一项重要内容纳入京津风沙源治理工程,计划利用5年时间,将京津风沙源区内不宜耕种的2 000万亩耕地,全部退耕还林还草。实施退耕还林,将容易造成水土流失的坡耕地和容易造成沙化的耕地,逐步停止耕作,造林种草,恢复植被,是党中央、国务院的重要决定,是北京市的重要工作,必须提高认识,认真组织实施。

④开展退耕还林工程的现实意义。

A. 退耕还林关系到民族的生存和发展:退耕还林工程政策性强、涉及面广、群众参与度高,从几年来的实践看,退耕还林对改善北京市郊区生态环境,改变不合理的生产方式,优化农村产业结构,促进农村经济发展发挥了积极作用。实施退耕还林,既是一项重大的经济建设任务,又是一项重要的政治任务,既有较大的社会效益、生态效益,又有较好的经济效益,我们必须要以对历史、对人民、对子孙后代高度负责的态度,把这件利国利民的大事抓好。退耕还林已势在必行,刻不容缓。

B. 生态环境是人类社会生存和发展的基本条件,是经济社会发展的重要基础:北京作为我国首都和国际国内交往的窗口,保护和建设好生态环境尤为重要。特别是针对近两年沙尘暴频繁发生的形势,按照构筑山区、平原、城市绿化隔离地区三道绿色生态屏障的总体思路,不断加大生态环境建设力度,全市的生态环境建设进入了一个新的阶段。

C. 实施退耕还林,是提升首都国际形象的需要,是举办绿色奥运的需要:北京申办2008年奥运会取得成功,能不能举办好2008年奥运会,不仅全国各族人民关心,也为国际社会所关注。绿色奥运是北京2008年奥运会的三大主题之一,加快实施退耕还林,尽快改善首都及周边地区生态环境,把北京建设成为环境优美、空气清新的花园式国际大都市,为成功举办奥运奠定基础,实现我们作出的“绿色奥运”的庄严承诺,是摆在我们面前的一项十分紧迫而艰巨的任务。

D. 实施退耕还林,是首都调整农业生产结构,加快农民致富步伐的需要:入世后,我国粮食等资源密集型农产品不具备市场优势,面临巨大的市场竞争压力,同时北京市特别是山区粮食生产成本较高、品质较差、经济效益较低,不仅不能满足农民增收致富的需要,而且不同程度地造成了水土流失,影响了生态环境。实施退耕还林,加快发展林果业,推进农业综合开发,促进郊区农业结构调整,推动传统农业向高产、优质、高效的现代农业转变,是适应我国加入世界贸易组织的新形势、促进农民增收的迫切需要。

从工程建设效果看,北京市退耕还林工程为北京市实现绿色奥运的承诺做出了显著贡献,全面实现了市委、市政府力争5年内全部完成退耕还林任务的目标。

(2)调查研究方法

①调查对象的选择。调查对象是乡镇、村以及村内的各种社会经济单位。调查对象的选择方法取决于调查的目的。调查方法一般有3种,即抽样调查、全面调查和典型调查。

调查村的选择:调查村的选择主要采用的是类型抽样,即分类抽样的方法。根据各区县村庄的类型,如近郊区和远郊区,富裕地区和贫困地区,然后在各类型内抽取一定单位构成样本。

要求各区县所选村点必须反映本地农村经济的总体水平，反映本地社会经济的基本面貌。

采用的抽样方法按有退耕地面积的多少抽样。在有足够调查力量的情况下，采取普遍调查的方法。其好处是全面占有村中各户基本情况的数据，可避免对村调查时再对某些数据进行推算，有利于提高调查的准确性。建议进行调查比对，抽取一定量未进行退耕还林的农户进行调查访问，以便进行综合评估。

②调查的内容。两个主要方面：一是数据统计。按统一口径全面及时准确地收集各种主要数据，填写上报各种调查表格。二是收集反映动态。同时根据需要与可能完成某些临时性的专题调查任务。村综合调查表的调查内容主要包括：人口、农户、退耕地面积（以退耕证为准）、劳动力情况、土地情况、生产性固定资产情况、农林牧副渔业生产及产品出售情况、全村经营收入和经营费用等。

农户调查表的调查内容包括人口、劳动力情况、土地情况（含退耕地面积，以退耕证为准）、固定资产情况、退耕地种植树种及面积、农作物播种面积和主要农产品产量、出售农产品情况、购买生产资料情况、家庭经营概况、家庭全年收支情况和全年主要食物消费量和主要耐用物品年末拥有量。

③抽样调查测算的主要内容。

■ 退耕还林的投入。包括国家、北京市和区县乡镇村的投入。

■ 退耕还林后农户的收入变化。包括总收入（退耕还林占总收入的百分比）、纯收入、家庭支出等，进而测算恩格尔指数。

■ 退耕还林后农业结构的变化，从事生产的农户年龄结构、文化程度。

■ 生态林、经济林目前和成材后的木材方量、果品产量，以及这些效益带给农民的经济收入。

■ 退耕还林的生态效益　如环境净化、防止土地流失等。

■ 退耕还林为农民带来的其他社会效益　如对环境的重视、树木的保护、生态富民意识的提高等。

■ 预测退耕还林政策完成后（5～8年）农民急需解决的问题，如木材、果品销路、加工趋势的预测。

2.退耕还林项目完成状况

(1)退耕还林任务完成总体情况

依据国家《京津风沙源治理工程规划》，北京市纳入国家退耕还林工程的有平谷、密云、怀柔、延庆、昌平、门头沟6个区（县），规划完成退耕还林面积142.64万亩，其中，退耕地造林71.32万亩，配套荒山造林71.32万亩。

北京市自2000年开始实施退耕还林试点工程，除2001年国家没有下达任务外，至2004年连续完成退耕还林87万亩（退耕地造林46万亩，配套荒山荒地造林41万亩），分布在平谷、密云、怀柔、延庆、昌平、门头沟6个区（县），涉及75个乡、2 341个村、15.93万农户。其中，平谷区退耕地造林6.9万亩，配套荒山造林6.8万亩；密云县退耕地造林12.85万亩，配套荒山造林10万亩；怀柔区退耕地造林7.88万亩，配套荒山造林5.4万亩；昌平区退耕地造林5万亩，配套荒山造林4.5万亩；延庆县退耕地造林8.4444万亩，配套荒山造林10.3万亩；门头沟区退耕地造林4.9256万亩，配套荒山造林4万亩。分区县完成任务情况见表4-18：

表 4-18 各区县退耕还林任务完成情况表 万亩

年份	平谷		密云		怀柔		延庆		昌平		门头沟		合计	
	退耕	配套	退耕	配套	退耕	配套	退耕	配套	退耕	配套	退耕	配套	退耕	配套
2000	0.5		1.5		1		1		0.5		0.5		5	0
2002	2.3	2.3	3.5	3.5	2.4	2.4	3.3	3.3	2	2	1.5	1.5	15	15
2003	2.5	2.5	4.5	4.5	1.5	1.5	4	4	1	1	1.5	1.5	15	15
2004	1.6	2	3.35	2	2.98	1.5	0.1444	3	1.5	1.5	1.4256	1	11	11
小计	6.9	6.8	12.85	10	7.88	5.4	8.4444	10.3	5.0	4.5	4.9256	4	46	41
总计	13.7		22.85		13.28		18.7444		9.5		8.9256		87	

几年来，退耕还林工作主题鲜明，重心明确，确保了工程建设的平稳过渡和卓有成效。2000 年以政策宣传为突破口，全面开展退耕还林试点工作，发挥工程示范带动作用。2002 年建立了"三次公示"制度，抓施工、抓验收、抓兑现，确保阳光工程建设。2003 年以质量建设为核心，建造精品工程。2004 年以科技支撑为出发点，落实科技下乡，科技致富，为后续产业建设开好头。

(2)退耕还林地的区域分布和分坡度级构成

①退耕还林地的区域分布。北京市退耕还林工程所涉及的 6 个山区县属京津风沙源工程治理范围，并且按照《北京市城市总体规划》的城市功能区划，退耕还林工程所涉及的 6 个区县中，5 个区县属生态涵养发展区。

北京市退耕还林工地块主要分布在生态脆弱和生态地位重要的河道两侧、水库周围、重点风景名胜区和城镇周围、公路及铁路干线两侧。重点是主要公路、河流两侧第一层山坡度在 25°以上的山坡耕地和土层薄、灌溉困难、自然灾害频繁的坡台地及沟谷川地，以营造生态林为主，适当发展经济林。

②退耕还林耕地分坡度级构成。北京市退耕还林工程退耕地造林 46 万亩，据本次摸底调查坡度 25°以上的耕地 4.3767 万亩，占退耕地造林面积的 9.52%，坡度 15°～25°的耕地 6.335 6 万亩，占退耕地造林面积的 13.77%，坡度 6°～15°的耕地 35.288 万亩，占退耕地造林面积的 76.71%，沙化耕地 2.379 3 万亩，占退耕地造林面积的 5.17%。各区县退耕还林耕地分坡度级构成见表 4-19。

表 4-19 退耕还林耕地分坡度级统计表 亩

区县	>25°	15°～25°	6°～15°		小计
			面积	其中沙化耕地	
门头沟	3 159	15 313	30 784	0	49 256
怀柔	0	383	78 417	0	78 800
平谷	1 600	3 100	64 300	0	69 000
密云	8 000	21 000	99 500	19 200	128 500
昌平	3 500	15 800	30 700	0	50 000
延庆	27 508	7 760	49 175	4 593	84 444
小计	43 767	63 356	352 880	23 793	460 000

(3)退耕还林地的林种构成,已产生的效益或预期效益

①退耕还林地的生态林、经济林与草的构成与分布。2000—2004 年全市总计完成退耕还林面积 87 万亩(其中退耕地造林 46 万亩,配套荒山荒地造林 41 万亩),退耕地造林共栽植生态林 39.63 万亩、经济林 6.37 万亩,分别占退耕地造林面积的 86.2%、13.8%。所栽植的树种中板栗 15.8 万亩,占退耕地造林面积的 34.3%;仁用杏 8.19 万亩,占退耕地造林面积的 17.9%;速生杨 5.14 万亩,占退耕地造林面积的 11.2%;核桃 2.98 万亩,占退耕地造林面积的 6.5%;桃 2.87 万亩,占退耕地造林面积的 6.2%;其他树种 11.02 万亩,占退耕地造林面积的 23.9%,各区县树种分布情况见表 4-20 所示。

表 4-20 退耕还林耕地主要树种统计表 万亩

区县	生态林					经济林			合计
	板栗	仁用杏	速生杨	核桃	其他	桃	苹果	其他	
平谷	0.727 8	0.171 5	1.251 9	1.391 7	1.667 1	1.390 5	0.002 2	0.277 5	6.9
密云	7.404 2	1.445 9	1.876 1	0.233 6	0.370 2	0.441 9	0.187 5	0.900 6	12.85
怀柔	5.350 8	1.469 4	0.749 2	0	0.027 9	0.147	0	0.135 7	7.88
延庆	1.411 7	2.219 5	1.064 1	0.208 4	2.490 1	0.076 8	0.101 6	0.872 2	8.444 4
昌平	0.911 0	0.755 1	0.185 3	0.171 9	1.676 7	0.785 4	0.145	0.369 6	5
门头沟	0.010 6	2.133 2	0.014	0.984 8	1.270 3	0.030 3	0.006	0.476 4	4.925 6
合计	15.816 1	8.194 6	5.140 5	2.980 4	7.502 3	2.871 9	0.442 3	3.047 8	46
比重/%	34.3	17.9	11.2	6.5	16.3	6.2	1	6.6	100

②已经产生的效益或预期效益。北京市实施退耕还林以来,在突出生态效益的同时,通过因地制宜地发展经济林、速生丰产林等绿色产业,生态环境建设与产业开发、农民增收、地方经济发展有机结合,使旅游休闲、经济林成为山区的主导产业。同时依托工程建设创造的林果资源和良好生态环境,山区开发了观光采摘、特色民俗游等产业,带动了餐饮、交通运输、果品加工等相关产业的发展,使广大农民就业渠道拓宽,增收步伐加快,促进了农民由第一产业向第二产、三产业及休闲旅游产业转移,实现了生态环境原始股的"增值"。据统计,与 2000 年相比,工程区农业总产值增加了 9.6 亿元,增幅 75%,工程区农民人均收入增加了 1 100 元。根据本次调查,退耕林地 2005 年直接收益8 245.6万元,2006 年退耕林地年收益 8 971.1 万元。

A. 退耕还林使山区林果产业成为地方经济增长和农民增收的亮点。退耕还林调整优化了农村产业结构,使以种植业为主的农业生产向林果产业以及第二、三产业过渡,农村经济发展呈现多元化,农民的就业方式和创收渠道增多,产业链条延长。据统计,北京市郊区退耕还林工程新栽植的板栗、核桃、杏树、大桃、苹果等果树已达 40 万亩,为绿色产业的发展奠定了坚实的基础。

密云县在实施退耕还林工程中,以市场为导向,以调整、优化农业种植结构为切入点,合理布局,重点发展板栗、仁用杏、杨树等生态林树种,全县果树面积由 37 万亩增加到现在的 45 万亩,年果品产量由 5 500 万 kg 提高到目前的 7 000 万 kg;年果业产值由 1 亿元增长到 1.7 亿元,全县现有 7.5 万户农民直接从事果品生产,占全县农户的 68%,全县农民人均果品收入 515 元。精品产量由 300 万 kg 提高到 3 000 万 kg,精品产值由 300 万元增长到 9 000 万元,分别增长了 10 倍和 30 倍。共推广新品种 30 余个,推广面积达 15 万亩。累计培训果农 20 万人

次,果农绿色证书持证率由7%提高到20%。建立果树标准化生产基地69个,总面积6.4万亩,带动了全县10万亩标准果园,制定了板栗、李子、富士苹果等一系列完整的标准体系。培育果树经济合作组织20个,全县达到44个,果树合作组织销售果品1 000余万kg,并注册了"云岫、绿湖"等11个果品商标,为农民增收致富奔小康培育了新的经济增长点。

密云县十里堡镇统军庄村,2000年开始退耕还林,到2002年共栽植速生杨树1 458亩,2006年春,按林业主管部门的抚育批示对部分地块进行了间伐,每株杨树130～150元的价钱出售,收入74万多元。按目前长势预计,6～10年后每亩可生产木材21.6 m^3(每亩按保留28株计),1 458亩杨树总产木材3.15万 m^3,按现行价格400元/m^3 计算,可获产值1 260万元,平均每亩收入8 642元。

B. 退耕还林调整了山区产业结构,为旅游休闲产业的发展搭建了平台。依托工程建设创造的良好生态环境,推动了山区旅游、采摘、特色民俗游等观光休闲产业蓬勃发展,更多的市民被优美的风景吸引,来到山区休闲、旅游、度假。越来越多的农民依靠生态环境的改善而吃上了旅游饭,走上了致富路,郊区农民生产生活开始向文明富裕迈进。2006全市观光果园接待游客637.5万人次,采摘直接收入就达2.7亿元。

密云县穆家峪镇庄头峪村,地处潮河岸边,2000年进行退耕还林,栽植良种红香酥梨1 600多亩,全部自行采取节水灌溉措施——小管出流,兴建了2个集雨池,收到很好的效果。2005年梨树结果20多万kg,观光采摘获收入100多万元,户均增收2 000多元。

门头沟区妙峰山镇樱桃沟村600亩樱桃是2000年退耕还林工程,该基地经精心施工设计,已经建成集观光、采摘、休闲、娱乐为一体的观光果园,现樱桃产量达到3万kg,果品采摘收入达到400万元。

C. 退耕还林转变了山区农民的生产生活方式。通过退耕还林工程的实施,工程区的大量劳动力从土地的束缚中解脱了出来,开始由一产业向二、三产业转移,实现了生产方式的变革;同时,通过与外界的广泛交流,山区人民的思想观念和文明程度大幅度提高,改变了日出而作、日落而息的传统习惯,实现了生活方式的变革。

D. 退耕还林后续产业发展情况。在工程建设中,北京市在坚持生态优先的前提下,充分利用生态建设成果,把生态建设与培育主导产业紧密结合起来,通过培育龙头加工销售企业、农民专业合作经济组织等多种形式,大力发展生态观光旅游、干鲜果品深加工、畜牧业和蜂产品开发、中草药开发等后续产业。

统一规划,合理布局。为避免无序竞争和盲目重复建设。北京市结合果树总体发展规划,坚持"一区一品、多区一业"的指导思想,以产业带动区域经济发展。全力推进绿色产业体系建设进程,以绿色种植为基础,确定好各区县的退耕还林主栽树种,使果树产业区域化布局初步形成,八大树种优势产业带初具雏形,如密云、怀柔重点发展板栗产业,延庆重点发展仁用杏产业,门头沟重点发展核桃产业,昌平重点发展富士苹果产业,平谷重点发展大桃产业等。

积极引导,多方投资。2003年12月底,北京市林业局专门在怀柔区组织召开了北京市退耕还林后续产业(板栗)发展研讨会,聘请专家为退耕还林后续产业发展出谋划策。2004年,市财政局投入380元资金用于支持后续产业建设。各区县以此为契机,优化产业布局,建立了具有地方特色的绿色、安全、有机、无公害果品专业镇、专业村,果树标准化生产基地,注册了系列果品商标,发展了相关龙头企业,起到了很好的辐射带动作用,为后续产业发展打下了良好的基础。怀柔区重点对富亿农板栗有限公司、御食园食品有限公司、红螺食品集团、栗乡园食品有限公司等给予了强有力的支持，使其加工量由不足800万kg迅速增加到1 320万kg，从而逐步形成了“公司＋农户”的生产格局，产业化链条初步形成，产业化经营正在向纵深方向发展。密云县引进和培育了绿润食品有限公司、源通果汁有限公司、丘比特酿酒公司和北京希德食品有限公司等龙头企业，以板栗、仁用杏等初级产品为原材料，深加工增值。这些公司的引进不仅有效解决了本县退耕还林之前的果品销路问题，而且还将解决退耕还林之后新增加的5.5万亩板栗、1.5万亩仁用杏等产品的销售问题，提高了产品附加值。

(4)工程区农民收入情况

①退耕农户退耕前后种植及收入情况。根据此次退耕还林基本情况调查结果，退耕前，工程区农民主要以种植业为主，养殖业和外出打工为辅。退耕后，工程区农民由传统种植业转变成了果农，经济收入主要靠果树、政策补助以及养殖业和外出打工等。2005年工程区退耕农户人均纯收入达到3 690.2元，其中劳务收入为1 174.7元，占人均纯收入的31.83%；退耕人均补助144.16元，占人均纯收入的3.9%；种植收入562.22元，占人均纯收入的15.24%；养殖收入377.67元，占人均纯收入的10.23%；其他收入1 431.41元，占人均纯收入的38.79%。退耕农户的人均纯收入中其他收入最大，其次为劳务收入，表明农民从第一产业走向了二、三产业，传统的种植业已经不是农民收入的主要来源。据调查，昌平区退耕农户退耕后人均纯收入由1998年的1 810元，增加到2005年的2 247.6元，增加了437.6元。

2005年底，工程区退耕农户人均纯收入中，退耕补助只占人均纯收入的3.9%，而随着退耕林地树木进入盛果期和丰产林蓄积不断增长，林地收入的增长将大幅度增加。

②退耕前后劳动力转移及收入所占比重。退耕前，工程区农民主要以种植业为主，农民外出就业人员较少，退耕还林工程使农民从土地中解脱出来，劳动力得到了有效转移。到目前工程区劳动力转移人数为8.795 5万人，转移劳动力收入3.09亿元，转移劳动力人均收入3 515元。2005年退耕农户的人均纯收入中其他收入和劳务收入两项占到70.62%，劳动力转移的收入是退耕农民收入的主要来源。

③工程区退耕农户对退耕还林补助的依赖程度。在本次调查中，所涉及到的50.439 5万人中，有27.485 6万人存在缺粮现象，占退耕人数的54.49%，缺粮人口中人均占有耕地只有0.25亩，土地生产的粮食不够，只能依靠国家补助的粮食。

2005年家庭收入对国家退耕补助的依赖程度：占50%以上的11户，占被调查农户的2.2%；占30%～50%的74户，占被调查农户的17.7%；占30%以下的401户，占被调查农户的79.9%；认为国家补助不占比例的14户，占被调查农户的2.8%。国家退耕补助占30%～50%的这部分农户对国家的补助依赖是比较强的；在调查中还发现有2.2%的退耕农户，国家补助收入是家庭收入的主要来源，如果国家停止补助，这部分农户将可能会出现复耕现象。

④工程区的粮食生产及耕地变化情况(1998—2005)。1998年工程区耕地面积为175.40万亩，粮食总产量140 518万kg，到2005年工程区耕地面积为127.20万亩，粮食总产量58 608万kg。从1998年到2005年工程区耕地面积由175.40万亩减少到127.20万亩，减少了48.2万亩。粮食产量减少了81 910万kg。

⑤工程区退耕农户生活困难的范围、程度。调查显示，退耕农户生活困难的范围主要是在山区和深山区，是人均耕地少、收入相对较低的农户。在退耕农户中，还有绝对贫困人口827户，3 019人，占退耕人数的0.6%，相对贫困人口1 775户，5 593人，占退耕人数的1.1%，这部分农户2005年人均纯收入在1 200～1 600元之间。

(5)退耕还林的“五个结合”措施落实情况

北京市认真按照《国务院关于进一步推进西部大开发的若干意见》(国发[2004]6 号)精神,认真搞好“五个结合”,即把退耕还林、退牧还草与加强基本农田建设、农村能源建设、生态移民、后续产业发展、封山禁牧舍饲等配套保障措施结合起来。

①封山禁牧。按照建设与管护并重的原则,为了保护退耕还林工程的成果,各工程区县政府相继出台了关于封山禁牧和舍饲圈养方面的文件和规定,严禁散养放牧,有效地保证了退耕还林后的造林效果。为此自 2004 年起,北京市建立了山区生态林补偿机制。按照“养山就业、规范补偿,以工代补、建管结合”的原则,共投资 1.9 亿元,管护生态林 912 万亩,有 42 990 名山区农民成为林木管护人员,实现了山区农民由“靠山吃山”向“养山就业”的重大转变,实现了林业建设机制的历史性突破。

②生态环境脆弱地实行生态移民。北京市根据本地区生态建设的总体要求,明确退耕还林的重点范围和区域,对居住在生态地位重要、生态环境脆弱、丧失生产生活条件的自然村集中力量进行治理并结合营造山区绿色屏障,实行生态移民,彻底解决生态环境多年来人为破坏因素,保护生态环境,努力实现移民脱贫和生态保护的目标。在各级政府的支持下,工程区 2000—2005 年完成生态移民 4 480 人。

③积极推进农村能源建设。针对山区农村“灶口问题”,大力推广沼气等新能源建设,重点推广新型太阳能热水器、太阳灶、卫生吊炕、小型户用生物质燃料炉以及一池三改等节能新技术。密云县从本县实际出发,加强退耕还林乡镇的农村能源建设,到目前建可供 700 户以上使用的沼气池 2 个,户用沼气池 5 000 多个,秸秆气化集中供气 1 处,推广节能吊炕 1.9 万铺,安装太阳能热水器 2 万户,户用生物质炊食炉 370 户,建太阳能路灯 6 m 以上 800 盏,4 m 以上 2 398 盏,总投资 5 429 万元。平谷区推广了户用沼气池 13 343 户,节能炉灶 1 830 户。这些技术的推广应用,不但解决了农村环境脏乱差问题,而且为农民提供了清洁能源,改善了农民生活条件,保护了农民的身体健康,有效降低薪炭林等森林资源的破坏和消耗,达到了既生态又增效的目的。

④抓好基本农田建设。一是认真贯彻 2004 年 3 月 20 日《国务院关于坚决制止占用基本农田进行植树等行为的紧急通知》(国发明电[2004]1 号)精神,严禁占用基本农田。在退耕还林过程中坚持山、水、田、林、路综合治理,农、林、水、牧有机结合,整体改善农业生产条件。二是结合退耕还林工程,加强农田水利建设,提高基本农田的产量。平谷区为解决果农运输难、浇水难问题,几年来,全区共修筑田间路 21 100 m,输水管道 96 200 m,水池、水窖 50 个,从而为农民增收致富打牢了基础。

⑤开发后续产业。一是依托生态环境建设的成果,合理开发利用山区资源,大力发展生态环境建设的后续产业和环境友好型产业,包括特色林果业、休闲旅游业等,加快区域经济发展,昌平区截止到 2005 年底,全区共发展民俗村 60 个,专业户 1 800 户,市级挂牌民俗户1 142 户。2005 年全区民俗旅游总收入达到 8 208 万元,有力促进了农户的经济收入。二是依照以城带乡的路子,支持和鼓励投资者建设山区、开发山区,通过发展相关二、三产业,实现山区城镇化目标,让山区百姓享受城市的文明,城市居民享受生态建设的成果。三是建立“协会管理、公司运作、农民入股”的后续产业自主机制。工程区内农户自发组织成立各种利益关系的专业合作组织,如养殖协会、果树产销协会等。重点发展“公司＋农户”、“基地＋工厂”的运作模式,让有实力的龙头企业与退耕农户结成利益共同体,公司负责生产计划、技术培训、网络销售、产

品加工，农户则按计划进行生产，双方达到互利互惠。平谷区组建了农民专业合作组织 179 个。怀柔区有 9 个果树协会注册，吸收农户 800 户，带动农户 5 000 户，从事果品营销的合作组织 3 个，吸纳农户 60 户，销果量 500 万 kg。

(6)退耕还林成果巩固的形势

北京市参与退耕还林农户为 159 389 户，涉及 504 395 人。调查显示：巩固成果不存在问题的退耕农户为 70 899 户，占全市退耕还林农户总数的 44.48%，涉及 225 066 人，占全市退耕还林涉及人员数的 44.62%。巩固成果存在一定问题的退耕农户为 67 681 户，占全市退耕还林农户总数的 42.46%，涉及 207 395 人，占全市退耕还林涉及人员数的 41.12%。巩固成果存在严重问题的退耕农户为 20 808 户，占全市退耕还林农户总数的 13.05%，涉及 72 525 人，占全市退耕还林涉及人员数的 14.36%(表 4-21)。

表 4-21 退耕还林巩固成果农户情况统计表

户、人

区县	合计		不存在问题			存在一定问题			存在严重问题		
	户数	人数	户数	人数	比重/%	户数	人数	比重/%	户数	人数	比重/%
平谷	23 713	59 287	15 982	39 956	67.39	7 731	19 931	32.61	0	0	0
密云	58 642	175 926	15 247	45 741	26	43 395	130 185	74	0	0	0
怀柔	28 547	89 209	16 058	50 180	56.25	1 427	4 459	5	11 062	34 570	38.75
昌平	11 818	40 750	6 382	21 211	52	3 017	11 288	28	2 419	8 241	20
延庆	26 263	108 005	14 773	60 753	56.25	4 596	18 901	17.5	6 894	28 351	26.25
门头沟	10 406	31 218	2 457	7 225	23.14	7 515	22 630	72.49	433	1 363	4.37
合计	159 389	504 395	70 899	225 066	44.62	67 681	207 394	41.12	20 808	72 525	14.36

巩固退耕还林成果不存在问题的农户一般处在平原及浅山区，此类地区经济较发达，就业渠道广，不以土地为主要收入来源，现行政策到期后，对其生活不会产生大的影响。据本次调查，不存在问题的农户 2005 年的人均纯收入为 4 192 元，比工程区退耕农户的人均纯收入 3 690.2 元多 501.8 元；存在一定问题的农户主要分布在以种植业为主的浅山向深山的过渡地带，该地区农户人均耕地不到半亩，多年来一直以林果收入为主，所退耕地全部为基本口粮田，栽植树种为生态林，由于其产生经济效益较晚，按现行政策到期后，退耕户吃粮问题无法解决，可能会出现退林复耕现象。巩固退耕还林成果存在一定问题的农户 2005 年的人均纯收入为 3 088.31 元，比工程区退耕农户的人均纯收入 3 690.2 元少了 601.89 元；退耕还林成果巩固存在严重问题的农户主要分布在深山区，这类地区经济较落后，交通不便，农户经济实力普遍较差，基本上以地为生，没有更多就业渠道，这类地区又是生态条件脆弱地区，退耕地造林树种主要是山杏和杨树，产生经济效益较晚，加之立地条件差，管护困难，按现行政策补助到期后，吃粮就将成为大问题，极易出现复耕现象。

(7)以模式建设带动精品工程

各工程区县依托“五个结合”，即把退耕还林与加强基本农田建设、农村能源建设、生态移民、后续产业发展、封山禁牧舍饲等配套保障措施结合起来培育主导产业，退耕还林作为一项新兴事业，以生态效益为主，兼顾经济效益和社会效益。它们把退耕还林与农村基础设施建设结合起来，与种草、种药结合起来，与封山禁牧结合起来，与优化农业产业结构结合起来、与生态旅游结合起来，建立符合地域特色的退耕还林模式，形成了“林药间作模式、林牧模式、速生杨治理模式、生态与旅游结合治理模式、特色经济林带模式”等 5 种典型退耕还林模式，表现出良好的生态、经济、社会效益，在退耕还林工程中得到了大面积推广应用。

①林药间作模式。利用林下空隙地种植耐荫中药材，建立林和药材的共生关系。该模式能在较短时间内获得良好的经济效益。北京市延庆、密云、怀柔等区县采用"公司＋农户"的运作方式，在退耕还林的林间空地间种柴胡、防风、黄芩、串地龙及西洋参、丹参等，公司为种植户免费或半价提供种苗和全程技术服务，并签定中药材回收合同。目前，北京市已发展达上万亩。特别是随着防治"非典"中药用量的增加，库存减少甚至告急，生产中药材的利润大幅度提高，将进一步刺激林药间作，据不完全统计，北京市采取林药间作模式的面积已经超过5 000 亩，以延庆、怀柔、密云三区县面积最大。

②林牧模式。在生态优先的原则下，通过林牧结合，改变土地利用结构，形成种植、养殖相结合的特色生态产业链，提高区域经济发展水平，促进农民增收致富。延庆县部分乡镇利用退耕还林地种植四倍体刺槐发展奶牛、肉用羊等养殖业和养蜂业。

③速生杨治理模式。结合退耕还林工程发展速生丰产用材林，实现生态效益和经济效益的有机结合。按现行木材市场价计算，每亩每年可以获得 500～600 元的收益。北京市密云、延庆、昌平等区县在沙质耕地和河滩地上栽植速生杨树，目前全市利用退耕还林的优惠政策已发展速生杨 3 万多亩，以密云、延庆面积最大。

④生态与旅游结合的治理模式。怀柔区把怀丰路两侧的坡耕地全部退耕还林，营建"绿色生态百里一条川"。怀丰路是北京通往河北省的主要通道，沿线的生态景观关系到首都和怀柔的形象，怀柔区以红螺寺景区为起点，沿怀丰公路，北至云蒙山国家森林公园的长约百公里的狭长区域进行生态富民建设，重点开展退耕还林工程建设，将生态林、特色经济林、旅游景点有机结合。目前，经过 3 年的治理，沿线 5 个乡镇共退耕 2.39 万亩，形成了郁郁葱葱的森林景观。环境的改善，带动了旅游业的发展，每年到怀柔旅游的人数达到 310 多万人，旅游收入 2 亿多元，成为怀柔新的经济增长点。

门头沟区妙峰山镇樱桃沟村地处著名风景区妙峰山下，全村 71 户，208 口人，110 个劳动力，该村因盛产樱桃而闻名。近几年，该村利用退耕还林的优惠政策，退出坡耕地栽培 600 亩高标准樱桃园，在旅游观光采摘上做文章，取得十分明显的成效。该村已连续几年举办观光采摘节，年平均收入都在 100 万元以上。特别是，门票收费按 100 元/(人·次)，自采樱桃按 160 元/kg，基地共生产樱桃 4 万 kg，接待近万人次，在短短半个月内，观光采摘收入达到 320 万元，并出现脱销、抢购现象。

⑤特色经济林带模式。密云县利用密云水库和 101 国道横贯全境的优势，结合小流域治理，把沿水库周边和 101 国道两侧的坡耕地全部退耕还林，建设以板栗、仁用杏、梨为主的特色经济林，取得了显著成效。近年来，沿 101 国道两侧 3 个乡镇 16 个村退出耕地 7 000 余亩，栽植板栗 3 746 亩、杨树 2 075 亩、杏 180 亩、梨 620 亩、苹果 190 亩，葡萄 205 亩，形成特色经济林带。其中，太师屯镇前南台、后南台、黑古沿 3 个村退出河滩沙地 3 000 亩，集中连片全部栽植杨树速生丰产林，林下种草养畜，生态作用极为明显，彻底根治了冬季就地扬沙起尘。密云县树立大生态的概念，在退耕地的外侧及目力所及的远山，重点开展配套荒山造林，近两年栽植油松、侧柏、火炬、黄栌、刺槐、山杏等 8 万亩 800 多万株。目前，101 国道两侧已形成花果飘香，四季有景，色彩变化多样的生态景观。

(8)强化退耕还林管理措施

①建立北京市有关部门制定的 10 项管理制度。根据《国家生态环境建设项目管理办法》、

国发[2000]24号文件、国发[2002]10号文件和《退耕还林条例》的要求,各工程区县严格按基本建设项目程序开展退耕还林工作,树立"群众利益无小事,责任重于泰山"的管理意识,全面贯彻执行市有关部门制定的十项管理制度。

■ 第一责任人制。北京市明确区县政府为退耕还林的责任主体,区县长为本区县范围内退耕还林项目第一责任人。

■ 项目法人制。区县林业局或果品办负责具体实施退耕还林工程,项目法人为区县林业局长或果办主任,项目法人对本区县范围内退耕还林工程的数量、质量、效益和管理负全责。

■ 项目监理制。工程实行监理制,委托的监理公司对退耕还林工程的施工质量、建设工期和建设资金使用实行全程监理。

■ 合同制。工程在实施过程中采取了层层签订合同的办法,包括施工合同、管护合同等。

■ 公示制。各工程区县严格执行面积和钱粮3次公示制度,第一次为入户面积公示,第二次为面积核实公示,第三次为粮、款公示。每次公示时间不少于15天。

■ 审批制。严格执行工程实施方案和作业设计的审批制度。

■ 招投标制。工程的实施采取了招投标制。

■ 集中采购制。苗木由区县林业局、果品办实行公开统一采购。

■ 报账制。整个工程在监理的监督下,按工程实施进度,分阶段向区县计委生态办进行报账拨付专项资金。

■ 验收制。工程结束后,由区县林业局、果品办技术人员汇同区县计委生态办、监理、财政局、监察局、审计局、粮食、水利等部门组成区自查小组,自查结果及时上报市林业局,等待复查。

②落实退耕还林具体措施。

A.组织与实施情况。市委、市政府高度重视退耕还林工作,建立了由常务副市长和主管副市长任召集人、各有关部门和有关区县负责人参加的全市生态环境建设协调联席会议制度,负责研究全市生态环境建设的重大政策措施,协调有关各方面的工作,在试点的基础上,积极稳妥推进退耕还林建设工作。

国家对退耕还林实行"五到省",北京市实行"五到区县"。为了落实区县政府退耕还林工作的建设主体责任,市政府与区县政府签定责任书,由区县政府统一组织实施退耕还林工程。各区县相继成立了由区(县)长任组长、常务副区(县)长或主管农业副区(县)长任副组长、有关部门负责人为成员的退耕还林领导小组。区县、乡村层层签订退耕还林责任书,确保了退耕还林工作的扎实、稳定、有序实施。

为了确保工程建设成效,市委书记刘淇、市长王岐山多次深入山区,对山区的生态建设与经济发展进行调研,明确指示工程建设要"生态与富民并举"、"建设与成果并重",提高了北京市工程建设的整体水平和实施效果。

B.建章立制,落实项目管理。北京市有关部门研究制定了《北京市退耕还林工程实施意见》、《北京市退耕还林工程建设管理办法》、《北京市退耕还林补助粮食供应暂行办法》和《北京市退耕还林还草试点粮食补助资金财政、财务管理暂行办法》,从工程建设、粮食补助、资金管理等方面进行了规定,一方面明确了市有关部门和区县的职责,保证了市有关部门和区县密切配合、分工负责;另一方面规范了各区县的工程实施管理和政策兑现工作,保证了工程建设和政策兑现的顺利进行。

各工程区县也从本区县实际出发，制定了行之有效的管理办法。延庆县出台《退耕还林工程实施意见》，密云县政府出台了《退耕还林管理实施办法》、《密云县退耕还林工程检查验收办法》和《〈密云县退耕还林工程检查验收办法〉补充规定》，明确了工程的指导思想、基本原则、运作方法、管理办法、任务年限、技术要求、政策兑现、财务管理、后期管护、奖励与处罚等，使工程深入到乡镇和基层，推动和规范了退耕还林工作。

C. 档案信息管理情况。北京市高度重视档案信息管理工作，按照国家林业局的要求，落实了档案管理资金、设备、人员、责任，在实现工程档案管理达标的基础上，进一步实现档案的信息化管理。

按照工程档案管理达标办法和管理标准的要求，切实抓好工程区县档案管理工作的指导和监督检查，规范工程档案管理行为。

改善工程档案管理手段，敦促区县配备档案管理所必需的硬件设备、设施及通信工具。

继续做好对档案管理专职人员的培训工作。特别是加强基层档案管理人员的培训，提高他们的业务知识和管理水平。做到档案资料分门类存放，归档的文件材料字迹工整、图样工整、手续完备，归档的数据表格填写完整准确，作业设计、检查验收和政策兑现等关键环节的档案，注明编制人、调查人、验收人等。

完善并推广工程信息管理系统，初步实现“户有卡、村有簿、乡有档、县有库、省联网”的目标，促进工程管理水平和管理效率的提高。

D. 项目基建程序实施情况。根据国家下达的年度计划，北京市有关部门进行任务分解后下达给各有关区县。各区县及时编制工程实施方案，并按要求上报市计委、林业局联合审批。市计委、林业局及时召开实施方案审查会，聘请有关专家参加，从工程建设布局、投资标准、技术规范等多方面进行严格审查，对存在分散投资、超越规划范围、不符合技术规范等问题的实施方案提出意见，各区县进行修改调整。实施方案批复后，各区县根据市有关部门批复的实施方案编制作业设计和施工图，报林业主管部门审批。在工程实施过程中，大部分区县都按照市有关部门审定批复的实施方案和作业设计组织实施，没有擅自变更建设地点、规模、标准和主要建设内容。通过深化前期工作，做到了资金使用集中，不撒胡椒面，做到了治理区域集中，以生态环境脆弱区域为重点，以山头地块为单位，治理区域成方连片，较好地体现了统筹规划、集中连片、治理一片、见效一片的原则。

E. 加强项目资金管理。各区县明确区县长为本区县范围内退耕还林项目第一责任人，区县林业局长或果办主任为项目法人，工程委托监理公司对退耕还林工程实行全程监理，工程实施过程各环节实行合同制管理，严格执行退耕面积、验收合格面积、钱粮兑现面积 3 次公示制度，坚持实施方案和作业设计的审批制度，工程重大项目严格采取招投标制，苗木实行政府集中采购制，工程资金实行报账制，工程结束实行验收制。在报账制实施过程中，做到了建设资金专户储存，单独建账，专款专用。大部分区县在生态办建立了退耕还林工程资金专户或专账，将中央投资、市级配套资金和区县配套资金全部纳入专户或专账管理。在资金拨付上推行了资金使用报账制，由区县生态办会同区有关部门审核项目实施单位提交的项目建设支出凭证，按项目实施进度拨款。在报账时，项目实施单位提交的支出凭证都先由驻地监理工程师审核、签字，有的区县报账后还在凭证上加盖“生态专用”章，以防重复、多次使用。

F. 检查和监测、配套措施情况。北京市有关部门和区县经常深入现场检查工程建设进度、质量、资金使用等，并进行阶段性总结验收，发现问题，及时解决。为了加强对工程建设成果的监测，北京市加快了以3S技术为支撑的全市生态环境建设管理信息系统的建设，同时，建立了全市退耕还林监测监控系统，利用GPS技术核实退耕与造林面积，为政策兑现及确权发证工作提供科学依据，在林权登记发证工作中，我们坚持不重复发证、以土地承包合同书和退耕还林证为依据及农户自愿申请的原则，严格履行管理程序，认真开展确权发证工作。截止到2004年10月底，全市退耕还林确权发证填写林权登记申请表7.23万份，完成申请表微机录入2.51万份，发放林权证2 694本，3 321块地，发放林地所有权面积1 854 hm^2，发放林地使用权面积499 hm^2。

G. 加强宣传，普及政策。北京市林业主管部门印制了2 000册《退耕还林政策汇编》下发到区县和乡镇，并与《京郊日报》合作开辟"退耕还林政策知识问答"专栏，采用一问一答的形式，分期详细解答农民在退耕还林过程中可能遇到的政策问题，农民反响强烈。各工程区县还通过广播、电视、电台、报纸、公示栏，印发宣传资料、出动宣传车、在村头办黑板报和宣传栏等多种方式，积极向广大农民宣传退耕还林政策。从我们设计的问卷调查结果看，90%以上的退耕农户都知道国家的退耕还林政策。

(9)强有力的科技和教育支撑

充分发挥首都科技、人才优势，加大对退耕还林工程的科技投入力度，坚持把科技贯穿于工程的全过程。一是市、区县分别制定了科技支撑方案，聘请专家做顾问，指导工程建设。二是建立了退耕还林工程的户卡管理和地理信息系统平台，提高了工程质量和管理水平。三是在工程建设中，广泛应用先进的科学技术，进行了不同造林技术的试验和管理，为工程的实施提供了科学依据。为提高造林成活率，分别在延庆县和昌平区建立一批试验示范区，进行抗旱保水剂试验。对于大苗造林采用铺膜、换土、盖膜和蘸ABT生根粉、根宝等技术措施促进成活。为了提高工程建设水平进行了不同造林技术的示范推广，如退耕还林丰产栽培模式示范推广、爆破造林技术在退耕还林中应用等。

科技是第一生产力，根据工程建设进展情况，市、县及时开展了造林技术、果树栽培管理技术等不同层次、不同形式的培训班，共组织市级培训5期，培训480人次，县级培训2 000次、培训30万人。从目前掌握的情况看，北京市各工程区县退下来的耕地，栽植的树种大多是生态经济林，几年后要产生效益。农户由种粮到生产干、鲜果品，由粗放经营到精益求精，必须掌握先进的科学技术，充分发挥科技的力量，效益才有保障。加强对退耕农户的先进实用技术推广应用，提高产品的科技含量，对于巩固退耕还林成果是不可或缺的一个环节。把各种形式的培训班已逐渐落实到千家万户，科技致富成为一种时尚和需求。

(10)宏观政策的有力支持

①退耕还林政策及财政支持。工程区钱粮补助、钱粮延续补助已分别到位，并全部完成兑现工作。

兑现粮食品种以面粉(按70%折算)为主，一次性兑现。农民的现金补助费由林业部门受财政部门委托，逐级下拨到乡镇林业站后，由林业站按村兑现并监督发放到退耕农户手中。

全市没有发现将补助粮折算成现金或以其他形式发放给农民的情况，没有发现将补助粮和现金抵扣农业税费及故意拖延、“打白条”现象，也没有发现兑现不合格粮食现象。

②制定优惠政策、努力推动退耕还林。退耕还林是一个大的系统工程，既要考虑生态和社会效益，还要考虑退耕地产生的经济效益、农民的吃饭和今后的生活出路以及社会稳定问题。北京市山区、半山区农民人均耕地比较少，经济发展水平总体不高，农民对土地的依赖性比较强，平均每户 2～3 亩地，吃粮靠这几亩地，孩子上学靠这几亩地，饲养畜禽也要靠这几亩地，一旦退耕还林，前几年的收入的确会受到一些影响。为了减少农民的损失，北京市各区县结合产业结构调整等出台了相应的配套政策，在财力许可的情况下，一方面对退耕农民加大补贴力度，另一方面出台文件和规定，确定可以间种的豆类、菜类、药材等作物品种。延庆县政府制定优惠政策，对重点区域、重点工程，除享受国家退耕还林政策外，县里再给予重点扶持，每亩增补栽植费 100 元；前三年，每亩每年增补管护费 150 元。另外，为确保圆满完成任务，县政府每亩支持县、乡、村三级管理费 10 元(其中县果品服务中心 4 元、乡镇 3 元、村 3 元)。同时，为乡镇具体承担退耕还林工程的部门提供必要的工作经费。

③加大工程投入力度，强化资金管理。

a. 落实工程前期费、管理费。北京市每年都将工程前期费、工程管理费纳入配套资金中，并将市级配套资金列入基本建设投资计划。

b. 增加配套资金。北京市在退耕还林工作中，适当提高了部分工程的投资标准，对退耕地造林由每亩 50 元提高到 100 元。各区县严格履行资金配套的承诺，将区县配套资金提前纳入预算；部分区县还在中央和市有关政策的基础上，继续加大资金投入。怀柔区对退耕还板栗的农户，每发展一亩板栗，经验收合格，除国家政策外，区财政拿出 150 元一次性补助给农户。

c. 强化资金管理。各区县建立了资金专户，做到建设资金专户储存，单独建账，专款专用，国家专项资金、市和区县配套资金全部存入专户；资金使用按工程建设进度实行报账制，有效控制了资金的不合理支出。

④及时兑现政策，取信于民，加快退耕还林工作。北京市和区县高度重视退耕还林补助粮食和现金的兑现工作，经过周密部署，认真组织，退耕还林工程的钱粮已基本兑现到农户手中，完成全市退耕还林林权证的发放工作。随着钱粮兑现到位，消除了农民的疑虑，农户由观望、不理解、不支持到积极参与，主动要计划、要指标，思想发生了深刻变化，退耕还林的积极性迸发出来。密云县穆家峪镇太师屯镇 7 户农户自发联合起来购买灌溉管道，对退耕地进行灌溉，提高了退耕地的苗木成活率和保存率；密云县穆家峪镇庄头峪村，2001—2002 年退耕还林 1 600亩，栽植红香酥梨、板栗和仁用杏，村委会带领村民，植树造林，不仅苗木质量好，整地栽植质量高，成活率达到 98%以上，而且进行了水源配套，集资修建了 2 个集雨池，果园浇水全部使用节水灌溉——小管出流。

区县连接：北京昌平区各镇积极落实京津风沙源治理林业工程措施

昌平区各镇采取措施，认真落实京津风沙源治理林业工程专题会议精神。一、各有关镇林业站分别召开了本站内的京津风沙源治理林业工程会，林业站内主管领导、工程管理、财务管理、林业站内技术人员就工程实施和管理进行深入交流，进一步明确了岗位职责和分工；二、有关镇及单位，设专人负责工程档案管理，并从文书、技术、财务三方面着手开展档案管理自查自纠工作，确保镇级工程档案分类明晰、档案齐全；三、细化工程管理，各镇林业站在完成2006年工程后期管护任务的同时，组织镇级自查验收小组对工程完成情况进行自查验收，提交自查报告和工作总结，为下一阶段林业局组织检查验收做充分的准备工作；四、各镇林业站进一步落实山区、半山区美国白蛾的监测和查防工作，在前一阶段集中对生态林管护员进行美国白蛾查、防、治培训的基础上，扎实做好生态林管护员上岗和管护责任落实的检查工作，确保所辖区域内森林资源安全。

北京市园林绿化局　2006-11-22

区县链接：昌平区积极做好2007年京津风沙源治理工程建设前期准备工作

2007年昌平区承担京津风沙源治理工程建设任务3.9万亩，其中人工造林任务2.2万亩，封山育林任务1.7万亩。为确保工程建设质量，该区采取六项措施做好前期准备：

一是提早进入工程筹备阶段。根据工程任务量，扎实搞好地块落实及工程区基础调查工作，调查内容包括自然、社会经济以及立地条件等，为今后高标准完成作业设计提供翔实的一手资料。

二是严格按照建设要求，扎实做好工程实施方案的编制工作，合理部署工程的组织落实。

三是做好前期技术、安全生产培训工作，制定全年培训计划，并依据计划开展了工程实施前的管理、技术、安全生产培训。

四是组织开展安全生产活动，扎实做好逐级签订安全生产责任书的工作，同时在施工单位中进一步推行人身意外伤害险和补充医疗保险，实施安全管理员制度，做好配套安全生产设施设备落实的检查工作。

五是做好工程实施前的物资准备、人员组织工作，做好工程用苗的准备、调运、检疫以及施工人员的招募、培训工作。

六是紧紧把握工程实施中的各关键环节，制定技术指导和检查验收工作计划。

北京市园林绿化局　2006-12-22

3.退耕还林综合效益评价

退耕还林既是一项单项工程，又是京津风沙源治理工程的重要组成部分，退耕还林的实施，是农村土地政策的进一步拓展和完善，结束了毁林开荒的历史，转变了生产生活观念，从此走上人与自然和谐、生态文明之路。取得了较好的经济效益、生态效益及社会效益。

2005年3～10月份，我们选取了北京昌平、密云、怀柔、延庆、平谷、门头沟6个区县14个乡镇46个行政村，采取问卷调查、座谈与走访相结合，广泛听取意见和建议，到农户家中或田间地头与退耕地造林户直接交流等方法，对2000—2005年6个区县14个乡镇46个行政村的退耕还林现状进行了调查，分别对退耕还林面积、经济补偿以及退耕还林后的经济效益方面等进行了统计分析，通过抽样调查了解并测算如下内容：

(1)退耕还林总体状况分析

据抽样调查结果统计，北京退耕还林村截止到2005年退耕还林总体规模如表4-22所示：

表 4-22 调查村截止到 2005 年退耕还林总面积及平均面积

调查区县	调查村数/个	退耕还林总面积/亩	村均退耕还林面积/亩
昌平	4	1 826.8	456.7
密云	6	2 196.0	366.0
怀柔	13	3 840.2	295.4
延庆	8	3 019.5	377.4
平谷	10	3 801.0	380.1
门头沟	5	2 918.0	583.6
合计	46	17 601.54	374.5

调查结果显示，昌平、密云、怀柔、延庆、平谷、门头沟 6 个区县 14 个乡镇 46 个行政村，截止到 2005 年退耕还林总面积 17 601.54 亩，村均退耕还林面积 374.5 亩，变化在 295.4～583.6亩之间，最多的有 1 000 亩，最少仅为 72 亩。

退耕还林后，昌平、密云、怀柔、延庆、平谷、门头沟 6 个区县 14 个乡镇 46 个行政村土地利用现状是有林地占 19.6%，荒山荒地占 74.5%，工业用地占 0.6%，农田占 2.0%，果园占 2.8%，菜地占 0.5%，退耕还林后农业土地利用更加合理。另外，由表 4-23 可以看出，退耕还林后，有林地及荒山荒地两项合计占 94.1%，荒山荒地的绝大部分可用于造林。

表 4-23 退耕还林后土地利用现状表

土地类型	有林地	荒山荒地	工业用地	农田	果园	菜地	合计
比例/%	19.6	74.5	0.6	2.0	2.8	0.5	100

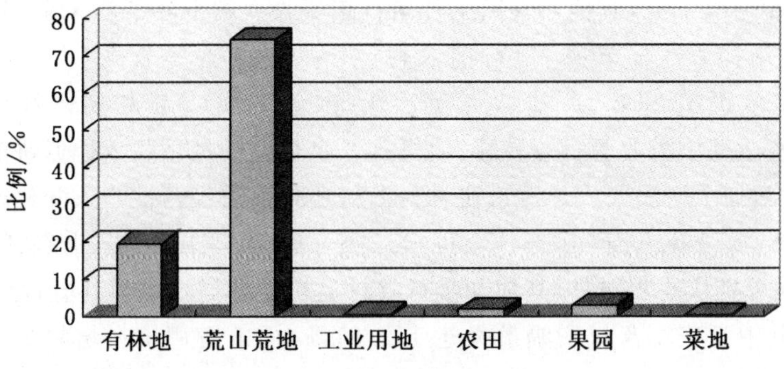

图 4-7 退耕还林后土地利用现状图

(2)退耕还林直接经济效益分析

目前，中央已累计拨付北京市粮食补助 12 900 万 kg，折合资金 18 060 万元，现金补助 2 580万元，种苗补助 5 250 万元；市、县配套 15 250 万元；总计投入资金 41 140 万元。据测算，工程区农民目前人均直接增收 700 元，消除了年人均纯收入 2 600 元以下的低收入村，经估算政策兑现期末累计兑现资金折合 87 120 万元，年人均至少直接增收 1 500 元，年人均纯收入将达到或超过 4 000 元，实现富民目标。

①退耕还林产业经济效益明显。退耕后各产业经济效益如表 4-24 所示。

表 4-24 退耕后农村各产业经济收入比例统计表

行业	农业	林业	畜牧业	水产业	工业	旅游业	其他	合计
退耕还林前/%	26.7	6.0	1.6	0.1	27.2	1.3	37.1	100
退耕还林后/%	23.8	11.3	12.1	0.2	18.2	3.6	30.8	100
净增殖/%	−2.9	5.3	10.5	0.1	−9.0	2.3	−6.3	

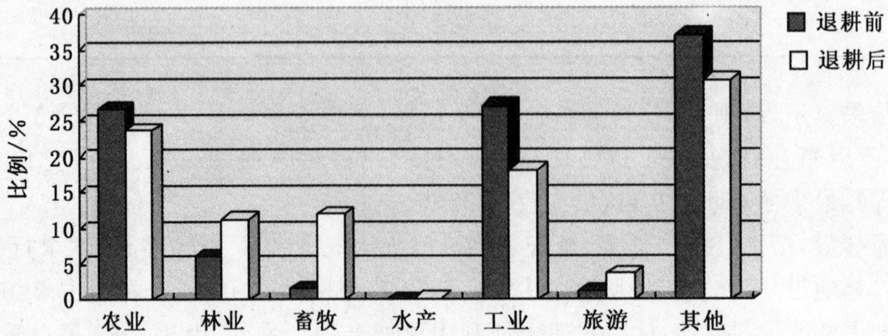

图 4-8 退耕后各产业经济效益图

由表 4-24 及图 4-8 可知，退耕还林后，农村各产业经济收入发生了明显的变化。退耕后农业及工业收入在总收入中的比例下降了，分别是 2.9%及 9.0%；而林业、畜牧业、水产业、旅游业的经济收入则增长了，其中林业收入增长了 5.3%，畜牧业增长了 10.5%，水产业增长了 0.1%，旅游业增长了 2.3%，其他如农民工外出打工等收入则下降了 6.3%。这说明了退耕还林后农村的产业结构发生了转移，退耕前农村经济收入主要是农业（占 26.7%）、工业（占 27.2%）及其他如农民工、采药、果树、蔬菜等产业（占 37.1%）。退耕还林后农村的产业结构向林业、畜牧养殖业及旅游业等行业转移，使得这 3 个行业的经济收入比退耕前增加了。

②退耕还林增加了农民收入。退耕还林村退耕还林前后经营性收入变化统计分析。退耕还林前后经营性收入变化方面，由表 4-25 可知，昌平、密云、怀柔、延庆、平谷、门头沟 6 个区县 10 个行政村中除了延庆小川村外，其他 9 个行政村退耕还林后比退耕还林前经营性收入都有了明显的提高，其中延庆军营村增幅最大达 152.81%，怀柔道德坑村增幅最小，为 22.63%。有 6 个村种植粮食收入比退耕还林前下降了，增幅变化在－1 万～－30 万元/年之间；有 9 个村林业收入增加了，变化在 0.2 万～50 万元/年之间；有 9 个村畜牧业收入增加了，变化在 0.2～91 元/年之间；有 1 个村水产收入增加了 3 万元/年；有 2 个村工业收入增加了，分别是 98 万、120 万元/年；而延庆军营村的其他收入增加了 47 万元/年。延庆小川村退耕还林后，农业向林业、畜牧业方面发展，起步较晚，尽管林业及畜牧业的收入都增加了，但总收入比退耕还林前减少了 14.35%，用发展的眼光来看，再过 2 年延庆小川村退耕还林后的收入会明显大于退耕还林前的收入。所以，在退耕还林村退耕还林前后营业性收入变化方面，退耕还林后比退耕还林前有显著的增加。

表 4-25　典型村退耕还林前后经营性收入增长统计表

元/年

编号	区县	村	合计	增长比例/%	种植粮食	林业	畜牧业	水产	工业	旅游业	其他
1	昌平	半壁店	1 470 000	23.44	−110 000	140 000	460 000	0	980 000	0	0
2	昌平	上西市	2 450 000	26.60	300 000	40 000	910 000	0	1 200 000	0	0
3	密云	黑山寺	5 000	41.67	3 000	2 000	0	0	0	0	0
4	密云	南沟	50 000	50.00	−10 000	−20 000	50 000	30 000	0	0	0
5	怀柔	道德坑	65 500	22.63	−18 000	79 000	4 500	0	0	0	0
6	怀柔	下栅子	33 000	29.73	−18 000	51 500	−500	0	0	0	0
7	延庆	军营	5 440 000	152.81	530 000	0	210 000	0	0	0	4 700 000
8	延庆	小川	−31 000	−14.35	−57 000	24 000	2 000	0	0	0	0
9	平谷	靠山渠	200 000	66.67	−300 000	500 000	0	0	0	0	0
10	门头沟	韭园村	2 580 000	111.69	490 000	310 000	0	0	0	1 780 000	0
	平均		1 226 250.0	51.89	81 000.0	112 650.0	163 600.0	3 000.0	218 000.0	178 000.0	470 000.0

表 4-26 退耕还林农户经济效益变化统计表

元

编号	区县村	户均退耕面积/亩	户均年收入	退耕户收入来源						增长比例/%	增减值
				政府补贴	粮食种植	林业	果树	旅游	其他		
1	平谷靠山渠	1.5	500	200	−2 700	3 000	0	0	0	11.11	300
2	平谷小车沟	1	620	120	−2 000	2 500	0	0	0	25.00	500
3	延庆小川乡	5.8	6 500		1 100	400	0	0	5 000	67.71	6 500
4	延庆井庄	2.3	5 030		970	3 000	0	0	1 050	71.05	5 030
5	门头沟色树坟	1	400	200	−800	0	1 000	0	0	25.00	200
6	门头沟色树坟	2	−500	400	−2 700	0	1 800	0	0	−20.0	−900
7	昌平半壁店	15	6 400	2 700	−3 600	0	10 980	13 120	−16 800	18.14	3 700
8	昌平上西市	9	13 590	1 440	−3 150	0	4 980	0	10 320	53.88	12 150
9	怀柔道德坑	9	540	180	−1 800	180	0	0	2 000	4.00	380
10	怀柔下山子	0.7	112	14	−140	14	0	0	224	3.36	98
	平均	4.73	3 319.2	493.4	−14 820	9 094	18 760	13 120	1 794	25.93	2 795.8

退耕还林农户退耕还林后经济效益变化统计分析。退耕还林后经济效益变化方面，从表4-26可知，除了门头沟色树坟村户均收入下降20%外，其他9个村户均年收入都增加了，变化在3.36%～71.05%之间；有8个村种植粮食收入比退耕还林前下降了，增幅变化在－140～－3600.00元/年之间；全部10个村户均林业或果树收入增加了，变化在14～10 980元/年之间；有1个村(昌平半壁店)旅游业户均年收入增加了13 120元/年。因此，在退耕还林户退耕还林前后经营性收入变化方面，退耕还林后比退耕还林前有显著的增加。

退耕还林后农村经济收入的组成及比例分析。退耕还林后农村经济收入的组成及比例方面，由表4-27可知看出，退耕还林后农村经济收入的组成主要由政府补贴、农业、林业、畜牧业、水产业、工业、旅游业及其他产业等组成，所占比例变化在0.2%～30.8%之间，其中退耕还林后农业、林业、畜牧业、工业及其他(含外出打工、租金收入等)产业的比例比退耕还林前明显增加了，分别为23.8%、10.7%、12.1%、18.2%、30.8%。(图4-9)。

表4-27　退耕还林后经济收入构成因素分析表　%

构成因素	政府补贴	农业	林业	畜牧	水产	工业	旅游	其他	合计
退耕还林前	0	26.7	6.0	1.6	0.1	27.2	1.3	37.1	100
退耕还林后	0.60	23.8	10.7	12.1	0.2	18.2	3.6	30.8	100

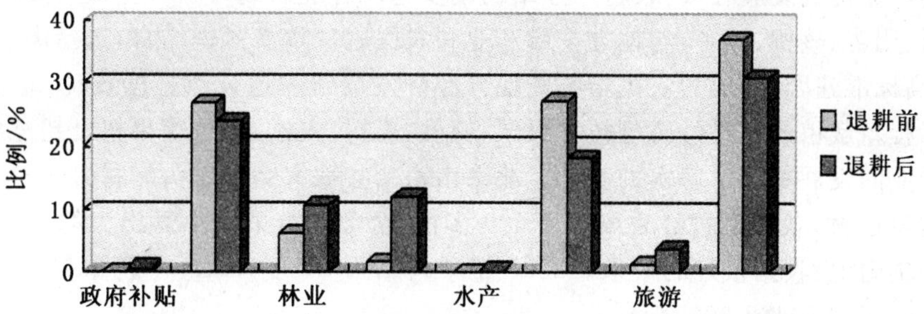

图4-9　退耕还林后经济收入构成图

③退耕还林增加了土地收益。

退耕还林前后单位产值的变化分析如表4-28和图4-10所示。

表4-28　退耕还林前后单位产值的变化

时间	农业/(元/亩)	林业/(元/亩)
退耕还林前	776.22	18.65
退耕还林后	987.12	44.85
变化幅度/%	＋27.2	＋140.5

退耕还林前后单位产值的变化，农业与林业两项退耕还林后都明显地增加了，分别是27.2%和140.5%。

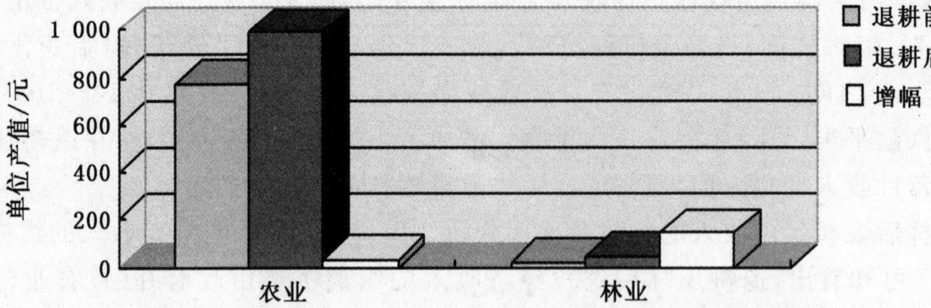

图 4-10 退耕还林前后单位产值的变化图

④退耕还林优化了产业结构。退耕还林调整优化了农村产业结构，使以种植业为主的农业生产向林果产业、畜牧业以及二、三产业过渡，农村经济发展呈现多元化，农民的就业方式和创收渠道增多，产业链条延长。各区县在县委、县政府的正确领导下，有计划、有步骤地实施退耕还林，改变过去广种薄收的粗放经营生产方式，使大批劳动力从单一粮食生产中解放出来，从事种植、养殖、加工、劳务输出以及社会化服务行业，使设施农业、舍饲养畜、农村商贸、农产品加工等产业得到发展壮大，农村产业结构逐步趋向合理。同时，在退耕还林政策范围内发展的板栗、仁用杏、核桃、柿等，与地方主导产业和农民脱贫致富紧密结合，选择优良品种，实行集约经营、高标准建园，已成为农民增收和地方经济发展新的增长点。据统计，北京市郊区仅退耕还林工程新栽植的生态经济型树种板栗、核桃、杏树、大桃、苹果等果树已超过 40 万亩，为绿色朝阳产业的发展奠定了坚实的基础。北京市密云县穆家峪镇庄头峪村，地处潮河岸边，2000 年进行退耕还林，栽植良种红香酥梨 1 600 多亩，全部自行采取小管出流的节水灌溉措施，兴建了 2 个集雨池，收到很好的效果。2006 年梨树结果 20 多万 kg，平均单果重 220 g，获收入 100 多万元，户均增收2 000 多元。

依托工程建设创造的良好生态环境，推动了城乡互动、协调发展。山区旅游、采摘、特色民俗游等观光休闲产业蓬勃发展，更多的市民被优美的风景吸引，来到山区休闲、旅游、度假。森林旅游、民俗旅游已成为郊区经济发展、农民致富的增长点，越来越多的农民依靠生态环境的改善而吃上了旅游饭，走上了致富路，郊区农民生产生活开始向文明富裕迈进。

(3)退耕还林生态社会效益分析

退耕还林按照“生态效益优先”的原则，主要安排在生态脆弱和生态地位重要的河道两侧、水库周围、重点风景名胜区和城镇周围、公路及铁路干线两侧。截止 2004 年底，工程新增林地面积 105 万亩，森林覆盖率提高 6%，涵养水源、净化水质、减少水土流失的生态功能得以实现，提高了遏制风沙、水患等自然灾害的能力，构建了山区优美的自然生态景观，工程建设生态效益明显。

退耕还林作为政府的一项德政工程、民心工程全面实践了“三个代表”的重要思想，是国家投资、农民致富奔“小康”一条有效途径。北京市实施的退耕还林工程不仅进一步加大生态环境建设力度，而且通过资源培育、产业带动，扩大了就业能力，实现了“人人有位”，农村出现安居乐业，人人忙致富的局面，“绿富”的战略目标得以实现，缓解了“三农“问题，从根本提高了人民群众的绿化意识和环保意识。申奥成功后，围绕“绿色奥运”，为了构筑山区绿色生态屏障，北京市进一步加大生态环境建设力度，京郊山区、半山区重点实施了退耕还林工程，成效显著，不仅为实现“绿色奥运”的承诺打下坚实基础，而且提高了首都的国际声誉。

(4)影响退耕还林经济效益相关因素分析

农村劳动力学历结构对退耕还林经济效益的影响。由表 4-29 不难看出学历与户均年收入呈正相关，这与不同学历的劳动者的文化及专业水平不同有关。学历高者，特别是有一技之长的农民，能够较快的接受新知识，新技能，并很快地转化成经济收益。相反，文化水平低的农民，特别是初中文化以下的农民，只能从事一些简单的体力劳动，获取较少的收入。

表 4-29 学历对户均年收入的影响

学历	初中及以下	高中	中专	大专及以上
户均年收入/元	7 619.474	11 923.29	13 115.14	25 902.78

农村劳动力年龄结构对退耕还林经济效益的影响。年龄结构对退耕还林经济效益的影响，从表 4-30 及图 4-11 可以看出：在成年人中，年龄结构与对退耕还林经济收入呈负相关，30 岁以下对退耕还林经济效益影响最大。

表 4-30 年龄结构对收入的影响

年龄阶段/岁	≤30	30～59	≥60
年均收入/(元/年)	6 040	3 047	646

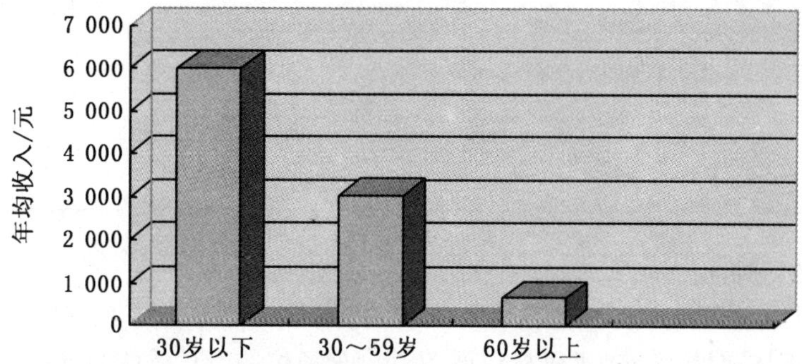

图 4-11 年龄结构对退耕还林经济效益的影响

退耕还林政策对退耕还林经济效益的影响。退耕还林政策对退耕还林经济效益的影响方面：主要是政府减轻农民负担的政策，如减免农业税及农业特产税，给予一定的经济补助等形式。表 4-31 可见，6 区县 46 个行政村退耕还林的资金补助每亩到农民手中的有 20～140 元/亩，平均 35 元/亩。亩均粮食补贴 12～197 kg。这些都相应地增加了退耕还林农民的经济收入，调动了农民退耕还林的积极性。问题是国家补助给农民的退耕还林款为 200 元/亩，粮食 100 kg/亩常常不能及时足额发放到退耕还林农民手中，国家给予退耕还林农民的款粮经过层层扒皮，到农民手中就少多了，也会挫伤农民退耕还林的积极性，影响退耕还林的质量。

表 4-31 调查村退耕还林的经济补偿及粮食补贴统计表

调查区县	调查村数/个	退耕总面积/亩	资金补贴		粮食补贴	
			总计/元	平均每亩补贴/元	总计/kg	亩均粮食补贴/(kg/亩)
昌平	4	1 826.8	256 330	140	360 198	197
密云	6	2 196.0	86 720	40	734 833	334
怀柔	13	3 840.2	77 675	20	249 613	65
延庆	8	3 019.5	102 840	38	165 710	54
平谷	10	3 801.0	95 200	25	44 408	12
门头沟	5	2 918.0	500	121	70 640	100
平均				64		152.4

不同栽培树种对退耕还林经济效益的影响。栽培树种对退耕还林的影响，主要是要适地适树，因地制宜，发展对路的经济林。表 4-32 说明了栽培板栗、核桃、苹果、山楂、桃树、杏树、杨树及枣树都能获得一定的经济收入。因此，在退耕还林种植树种结构中，要发展一定量的经济林。用材林生长周期较长，发展经济林可以作到以短养长，长短结合，在退耕还林早期有一定的经济收入，调动农民退耕还林的积极性。

表 4-32 不同树种获得收益情况比较表

树种	面积/亩	收入/元	平均每亩收入/(元/亩)
板栗	89.8	8 000	89.0
核桃	4	3 000	750.0
苹果	10.2	16 540	1 621.6
山楂	23.5	24 650	1 048.9
桃树	44.3	77 400	1 747.2
杏	37.5	13 380	356.8
枣树	6	4 600	766.7
杨树	17.1	0	0

(5)典型案例分析

2002 年门头沟区军庄镇退耕地造林 295 亩，完成 295 亩完成任务的 100%(表 4-33)。其中：退耕地造林军庄南坡 17 亩、孟悟村南坡 70 亩、东杨坨 80 亩、香峪村 68 亩、东山村李振东 60 亩。退耕地造林树种为经济林梨树和枣树，其中梨树苗 16 200 棵，枣树苗 3 780 棵。2003 年军庄镇退耕地造林 503.1 亩。其中，军庄南坡 160 亩，香峪村路边 34.5 亩，新村南北坡 158.6 亩，东山村 150 亩。2004 年退耕地造林 476.1 亩。树种比例(表 4-34)为：梨 74.1%、枣 17.9、杏 3.1%、香椿 1.8%、柿子 1.7%、板栗 1.2%。

表 4-33 门头沟区军庄镇历年退耕还林面积统计表

年份	面积/亩	林种比例/%		备注
		经济林	生态林	
2000	390	100	0	梨
2002	295	100	0	枣、梨、杏
2003	503.1	89.3	10.7	枣、梨、杏、香椿
2004	476.1	100	0	枣、梨、杏、香椿、柿子、板栗

表 4-34 门头沟区军庄镇历年退耕还林树种比例统计表

年份	面积/亩	林种比例/%							备注
		梨	枣	杏	香椿	柿子	板栗	核桃	
2000	390	87.2		12.8					
2002	295	71.2	23.1	5.7					
2003	503.1	12.5	50.8	13.9	10.8			11.9	
2004	476.1	74.1	17.9	3.1	1.8	1.7	1.2		

门头沟区军庄镇新村从2000年开始进行退耕还林(表4-35),把山耕地全部退还为梨、枣经济林,2005年开始已初见成效,今后几年梨、枣将进入盛果期,效益将会明显增加,木本蔬菜香椿深受城市居民喜爱,供不应求。

表 4-35 门头沟区军庄镇新村历年退耕还林面积统计表

年份	面积/亩	林种比例/%		备注
		经济林	生态林	
2000	120.0	100	0	梨
2002	138.6	100	0	枣
2003	20.0	0	100	香椿
2004	25	100	0	梨

(6)结论

经调查分析,得出如下结论:

①退耕还林后农村的产业结构向林业、畜牧养殖业及旅游业等行业转移,使得这三个行业的经济收入比退耕前增加了。退耕还林调整优化了农村产业结构,使以种植业为主的农业生产向林果产业、畜牧业以及二、三产业过渡,农村经济发展呈现多元化,农民的就业方式和创收渠道增多,产业链条延长。

②退耕还林后,无论是退耕还林村还是退耕还林户经营性收入变化方面,退耕还林后比退耕还林前有显著的增加。村退耕还林后比退耕还林前平均每年增加1 226 250元,户退耕还林后比退耕还林前平均每年增加3 319.2元。

③退耕还林后农村经济收入的组成主要由政府补贴、农业、林业、畜牧业、水产业、工业、旅游业及其他产业等组成,所占比例变化在0.2%~30.8%之间,其中退耕还林后农业、林业、畜牧业、工业及其他产业的比例比退耕还林前明显地增加了。

④退耕还林前后单位面积产值的变化,农业与林业两项都明显地增加了,分别是27.2%和140.5%。

⑤影响退耕还林经济效益的因素主要有学历、年龄结构、退耕还林政策、不同栽培树种等几个方面。其中学历与户均年收入呈正相关;年龄结构与对退耕还林经济收入呈负相关;退耕还林政策主要表现在减免农业税及农业特产税,给予一定的资金补助(20~140元/亩)及粮食补贴(12~197 kg/亩)。这些都相应地增加了退耕还林农民的经济收入,调动了农民退耕还林的积极性。

⑥在退耕还林种植树种结构中,发展经济林可以作到以短养长,长短结合,在退耕还林早期有一定的经济收入,调动农民退耕还林的积极性。

⑦退耕还林有改善生态环境及提高社会效益的功能。

区县链接：延庆：长城脚下的绿色明珠

登上举世瞩目的八达岭长城，极目北眺，美丽的夏都延庆尽收眼底——绿色的山，绿色的树，绿色的村镇，绿色的道路。车在林荫下穿行，人在花丛间漫步。

延庆，位于北京的西北部，东南北三面环山，西临官厅水库，总面积2 000 km^2，山区面积占70%以上，辖区包括11个镇、4个乡，共有376个村27.4万人。新中国成立初期，全县森林面积只有1.27万 hm^2，森林覆盖率不足7%。为了改善恶劣的自然环境，为首都树起一道生态屏障，多年来，延庆人民坚持植树造林，涵养水源，防风固沙，美化环境。全民义务植树、社会化造林、专业化造林、重点工程造林等多种形式并举，取得了显著成效。目前，全县有林地面积已发展到13.35万 hm^2，林木绿化率达67%。

现在的延庆，远山近滩绿树成荫，沟路渠旁林网纵横，县城内外花团锦簇，乡村庭院瓜果飘香，一个多林种、多树种、多层次、多功能的森林生态体系正在逐步形成。

第一篇：全民动手　绿染妫川

延庆人爱树、爱花、爱草。

近年来，延庆县委、县政府把造林绿化提高到"生态立县，营造一流人居环境"的战略高度来认识，提出了"实施精品战略，城乡一体推进，打造各个亮点，形成一串串明珠"的总体要求。为了鼓励和支持社会化造林，2005年春，延庆县委、县政府出台了《关于加快延庆县林业发展的实施意见》、《延庆县人民政府关于林业发展扶持奖励办法》等一系列政策性文件，对创建首都绿化美化花园式单位、市重点绿化美化小城镇、首都绿化美化园林城镇、绿色乡镇、绿色村庄达标的，给予一次性奖励补贴。同时，村民个人投资投劳在四旁（村、宅、路、水）、农田林网和村庄绿化栽植的苗木，扶持苗木费；山区乡镇经营开发的林业项目及配套设施建设，享受贷款贴息。

每年春季，县四套班子领导带头与赴县、驻县、县直各单位工作人员共同义务植树，县城绿化、住宅小区绿化、乡村街道绿化、花园式单位绿化、小城镇绿化全面铺开。各义务植树工地彩旗飘飘，人声如潮，大家都挥钎铲土，挥汗如雨，挖坑栽苗。近5年，延庆完成全民义务植树325万株，一树一库，抚育41.6万株，全民义务植树尽责率达95%。

不仅延庆人参加义务植树，就连北京人甚至是国际友人也来延庆植树。来延庆登八达岭长城旅游的人多，到延庆植树播绿的人更多。

延庆县社会造林渠道逐渐拓宽，规模不断扩大，影响日益深广。"NEC之林"植树活动，中国船舶总公司植树活动，中国移动植树活动，小红帽旧报换新苗植树活动，"拥抱长城、绿化祖国、联想大家庭员工为祖国尽义务、为环保作奉献"植树活动，"同心植树、绿染长城"植树活动，大众林、索尼林和泰尔林等一些寓教于绿的大型植树活动在延庆开展。索尼公司、NEC（中国）有限公司、中国信息报社、北京纳贝斯克食品有限公司等单位纷纷在延庆建立社会植树公益活动基地。

2002年9月22日，中日友好万人友谊林纪念碑揭幕仪式暨植树活动在八达岭长城脚下举行，贾庆林、刘淇、钱其琛等领导与日本前首相桥本龙太郎、日本国土交通省大臣扇千景、日本保守党党首野田毅等共同为友谊林纪念碑揭幕，近万中日友人共植友谊树。

2004年5月22日，中马友谊林纪念碑揭幕仪式在延庆玉渡山前举行。中国外交部部长助理沈国放、马来西亚驻华大使马吉德、外交部参赞张金凤、马来西亚前科学技术和环境部部长刘贤镇等共同为友谊林纪念碑揭幕。中马两国代表挥锹铲土，提桶浇水，共同为纪念中马建交30周年暨中马友好年而栽植友谊树。

近5年来，延庆共接待国内外社会各界植树团体200余个、3.58万人。这些大型植树活动的连续举办，不仅促进了延庆生态建设，还使绿色成为一种载体，成为延庆经济发展与对外交流的桥梁和纽带。

第二篇：城乡绿化　异彩纷呈

延庆人可以感受到，美丽的县城与广大乡村正发生着日新月异的变化——街道净了，水面宽了，树多了，草绿了，机关单位处处绿草如茵、繁花似锦，人们仿佛生活在大花园之中。

美丽的延庆县城就像一颗明珠镶嵌在妫川大地上。近年来，延庆县委、县政府下大力气对县城区进行改造，整治河道，净化污水，处理垃圾，植树、种花、种草，先后建起了香水苑公园、妫川广场、夏都公园、江水泉公园、妫水公园、三里河湿地公园、百泉公园等大型公共绿地，使县城及周边环境得到极大改善。目前，延庆县城的绿地面积已达586.09 hm^2，人均公共绿地50.69 m^2，绿化覆盖率49.3%。蓝天白云、远山近树，向人们展示着延庆的魅力与风采。

延庆的小城镇绿化美化工作全面推进。2002年以来，康庄、永宁、旧县、八达岭4个小城镇先后被列为北京市重点绿化小城镇，各小城镇坚持街、园、区、院一起上，城区、村庄、山滩绿化同步推进的方针，高标准、大投入、抓重点、配政策，共栽植乔木229.9万株、花灌木51.1万株、草坪12.3万 m^2，新增绿化面积1 400 hm^2，城镇绿化建设初具规模，康庄镇达到首都绿化美化园林小城镇标准。到2004年底，延庆15个乡(镇)所在地绿化覆盖率达73.09%，村屯绿化覆盖率达67%，农田林网率100%，人居环境得到极大改善。

自1986年开展花园式单位建设以来，延庆已累计建成首都绿化美化花园式单位177个，实现绿化覆盖面积595.6万 m^2，形成了以公园大型公共绿地为主体，以县城街道绿化为骨架，以单位庭院和居住小区为基础的县城区与川区、山区并重，点、线、面相结合的绿化体系。全县涌现出县委县政府、中国人民解放军66399部队、第一职业学校、新华民族中学、颍泽州小区、里炮村委会、水利局、华风温泉大城堡、旧县镇政府、青少年活动中心等一大批典型的花园式单位，庭院绿化三季有花、四季常绿。

2005年春季，延庆推出了绿色村庄建设项目。他们以全民搞绿化为切入点，以绿、美、靓为目标，县、乡、村三级联动，由县绿化办、林业局统一设计、提供苗木，发动赴县义务植树单位、驻延部队、社会团体、包村工作单位、生态护林员等出资、出劳，组织村民清理垃圾、整理场地、落实水源、挖坑客土，绿化村庄。活动启动当年，全县就推进重点绿化村庄29个，栽植油松、侧柏、洋槐、连翘、玫瑰等52个品种的大规格乔灌44万余株。过去柴草乱堆、杂物乱放、垃圾乱倒的乡村街道治理得干干净净、井井有条，街道两旁新植了一棵棵绿树；砾石纵横、坑坑洼洼的村外荒滩和垃圾场平整填埋后，分区栽植了落叶乔木、常绿针叶树和五彩花灌木，一处处因势造景、高低错落、点线结合、多树种搭配、多层次混交的村庄绿化精品呈现在人们面前。街道净了，环境美了，村庄绿了，村民乐了。

近5年来，延庆县结合生态旅游的发展，相继完成县内妫河、黑白河两大流域6条河道绿化,造林1 492.4 hm^2。八达岭高速公路延庆段等5条主要公路绿化造林1 536 hm^2,植树259.77万株。大秦铁路绿化33 km,造林800 hm^2,植树68.7万株。县域内国道、省道和铁路、河渠绿化率达100%,县、乡级公路绿化率达98%。公路、铁路的绿色通道建设,层次丰富,季节变化明显,常绿植物和四季花灌结合,形成了真正的景观大道。

第三篇:工程造林　山川竞秀

如果说县城的绿化美化是在绣花,那么,荒山荒滩的绿化简直就是在啃骨头,到处都是硬骨头。

延庆的康庄地区曾经是北京的五大风口之一。1993年,经市政府批准,康庄风沙危害区核心区治理工程被确定为全市绿化重点工程,市、县分别成立了康庄绿化工程指挥部,制定了绿化规划。到1999年,工程完成荒滩造林2万亩,使重点治理区范围内的林木绿化率由1993年的37.8%提高到79.9%,环境质量明显改善。

过去,人们一提起延庆县城以北那一座座光秃秃的荒山就头疼。西起与河北怀来交界的古崖居、东至龙庆峡,全是清一色的阳坡,岩石裸露,植被稀少。从2000年开始,延庆县绿化办、林业局将这一地区列为生态治理的重点区域,先后启动了爆破造林工程、林业生态工程、农业生态工程,组织几十支专业施工队进驻工地,从东西两个方向同时向中央推进。施工人员先后创造并采用了峭壁凿坑、管道回土、网兜运苗、缆车运苗、高山引水、生态垫治理流沙、沙石坑铺地膜盖膜镇石、森露固体水等一系列科技手段,高标准设计,规范化施工,多树种混交,多层次、多色彩组合,造林成活率和苗木保存率均超过98%。

6年来,在延庆北山的绿化造林施工过程中,共动用施工队67支,先后有8 000余人投入作业,绿化造林1 333 hm^2,植树150余万株。施工人员挖树坑挖出的石头、从山下往山上树坑里背的土累计超过150万 m^3,浇树用的铁管和水龙带累计超过32万m。如今,整个20 km延庆北山已经被团团绿色所覆盖。

近年来,延庆县先后启动并完成了康庄南荒滩绿化工程、永宁永新堡林业生态工程、张山营48顷荒滩治理工程、龙庆峡农业生态工程、京津风沙源治理工程、退耕还林工程、大秦铁路绿色通道建设工程、速生丰产林建设工程等一系列造林绿化重点工程。过去一处处荒山荒滩,如今成为一处处郊野森林公园。

在进行重点绿化工程建设的同时,延庆县在深山远山区实施了大规模飞播造林、封山育林和中幼林抚育工程。自1981年开展飞播造林以来,先后开辟播区40余个,播区作业面积4.2万 hm^2,成效面积2万 hm^2,成效比48%,飞播造林使全县林木绿化率提高了10个百分点以上。延庆县的封山育林工作最早可追溯到1950年,从1987年开始列入国家计划。1987—2004年,全县累计封山育林5.7万 hm^2,达到成林成灌标准2.9万 hm^2,使全县林木绿化率净增14.5个百分点。2002年以来,延庆县先后组建128支专业施工队、8 000余人,对2.8万 hm^2 中幼林进行抚育,通过间株、定株、割灌、修枝、间伐、松土、修埯等措施调整林分密度和林分结构,促进其正常生长、发育,使之早日成林、成材。

第四篇:绿色产业　硕果累累

在延庆人眼中,绿色不仅是一种资源,更是一种财富。延庆人懂得培育绿色资源,也懂得如何把绿色资源转变为绿色财富。

延庆绿色产业方兴未艾，目前已初步形成了果品、林木种苗、花卉、蜂业、生态旅游五大产业链。

全县标准化果园面积 466 hm^2，市、县两级旅游观光采摘果园总数达到 14 个、面积 867 hm^2；实现果品总产量 5 000 万 kg，总产值 1.2 亿元。前庙的葡萄、里炮的苹果、新庄堡的杏、井庄的李子、苏庄的艾宕梨远近闻名，山区的板栗、山楂、杏仁油更是吸引着无数旅游者的眼球。

延庆的林木种苗产业持续发展，累计育苗面积 1 000 hm^2，总产苗 3 720 万株，出圃各类苗木 2 130 万株，造林绿化工程苗木自给率达到 90%。

延庆的冷凉花卉独树一帜，种植面积达 163 hm^2，其中菊花生产基地 100 hm^2、百合种球生产示范基地 13.3 hm^2。

延庆的养蜂业有力地带动了山区经济发展，全县蜂群总量由 20 世纪 90 年代末的 3 000 群发展到现在的 27 400 群。县、乡两级成立了养蜂协会，瓦庙、东沙梁、下马鹿沟、东三岔、东灰岭等一个个养蜂专业村成为山区经济发展的新亮点。2004 年，延庆产出优质蜂蜜 946 t、花粉 17 t、王浆 10.7 t，蜂产品产值 525 万元。

八达岭、松山、玉渡山、莲花山茂密的森林植被、良好的自然生态景观，吸引着无数的中外游人，以踏青赏花、植树种绿和观光采摘为主要内容的生态旅游成为延庆新的经济增长点。

第五篇：保护生态资源　构建和谐社会

延庆人不仅喜欢绿色、营造绿色，更知道如何呵护绿色、保卫绿色。

全县强化森林资源管理，严格执行限额采伐制度，依法审批征占用林地，林权管理、古树名木保护和森林资源监测管理得到进一步加强。

近年来，为了进一步实施“生态立县”战略，延庆县在原有的国家级松山自然保护区的基础上，又先后划定并建立了玉渡山、莲花山、野鸭湖等 11 个自然保护区，使自然保护区面积达到了全县总面积的 30%。同时，采取经济移民、保护植被政策，一方面，有组织、有计划地移民入川，使山区人口从过去的近 6 万人减少到现在的不足 3 万人，大大缓解了山区植被的压力；另一方面，在全县山区禁牧、禁薪、禁猎、禁垦、禁伐，使山区植被得到有效保护。目前。全县 1 300 多 km^2 的山区，林木绿化率超过 82%。

2002 年 5 月，延庆县政府在全市乃至全国率先出台了《野生动物造成损害的补偿办法》。办法规定：由于保护野生动物而给农民造成的农作物损失，将由政府进行补偿。截至目前，延庆农民已累计接受政府补偿金额近 30 万元。

2002 年 10 月，延庆县政府正式下发《关于禁止家畜在野外放牧的实施办法的通知》。自 2003 年 1 月 1 日起，在全县范围内禁止一切野外放牧。

自 2004 年 12 月 1 日起，延庆县实施山区生态林补偿机制，按照“养山就业、规范补偿、以工代补、建管结合”的方针，全县 8 600 余名护林员陆续上岗，12.1 万 hm^2 生态林得到有效保护。通过建立山区生态林补偿机制，使祖祖辈辈土里刨食的山里人一夜之间变成了挣工资的林业工人，实现了山区农民由“靠山吃山”向“养山就业”的战略性转变。

古树名木是祖先留给我们的珍宝。在 2002 年进行的北京市古树名木普查中，延庆县共确定古树名木 150 株，分布在全县 15 个乡(镇)。近年来，延庆县林业部门运用 GPS 技术对每一株(群)古树名木进行定位调查；制定了县、乡、村三级养护措施，层层签订保护责任书，专人管护;完成了对古树名木的计算机联网建档及珍珠泉乡小川烟囱沟梁国有天然古树群的维护工作;采取建围栏、垒树盘、堵树洞、科技复壮等措施对古树名木进行日常养护;凡建设项目涉及古树名木的,要求建设单位必须采取避让保护措施,经行政许可程序审批后方可施工。2005年春,县林业部门开始着手对全县150株国家一、二级古树名木进行拍照,配以民间传说、诗词、楹联、书法等作品,制作成图文并茂的精美画册。

在林业有害生物的监测和预防工作中,延庆县自1996年以来,先后在重点旅游区、重点林区建立了40余个林业有害生物监测点,形成了天空飞机喷药、地面人工喷烟、林中定点监测、投放生物天敌等立体防御网络。全县林业有害生物防治率达95%,监测覆盖率达100%。

在森林防火方面,延庆县一手抓预防宣传,一手抓基础设施建设,森林防火工作逐渐从人防向技防转变,预防火灾发生的能力得到全面提高。全县建立了现代化的森林防火指挥室,配备了森林防火指挥车、400兆网络差转等相关设备,并于永宁、旧县、井庄、四海、莲花山等地建立了森林防火瞭望塔。县森林消防大队下设5支中队,共有专业森林消防队员150人,成为森林防火的主力军。县森林巡查大队30名巡查队员统一着装、统一标志、统一配备摩托车和对讲机,从季节性巡护转入常年机动巡查。目前,延庆以县森林消防大队为骨干,以驻军、武警消防中队及乡(镇)半专业扑火队组成的森林消防体系初步建成。

在林业案件查处工作中,延庆县森林公安民警严格贯彻和执行各项法律法规,主动出击,标本兼治,严厉打击和防范各种破坏森林资源的违法犯罪行为,用自己的坚毅和忠诚守护着延庆的每一片绿色。

第六篇:展望未来　再创辉煌

如今的延庆,天瓦蓝瓦蓝的,水清亮亮的,满眼的树,满眼的花,就像是进入了一个世外桃源。今天的延庆,春季山花烂漫,蜂鸣蝶舞;夏季绿荫冉冉,水流潺潺;金秋红叶似火,瓜果飘香;冬季银装素裹,妖娆多姿。

随着中共中央、国务院《关于加快林业发展的决定》的出台和新北京、新奥运的临近,延庆被规划为首都的生态涵养发展区。面对新的机遇,延庆县委、县政府对全县生态建设又作出了新的部署:未来5年,以构建和谐社会、建设全国绿化模范县和首都生态涵养发展区为目标,基本消灭全县宜林荒山荒滩,使全县林木绿化率达到72%以上,小城镇绿化覆盖率达到50%以上,基本实现城镇森林化、城乡生态一体化、森林经营产业化,初步形成具备多类型、多层次、多功能的森林生态体系。

在不远的将来,延庆的绿色会更浓,风景会更美。

资料来源:首都绿化林业政务网,2006-12-13

4. 可持续发展的对策与建议

(1)存在的问题

在调查中发现退耕还林工作中还存在一些问题,表现在以下几个方面。

①一部分农户的吃粮问题有后顾之忧。按照政策规定,退耕还生态林补助8年,经济林补助5年,然而经济林10年左右才能达到盛果期,生态林由于受采伐限额的限制,退耕户收入不能保障。因此,补助到期后,人均耕地少的农民吃粮问题依然存在。特别是近几年粮食价格上

涨，又有粮食直补政策，如何稳定退耕户，在国家退耕还林补助政策结束后，使退耕农民“退耕不减产，退耕要增收”，只有有效解决农民的吃粮问题，才能防止复垦现象的发生。

②退耕还林工程缺乏后期管护资金。县乡两级虽然组织力量，加强了对退耕造林地的后期管护，但由于在工程预算中未列管护费，使管护工作不能完全到位，个别小班中的个别退耕户因立地条件差、管理水平低等原因，虽采取了补植措施，但成活率仍然较低。

在本次调查过程中发现退耕林地减少 19 543 亩，其中，因工程占地减少的面积为 1 659.3 亩，占 8.5%，管理不善减少的面积为 9 012 亩，占 46.1%，复耕面积为 8 871.7 亩，占 45.4%，因管理不善减少的面积最多。因此，要坚持造管并重原则，把造林与管护放在同等地位。

③水利配套工程不能满足退耕还林需要。由于连续多年干旱少雨，水源缺乏，再加上水利配套工程少，不能满足退耕还林需要，部分地块死苗严重，退耕户靠挑水浇树，难以保证退耕还林的保存率。

退耕还林工程实施以来，北京市退耕面积已达 35 万亩，退出的都是生态地位重要、粮食产量低而不稳、水土流失和风沙危害严重的耕地，这些耕地多处于立地条件相对恶劣，水源缺乏的地区。受资金的限制，地方无力承担水源配套建设。因此，水利设施配套力度不强，配套小水利工程严重滞后于退耕还林的发展，难于保证造林的成活率和保存率，更无法保障退出经济林进入盛果期的水分需求，农民致富将得不到保障。

④技术推广体系比较薄弱，跟不上市场要求。退耕还林后，随着板栗、仁用杏等果林基地的建成，对退耕还林地进行嫁接、剪枝、打药、施肥等成为主要管护环节，如何把技术教给农民，让农民懂得怎样去经营、管理，是使退耕户“退得下，稳得住，不反弹，能致富”的关键。但山区技术管理人力资源较少，加上山区信息闭塞，农民素质低，从事果树产业生产的多为老人和妇女，文化水平低，造成技术推广慢，跟不上市场要求的现状。而且科技人员的技术更新与培训也有待加强。

⑤林权发证工作意见不统一。根据本次调查，乡镇政府与退耕农户对发证的意见不统一。乡镇政府不愿意办理林权证书，而退耕农户则想办理，对发放林权证书意愿调查的 422 户退耕农户中，有 303 户愿意领取林权证书，占调查农户的 71.8%，不愿意领取林权证书的 44 户，占调查农户的 10.4%，持观望态度的农户 75 户，占调查农户的 17.8%。

⑥落实“五个结合”还有差距。北京市山区农村能源建设与生态建设发展不相适应。退耕还林生产的大量生物能源没有很好地被利用，在山区农村应发展生物质能源，实现良性循环，提升生态建设水平。

生态工程建设与地区经济发展的结合不紧密，着重强调了生态，而忽略了生产，生态与生产之间的矛盾一直没有得到很好解决。退耕还林工程，为后续产业的发展打下了坚实的资源基础，但原有产业链已不能满足其长远发展，不能为农民谋取经济利益最大化，需要建立新的产业链来富裕农民，发展区域经济。以板栗为例，农民对板栗的市场前景就有很大的忧虑。现全市板栗总面积已达 40 多万亩，而市场容量是有限的，如果不提前在板栗的深加工和拓宽用途上采取应对措施，将来很可能要打价格战，收购单位将会任意压级压价，出现栗农增产不增收甚至减收的局面。核桃、仁用杏、柿子等都有类似问题，存在很大隐患。

小生产与大市场的结合。由于历史原因，目前全市退耕地区果品生产销售模式仍停留在一家一户分散经营的水平上，果品产加销一体化经营和组织化程度低，专业合作组织的规模小。家庭分散经营核心竞争力差、水平低，传统的小生产与当前的大市场经营格局不相适应，严重阻碍主导产业的进一步发展。

部分退耕还林地块存在与基本农田重叠现象。北京市退耕还林工程2000年开始试点，2002年、2003年全面展开，2004年建设任务全部完成。在2004年3月20日《国务院关于坚决制止占用基本农田进行植树等行为的紧急通知》(国发明电[2004]1号)前，退耕还林工程树木栽植工作已全面完成，出现了部分退耕还林地块与基本农田重叠。

⑦退耕还林后续产业研究与培育亟待加强。就目前的实际情况看，退耕还林地区的农民最关心的是退耕后的产品销路与增收问题。农民认为国家给粮、补钱让退耕，退了耕种下的林子和草还都是自己的，这本来是大好事。但是退耕还林种植的经济林主要是干、鲜果品，若干年后，如果出现大面积的"卖难"现象，既损害农民利益，又可能导致农民重新砍树。研究表明，退耕还林能否成功的关键在于政府既要帮助农民选择好树种，还要搞好后续产业的培育与开发，以果品加工业和旅游业的发展来稳定退耕还林形成的资源，把资源优势转化为经济优势。

⑧退耕还林种苗补助费偏少，生态林补助年限偏短。贫困是导致毁林开荒、陡坡耕种的根源，制订有的放矢的政策来激励农民退耕还林很重要，但尤为重要的是如何正确对待效益的阶段性问题。调研中，多数农民反映现有的补偿机制，即50元种苗和造林一次性补助费，无法保证还林质量。100 kg的原粮补助、20元的生活补助，经济林补助5年后农民有一定的收入，可以不再依赖国家的钱粮补助，实现自我发展，但是，纯生态林8年补偿到期后，农民只能把林子看起来，没有什么经济收入，损益不能平衡，如果处理不好，将可能导致复退、复耕现象的发生。调研中，多数农民和基层退耕还林工作者呼吁国家应调整退耕还林政策，将经济林与生态林的种植比例由2∶8调整为4∶6，对纯生态林，补助年限应延长到10年以上。

(2)对策建议

①延长补助年限，提高补助标准　经济林补助年限应由5年延长到8年，生态林补助年限由8年延长到12年。补助标准:生活补助费从现在的每年每亩补助20元，提高到100元，每亩每年提高80元；粮食补助从现在的每年每亩补助100 kg提高到150 kg，每亩每年提高50 kg。

②进一步加强管理，巩固退耕还林成果。出台退耕还林工程后期管护的管理办法。增加退耕林地后期管护费，解决后期管护资金的投入；同时增加山区集体生态林管护补偿面积，把退耕还林工程中建设的生态林纳入生态林管护范围，享受山区生态林管护补偿，把造林与管护放在同等地位；加强退耕还林工程后期检查验收和效益监测工作；深入研究影响工程效益发挥的技术问题，包括树种、新品种等问题；加强执法，严格执行《退耕还林条例》规定，巩固工程建设成果。

加大对退耕农民的技术培训力度；加强基层组织建设，特别是基层林业站的建设，让基层林业站更好地发挥林业技术培训的作用。

把退耕还林地的水利设施建设纳入农村基础建设工程。保证相应的水利资金投入，逐步扩大造林配水面积，巩固和保护退耕还林成果。退耕还林的重点和难点是山区的坡耕地，由于近几年的连续干旱与水资源的缺乏，增加了退耕还林的难度，今后安排退耕还林任务时，水利部门应根据林业部门的设计，加大水利配套工作力度，在不具备搞水利工程的地方，购置一些水车、移动式水泵等浇水设备，保证退耕还林退得下、活得了、稳得住。

③放宽放活政策。放宽采伐限额，对退耕农户营造的杨树等速生丰产林实行采伐备案制，并免收育林基金，收益全部归退耕农户；对农户退耕形成的林权采取灵活的管理办法，愿意申

领的，林政管理机关及时给予办理，不愿意申领的，不强迫办理。

④进一步加强“五结合”工作，巩固工程建设成果。

继续加大封山禁牧力度，对退耕还林工程增加的林地，实行封山禁牧，增加地表林草覆盖度，提高退耕还林工程生态效益，巩固退耕还林成果。

继续采取生态移民措施，对居住在生态地位重要、生态环境脆弱、丧失生产生活条件的自然村，实行生态移民，彻底解决生态环境人为破坏的因素，保护生态环境。

继续加强能源基地，特别是太阳能和生物质能源基地建设，充分利用退耕还林生产的大量生物质能源，提高退耕还林农户的生活质量。

继续加强基本农田建设，提高粮食单产和自给率。在加强流域综合治理工作，提高山区基本农田的质量的同时，加大农田水利基础建设，实施“五小”工程，提高基本农田产量。

继续加大后续产业的开发力度，出台《退耕还林后续产业规划》，优化产业布局，按照“一区一品，多区一业”的指导思想，合理布局，形成各具特色的区域经济；扶持一批果品深加工的龙头企业，为发展后续产业提供动力，增强产品的竞争力；制定优惠和奖励政策，加强产业协会建设，发挥其辐射带动作用，引导农民进入市场。

⑤加大对退耕农户的科技培训力度。科技是第一生产力，从目前掌握的情况看，北京市各工程区县退下来的耕地，栽植的树种大多是生态经济林，几年后要产生效益。农户由种粮到生产干、鲜果品，由粗放经营到精益求精，必须掌握先进的科学技术，充分发挥科技的力量，效益才有保障。因此，加强对退耕农户的先进实用技术推广应用，提高产品的科技含量，对于巩固退耕还林成果是不可或缺的一个环节。每年冬闲，平谷区果树专业部门的技术人员下乡轮回办培训班达 200 多次，培训农民上万人次，对提高全区的大桃和其他果品的产量和品质起到了较好的作用。通过技术培训，实际上等于给了农民一把开启致富之门的金钥匙。

(3)可持续发展战略实施

解决补偿公平性和预防合约可逆性是制定退耕还林可持续发展政策的基本思路。市场经济条件下，退耕还林政策的顺利实施是以农户自愿为前提的，这就需要政府充分利用市场机制，通过优惠的补贴政策和税收政策，使农户确实得到实惠，才能达到“国家要绿、群众要利”的有机统一，从而实现退耕还林的可持续发展。

①尊重市场规律，坚持长期的财政补贴政策。农户是退耕还林的主体，在市场经济条件下，他们按照市场的法则进行决策，只有预期收益高于预期成本时，农户才会退耕还林。从国外成功的经验和国内毁林复耕的教训表明，退耕还林的顺利实施是以农户自愿为前提的，而非政府的行政手段。项目区退耕还林实施已经进入第 7 年，部分退耕地已经达到补助年限，为防止出现大面积毁林复耕的现象，造成不应有的损失，建议国家尽早出台有关政策，实行长期合理的财政补贴政策以提高农户退耕还林所必需的收益，有效巩固退耕还林成果。

②改善林业投资环境，激励农户投资林业。将退耕还林成为农户经营林业的自觉行为，这是实现退耕还林可持续发展的关键所在。一是在明确规定林地权属和保持林地经营权长期不变的基础上，尽量不干预农户的经营行为。取消用材林采伐的限制，放宽还林过程中林种比例的规定，针对不同的林种实行不同的补贴标准。二是针对林业税负过重的情况，对林业减免税项、降低税负，使林业税费降低到发达国家 5% 的水平。三是建立和完善青山买卖市场，使经营者不通过林木采伐就可以出售和转让林木资产，从而获得投资回报。这不仅可降低林业生产周期过长带来的投资风险，而且可避免产权变更引起的乱砍滥伐。

③调整农业产业结构，积极发展退耕还林后续产业。以生态带产业、以产业促生态，北京市全力打造京津风沙源治理工程后续产业新思路。北京市自2000年实施京津风沙源治理工程以来，始终坚持一手抓生态，一手抓产业，以生态带产业、以产业促生态，全力打造后续产业新思路。一是以果品为突破口，制定产业发展战略，加强区域化布局，使果品成为产业发展中的支柱产业。二是加强退耕还林后续产业调研，进一步明确后续产业发展的思路，拟订后续产业发展政策。三是积极扶持产业协会、农民合作组织的发展。四是扶持龙头企业，充分发挥科技在后续产业发展中的作用。五是对农民进行扶持，建立相应的补偿制度。

退耕还林后，把培育后续产业作为巩固成果的根本性措施来抓。一方面要对非退耕耕地种植结构进行调整。发展特色农产品生产基地，实现农业结构优化升级，同时加强农业科技推广，实现科技创新，提高农业经营科技含量。另一方面推广科学的退耕还林治理模式，在生态优先原则下，采取林下种草、林草结合等措施，促进种草养畜，发展壮大畜牧业；依托林业龙头企业，退耕还林建设林果原料林基地，既满足企业原材料需求，又增加农民收入；实施林药间作、林禽混养、林果间作等，发展地方特色产业，形成规模效益等；在各旅游资源地实施退耕还林以景观生态林为主，提高绿化美化水平，促进旅游业的发展。

④实行股份合作制和产业化经营，拓宽农民增收渠道。退耕还林后，政府应通过政策引导，鼓励退耕还林的农户走股份合作制和产业化经营的道路，以退耕地入股的方式将退耕地集中起来，统一规划，科学经营，通过专业化分工和要素的优化配置，实现规模经营，发挥规模效益。同时，积极培育林产品加工，将林业产前、前中、前后服务有机结合起来，促进林业经营一体化，增加农民收入。鼓励专业化合作组织的形成和发展，通过市场配置和引导农民发展适销对路的特色产品，发挥农民经纪人的作用，增加农民收入。

⑤加强职业技能培训，加快富余劳动力转移。政府要重视农户因退耕产生的富余劳动力的转移问题。一是要结合农业结构调整、发展特色农业的需要，开展针对性强、务实高效、通俗易懂的农业技术培训，发展温室错季节蔬菜、花卉、食用菌等劳动力密集型农业特色产业，实现劳动力就地转移。二是“劳动力转移培训阳光工程”要向退耕农户倾斜。因此，政府要扩大“阳光工程”规模，优先培训退耕农户富余劳动力，实现由体力型向管理、技能、智能等综合型转变，适应产业升级和提高竞争力的需要，加快转移。

⑥加大基础设施投入，改善退耕户生存环境。把落实配套措施作为巩固成果的保障性措施来抓。要统筹规划，对退耕农户集中地区，一是加大基本农田建设投入，狠抓小型农田水利建设，提高和稳定粮食单产能力，调整农业产业结构，解决农民吃饭、增收问题；二是结合生态文明村建设，积极发展太阳能、沼气等新型能源建设，解决封山育林后农民的烧柴、取暖问题；三是加大交通、电力、通信等基础设施建设，解决致富需求信息进不来，农产品运不出去的困难，为农民增收创造条件。四是搞好生态移民、禁牧舍饲，配套措施落实到位、到户，逐步提高退耕农户自我发展能力。

⑦及时落实国家政策，做到取信于民。认真落实退耕还林钱粮补助政策，取信于民。退耕还林所造林木，按有关政策规定被确认为公益林的，在钱粮补助期满后纳入国家森林生态效益补偿基金补助范围；属于商品林的，允许农民依法合理采伐。同时结合实际，按照“明确所有权，稳定经营权，搞活使用权”的思路，坚持“谁建设、谁所有，谁治理、谁受益”，以国家投入为载体，努力探索多元化的投入机制、利益分配机制及监管机制，形成一套“治理有权、管理有责、经营有利”的治理机制。

二、农业措施建设效果评价

农业措施主要建设思路是以增加草地、增加工程区农地、沙地覆盖度为目的，以人工种草、保护天然草地为主要手段，对规划范围内裸露农地种植适宜北京生长的草种，在保护环境的同时，增加农民收入。农业措施包括人工种草、人工种草管护、饲料机械购置、草地围栏封育和草种基地建设等项目。其中，人工种草管护、饲料机械购置、草地围栏封育和草种基地建设等项目是在2006年以后陆续开展的，在此不予详细分析。

（一）项目完成情况

1. 项目完成总体情况

人工种草项目区主要涉及延庆、怀柔和平谷三个区县。截至2006年，人工种草完成面积23万亩，从品种结构上，突出了多年生、防风固沙效果好、适应性强、经济效益好等几大特点，共涉及紫花苜蓿、多年生药材、三叶草面积及其他多年生经济作物等四大类作物。

2. 项目主要经验

在人工种草项目实施过程中，坚持从北京郊区实际出发，紧紧围绕生态建设面临的突出问题，以改善生态环境、增加农民收入、实现可持续发展为目标，以科技为支撑，以重点地区治理为突破口，重点抓了“六项落实”：

一是落实宣传培训。开展人工种草项目以来，市区两级共举办培训班5次，培训300人次以上，发放技术宣传材料1 000余份。

二是落实层层责任制。各区县种植业服务中心主任是第一责任人，层层落实责任制，落实到具体责任人。

三是落实科技支撑。筛选出了10余个生态类型适宜、多年生、抗旱节水、固沙能力强的品种，突出品种的多元化；试验示范了播种技术、肥水运筹、病虫草防治技术、收割技术、加工技术、饲喂技术等配套技术，做到技术上有创新；安排市级科技支撑经费80万元，主要完成了果园生草、饲草混播、抗旱节水及综合栽培技术4部分的工作。

四是落实资金政策。加强资金的报账管理，做到“专户储存、专账管理，封闭运行、专款专用”。

五是落实规范化管理。编制并实施了“苜蓿标准化技术规程”、“主要药材品种的生产技术规程”，探索通过农民合作组织实行种子供应、种植、喷药、收割、晾晒、回收、加工、销售一体化社会化服务，解决农民的后顾之忧。

六是落实检查验收。严格县级自查，规范市级检查，认真对待国家核查，种草地块实现了通过GPS（全球定位系统）准确定位，RS（遥感）精确监测，GIS（地理信息系统）准确上图。

（二）效益评价

人工种草项目实现了生态效益、经济效益与社会效益三者的有机结合。

1. 生态效益突出

一是抑沙。据监测，人工草地地表周年覆盖度为85%以上，地表人为扰动率小于10%，冬春季节本地沙尘现象发生几率比裸露土地小90%以上。

二是有利于改良土壤结构。据监测，种植2年的苜蓿地，土壤有机质可达2%～2.88%，每公顷苜蓿一年可固定270 kg氮素，相当于825 kg硝酸铵。

三是能减少水土流失。据试验，同样的土地，苜蓿地流失水量仅为粮食作物耕地的1/16，流失土量为粮食作物耕地的1/9。

四是能改善环境。据研究，有些牧草可以分解土壤中的酚、氯化物、硫化物，净化水土；草地可大量吸收空气中的二氧化碳，每公顷饲草地年可吸收二氧化碳1.5 t。

五是能改善周围小气候，果园中种植三叶草，冬季提高地温3～5℃，夏季降低果园气温5～7℃，能有效改善果园小气候，提高果品品质。

2. 社会、经济效益明显

近年来，饲草、药材等多年生经济作物面积发展很快，产业链进一步延长。

一是山区饲草面积由2002年前几乎为零发展到2005年的21万亩，促进了山区绿色畜牧业的发展，6个山区县草食性动物出栏量和畜牧业产值都有明显增幅；

二是山区果园生草美化了果园环境，提高了果品品质，改革了果园传统的清耕管理模式，促进了休闲采摘旅游业的发展；

三是山区草药业的发展，带动了饲草加工业、中草药材加工业的发展，吸引了一批国内知名企业的投资，成为山区农村经济新的增长点，同时也增加了农村劳动力就业。

3. 未来发展的工作思路

(1)以生态农业为切入点，深入发展都市农业

北京市农业的方向就是要大力发展都市农业，生态农业是都市农业的重要组成部分，京津风沙源治理工程的实施是发展首都生态农业的良好契机，人工种草项目必须紧紧依托和服务于首都，深入发掘多种功能，促进首都可持续发展和高度现代化目标的实现，促进城乡统筹和有利于构建和谐社会。人工种草要具有都市农业的明显特征，就必须拓展其生产、生活、生态和示范功能，发展高效、生态、休闲农业。

①生产功能的拓展方向：一是生产安全、优质产品，保证饲草安全、优质化栽培，是保证绿色畜产品的基础；保证中药材的安全、优质化栽培，是保证人体健康的重要措施；二是生产高效产品，是农民增收的保证，是确保现有生态治理成果，提高农民参与生态建设的积极性，建立生态治理效果的长效机制，进一步延长治沙工程的产业化链条，积极培育草业和中药材市场的重要措施。

②生活功能的拓展方向：重点是维护天然草场（如灵山、百花山、康西草原天然草甸草原）、发展果园生草（就是在郊区观光休闲采摘果园行间种植一种观赏性白花三叶草）和种植观赏性药材。满足城市居民两种需求：一是体验大自然的需求，使之产生赏心悦目、回归自然的心境，达到休闲度假的目的；二是体验农耕文化的需求，城市居民体验农业文明，接受农耕教育，实现“都市”文明与“农耕”文明的交融。

③生态功能的拓展方向这一点已经在前几年的工程建设中得到了很好的体现。今后在继续抓好人工种草面积落实的基础上，加强草业结构调整、天然草场封育、维护等工作。

④示范功能的拓展方向就是要充分发挥首都区位优势，加快科技成果引进和转化的步伐，引领世界先进农业的发展潮流，构建一批集优质、高效农产品生产、休闲体验自然生活、农耕文

化及良好生态功能的都市农业示范窗口。

(2)增加天然草场维护工作内容

天然草地是北京草地的主体。今后将重点加强野生草类资源的调查力度,实行天然草地改良与人工草地建设相结合的治理措施,实现草地的合理利用,为山区经济持续增长、农民增收做出重要贡献。

(3)设立生态治理风险基金

京津风沙源治理工程是一个多种行业技术整合、多个部门人员参加的大型综合生态治理项目,其工程质量受人为技术方面、政策方面及自然的条件方面的影响比较大,容易出现地区差异、年度差异等现象。比如像平谷的三叶草种植,曾经因为冻害、旱灾的原因,造成大面积死苗现象。这种情况下,统一设立一个项目风险基金,用于支持生态工程的再建,是十分必要的。

(4)加强后续产业的支持力度

生态治理的最大问题就是边建设边破坏。要确保现有生态治理成果,提高农民参与生态建设的积极性,必须研究建立生态治理效果的长效机制,即农业生态产业化管理机制,就是通过市场对资源的优化配置,进一步延长治沙工程的产业化链条,积极培育草业和中药材市场,摸准产业链中的关键环节,进行重点支持。

三、水利措施建设效果评价

水利措施是京津风沙源治理工程的可靠保障,主要包括小流域综合治理工程、水源工程、节水灌溉工程3项。

(一)项目完成情况

1.项目完成总体情况

几年来工程区以科学发展观和循环水务理论为指导,认真贯彻落实水利部党组提出的从传统水利向现代水利、可持续发展水利转变的治水新思路,以满足广大人民群众对良好人居环境和清洁水源的迫切要求为目标,加大科技投人,加强科研攻关,以科技为支撑,构筑“生态修复、生态治理、生态保护”三道防线,建设生态清洁型小流域,并开展各种类型的节水灌溉及水源工程建设。

2000—2006年,累计治理水土流失面积1 562 km^2,其中小流域综合治理1 082.5 km^2;共建设水源工程及节水灌溉工程4 742处,建成30条生态清洁型小流域,促进了首都水土资源的可持续利用、生态环境的可持续维护和经济社会的可持续发展。工程区水利建设项目总结了我国各地防治水土流失的成功经验,创新了水土保持技术路线,为世界各国治理水土流失提供了有益借鉴。

2.水利工程建设项目的主要功能

(1)承担着密云、怀柔、官厅三大水库和怀柔、张坊、平谷三大应急水源的水源保护任务

(2)服务首都宜居城市建设

《北京城市总体规划(2004—2020)》明确提出要将北京建设成山川秀美,空气清新,环境优美,生态良好,人与自然和谐共处的生态城市。

(3)服务社会主义新农村建设

整合水土资源,培育农村特色产业,增加农民收入;建设农村污水、垃圾处理等基础设施,改善农村人居环境,促进社会主义新农村建设。

(4)提高城市综合防灾减灾能力

北京山区山洪、泥石流时有发生,给人民生命财产造成重大损失,成为北京市防灾减灾的一大重点。将首都建设成为安全城市,减轻和控制山洪、泥石流灾害,建立和健全综合防灾减灾体系,提高城市整体防灾抗毁能力,是北京市水土保持的一项重要功能。

3.水利工程建设主要做法

北京市政府办公厅[2006]66 号文件指出:小流域是水源地有机载体,流域治理的目的是保护水源;新治理的小流域要在统一规划的基础上,达到生态清洁型小流域标准。要着力研究小流域治理长效机制,并鼓励农民积极参与。

为此,市政府先后出台了《北京市水土保持小流域综合治理暂行规定》,下发《北京市生态清洁型小流域建设与评价标准》、《北京市生态清洁型小流域综合治理项目建议书(代可行性研究报告)编制提纲》、《北京市生态清洁型小流域调查监测方案(试行)》以及《北京市水土保持生态建设工程概(估)算编制说明(参考文本)》,为生态清洁型小流域建设提供技术指导和建设规范。

在京津风沙源治理项目小流域建设工程上,市水务部门结合实际,总结科研成果和国内外成功经验,坚持"认识、实践、再认识、再实践",积极创新工作模式,探索出以污水、垃圾、厕所、环境、河道实施五同步治理为主体,具有北京特色的水源保护技术方案,稳步推进生态清洁型小流域建设。

(1)明确工作重点制定科学规划

①划定 6 000 多 km^2 的水源保护区,明确了三大工作重点,稳定密云,改善官厅,保护首都生命之水;加强城市备用水源地保护,确保城市供水安全;保护农村分散水源地,确保农民饮水安全。

②制定《北京市"十一五"水土保持规划》和《北京重要地表水源区生态建设规划》,分区治理,突出防治重点。

(2)利用 3S 技术摸清基础数据

①对山区小流域实施数字化管理,以大比例尺航空正射影像和电子地形图等为数据源,借助 3S 技术与数学模型技术对 547 条小流域水土流失情况进行普查,建立小流域 DEM、植被指数、沟系长度、农作物种类分布和水土保持措施等基础数据库。

②对密云水库水源保护区 11 万多农民生活污水、厕所、垃圾污染以及 124 个畜禽养殖场污染状况进行全面调查,利用 GPS 定位监测点,对养殖场周边地下水与地表水水质连续监测,初步摸清区内各类型面源污染物来源、产生量和分布情况。

③利用 1999 年,2001 年,2003 年,2005 年遥感影像图,采用 RS 技术研究潮白河流域北京境内土地利用和植被覆盖变化对水资源的影响。

(3)采取 21 项措施分区治理

①将坡度大于 25°高远山区定为生态修复区,区内采取设置封禁标牌和拦护设施 2 项措

施。达到六不准目标：不准施用化肥，不准施用农药，不准倾倒垃圾，不准养殖，不准耕种，不准开矿。

②将人口相对密集的浅山丘陵区定为生态治理区，区内实施梯田整修、砌筑树盘、水保造林、水保种草、土地整治、节水灌溉、砌筑谷坊、拦沙坝、挡土墙、护坡措施、排水工程、村庄美化、垃圾处置、污水处理、农路建设15项措施。实现4项目标：新建开发建设项目编制并落实水土保持方案；污水处理设施正常运行，污水处理后达标排放；垃圾定期清运，村庄环境整洁，无乱堆乱放现象；水保设施无人为毁坏，各项工程正常发挥效用。

③将滨水区域定为生态保护区，区内安排防护坝、河（库）滨带治理、湿地恢复、沟道清理4项措施。达到4无目标：无乱占河（沟）道现象，无乱采砂石现象，无垃圾堆放，无未达标处理的污水排入。

(4)加大科技攻关力度

①充分发挥首都科技优势，与清华大学、中国科学院、中国水科院、北京师范大学、北京林业大学、北京农学院等在京高校和科研院所合作进行科技攻关。2000年以来在市科委的支持下，投入5 000余万元科技专项经费，先后实施《基于3S技术的北京市水土保持生态环境管理信息系统》、《密云水库流域水土流失综合防治体系及工程示范研究》、《新农村污水综合治理示范工程》等北京市重大科技项目，对水土保持信息化管理、水源区水土流失及水源污染监测评价与防治、废弃矿山修复、农村污水治理等问题进行重点攻关。

②加强国际合作，通过实施亚洲开发银行贷款“北京饮用水源保护及泥石流防治工程”，完成了小流域综合治理与应用、水土流失监测系统、密云水库水源保护区农林牧发展与非点源污染关系、水土保持措施效益值4大项技术研究，加强了技术储备。

(5)加强新技术、新模式研究应用与推广

①推广应用CWT一体化污水处理系统、生物滤池、A/O+土地处理系统、生物接触氧化、人工潜流湿地等10余种适合北京农村地区的污水处理技术。

②水源区农户改厕创新设计。改厕配套建设储水设施，将农户洗菜、洗衣、洗澡等生活废水分别收集和存储后，用来冲洗厕所，废水利用，节约用水；将三格式化粪池改造为两格式，污水经过化粪池发酵处理后，上清液直接排入污水收集管网，防止化粪池第三格渗漏造成污染。

③对开敞式垃圾池进行封闭式改进，根据农民生产、生活方式，建造适合农村特点、简易实用的垃圾处置工程。

④通过抗旱、耐寒、耐贫瘠及水土流失防治效果试验，筛选出适合北京地区的8种生态草草种，研究确定单播、混播、灌藤草配置3种库滨带建植模式。

⑤收集北京湿地植物12科、16属、25种，对湿地植物开展组合净污能力研究，进行示范工程建设。

(6)提高监测科技水平

①建设北京市水土保持自动监测系统，形成11个坡地径流场，127个观测小区，14个沟道控制站，547条小流域覆盖全市的水土流失监测网络，自动采集数据，改变以往水土流失监测只有结果没有过程的局面，累计采集数据6万余条，连续6年发布水土流失监测公报，为政府部门决策提供依据。

②在密云石匣和门头沟龙凤岭监测点建设水土流失视频监测系统，获取坡面水土流失原型观测资料，为深入研究水土流失及污染物迁移、转化规律创造条件。

③开展小流域水质水量监测，在传统水土流失监测的基础上增加 pH 值、TN、TP 和 COD_{Mn} 等水质质量指标的监测，分析出小流域治理后比治理前平均削减 TN 34.5%，TP 20.8%，COD_{Mn} 19.5%，为生态清洁型小流域建设决策及后评估提供科学依据。

④参照美国通用土壤流失方程，研制出适合北京地区的水土流失方程，借鉴美国和澳大利亚等国水土流失详查方法，以水土流失方程为技术工具，以密云为试点，在全国首次采用抽样法和网格法进行水土流失调查研究，完成 84 个基本抽样单元水土流失影响因子调查，为全市水土流失详查提供方法和依据。

(7)加快科技示范园区和户外教室建设

①门头沟龙凤岭、延庆上辛庄、密云石匣 3 个水土保持科技示范园区，被确定为"水利部水土保持科技示范园区"。

②建成门头沟灵溪等 8 个青少年水土保持户外教室，启动延庆上辛庄开发建设项目水土保持试验示范基地建设，充分发挥水土保持科技示范园区和户外教室展示功能，加强科普教育，提高公众水土资源保护意识，同时给当地农民增收致富探出一条新路子。

(8)加强技术交流与人员培训

①加强国内外技术交流学习。先后派技术人员学习国外自然治理、雨水积蓄利用、小型污水处理工程、湿地建设、非点源污染监测等新理念、新技术；考察学习福建科技示范园区建设、四川庭院水保工程、浙江生态河道治理等兄弟省市先进经验，收集总结考察成果，印发给基层技术人员加强学习，应用于实践。

②加强从业人员技术培训。每年在全市范围内举行 200 人次的技术培训，邀请专家授课，先后将健康河流定义、生态工法、湿地建设、农村污水治理、水土保持自动监测等先进理念和技术在基层普及，不断提高水土保持从业人员的业务素质和技术水平，为生态清洁型小流域建设提供人才保障。

(9)创新工作模式、鼓励农民积极参与

建立 1 万名农村管水员队伍，对小流域实施管护，提高农民参与生态清洁型小流域建设积极性；探索总结出农村垃圾"村收、镇运、区(县)处理"的管理模式，促进了垃圾无害化处理。

(二)效益评价

(1)保护水源，改善密云水库、官厅水库水质

据监测，2000 年以来各项水土保持措施涵养水源、净化水质能力明显增强，累计保水 1.5 亿 m^3，减少土壤流失 408 万 t，减少流失总磷 109 t、总氮 462 t、COD_{Mn} 1 910 t。

密云水库在连续 8 年干旱，蓄水量徘徊在 6.5 亿～11 亿 m^3 的情况下，水质仍然保持在国家Ⅱ类水质标准；官厅水库水质由劣Ⅴ类改善到Ⅳ～Ⅴ类，其中门头沟三家店段全年达到Ⅲ类水质标准，保障了首都饮用水源安全。

(2)服务新农村建设，促进农村生产发展、村容整洁

生态清洁型小流域建设改善了治理区农村基础设施条件，优化了水土资源配置，60%以上

的流域发展了生态旅游、休闲观光、果品采摘等绿色产业，带动了农村经济发展，农民人均纯收入增加20%以上；农户改厕3万户，建设农村污水处理工程219处，新增日污水处理能力3 169 t，建设垃圾处置工程694处，污水横流、垃圾乱堆的现象大幅度减少，农民生活条件得到改善，促进了社会主义新农村建设。

(3)加大保护力度，维护河流健康生命

密云、怀柔水库上游16条一级支流以及潮白河、永定河、拒马河等河道实施禁沙、封河育草；密云水库上游白河、潮河沿线退稻、退耕还林还草11 000亩，库滨带种树种草31 000亩，建设拦污缓冲过滤带；官厅黑土洼、延庆妫水河、昌平白各庄、密云和怀柔水库入库口等保护和恢复湿地25 000亩，河、库生态环境明显改善，河道有水则清、无水则绿，维护了河流健康生命。

案例：北京山区水土流失及其防治状况

北京山区面积10 418 km²，占全市总面积的62%，主要分布在西部和北部的房山、门头沟、昌平、延庆、怀柔、密云、平谷七个郊区县。山区地处北京市的上风向和水源上游，是北京市生态环境保护的第一道屏障及重要的水源涵养和供给地。山区可持续发展对首都北京防风固沙、涵养水源、保持水土、净化大气环境等具有重要的战略意义。

建国初期，北京山区水土流失面积为6 640 km²，占山区面积的64%。严重的水土流失导致水库泥沙淤积，地力衰退，生态环境恶化，山洪、泥石流时有发生，影响群众生产和生活，水土流失制约了北京山区经济社会的可持续发展。20世纪80年代以来，北京山区水土流失防治得以推进，相继实施了国家“八片”重点治理工程、亚行贷款北京饮用水源保护及泥石流防治工程、密云水库上游水土保持重点治理工程、国家生态环境重点治理工程和京津风沙源治理工程等水土保持生态建设项目。以水源保护区为重点，开展以小流域治理为主的水土流失综合防治工作。针对土壤所受侵蚀程度的不同，有关部门已将水土流失区域划分为重点预防保护区、重点监督区、重点治理区。重点预防保护区包括大兴县、通州区、顺义区等山区县的平原区、密云、怀柔、官厅、海子4大水库及蓄水线周边等；重点监督区为市区和大兴县、通州区、平谷县、十三陵、八达岭、灵山、十渡、百花山等风景旅游区；重点治理区为密云县、延庆县、房山区、门头沟区等。北京山区水土保持坚持预防为主，保护优先的方针，强化监督管理，调整、规范、约束生产建设活动，实行保护性开发，在山区构筑水土保持生态修复、生态治理、生态保护三道水土保持防线。2005年北京山区水土流失面积减少到3 147 km²，比1950年减少了52.6%。目前，全市7个山区县全部被财政部、水利部命名为“全国水土保持生态建设示范县”，有21条小流域被命名为“全国水土保持生态建设示范小流域”。按照人与自然和谐共处的理念，实施水土保持重点治理工程，建设生态型、清洁型小流域，不仅为改善山区农业生产条件和生态环境，促进经济发展服务，而且对控制面源污染，保护首都水资源发挥重要作用。目前，密云水库蓄水量仅有7亿多m³，但水库水质仍然保持在二类水平，这反映了水库上游水土保持的功效。

资料来源：中国社会科学院农村发展研究所，2007-03-29(包晓斌)

专栏:密云县京津风沙源项目小流域综合治理工程圆满完成

国家重点工程——京津风沙源项目小流域综合治理工程,落实在密云县3个乡镇3条小流域内,治理任务30 km^2。经过近一年的紧张施工,目前已圆满完成治理水土流失面积30 km^2,总投资800万元。工程实施坡面治理与沟道治理相结合、生物措施与工程措施相结合,进行山、水、林、田、路小流域综合治理。生物措施有水保林、经济林、种草等,提高林草覆被率;工程措施有梯田、水平条田、排洪渠道、谷坊、防护坝、坝阶梯田等,拦截泥沙。共完成:经济林39 hm^2,水保林197 hm^2,垒树盘51 hm^2,条田40 hm^2,水平条40 hm^2,坡改梯田85 hm^2,谷坊坝43座,防护坝600 m,修路16 km,封禁治理1 410 hm^2,节水灌溉50 hm^2,修梯田坝阶4 130 m,排洪渠1 690 m,小管出流10 hm^2,建水源工程集雨池10个。通过综合治理,有效地控制了流域内的水土流失,生态环境得到初步改善,减少了当地沙源体的产生,削弱过境风沙灾害。同时为密云县建成水源充足洁净,森林繁茂,景观秀美的首都郊野公园奠定了基础。

资料来源:《中国水利报》,2002-10-23(陈海军)

四、生态移民建设效果评价

生态移民是国家或某一组织为恢复和保护生态环境,采取工程治理措施,对由此产生的移民群体实行有计划、有组织、有资金扶持的异地搬迁安置。生态移民对象是指生活在生态环境严重恶化,缺乏人类基本生存和发展条件地方的人口。凡人类活动造成生态环境恶化,实行封禁后可迅速恢复生态环境,且搬迁成本低于就地进行生态建设投资的农民可列入生态移民范围。在生态极其恶劣的地区实施生态移民,采取围封恢复和植树造林措施,是破解生态退化与农牧民生存难题最有效的措施。

生态移民是北京市京津风沙源治理工程的一项重要内容,也是当地农民脱贫致富的重要途径。按照规划要求,北京京津风沙源治理工程计划完成搬迁14 480人,每人补助标准为1万元。其中,国家补助5 000元,北京市补助2 500元,区县配套2 500元。工程实施几年来各年度补助资金全部足额到位,主要用于生态移民安置后的基础设施建设。

(一)项目完成情况

2000—2006年,京津风沙源治理工程共完成生态移民6 490人。

为确保生态移民项目如期顺利完成,主要采取了以下经验做法:

1.领导重视,层层落实搬迁责任

市领导对搬迁工作给予高度关注。北京市成立了以副市长为组长,市农委、发改委、财政、水务、国土、林业等部门参加的联席会议小组。北京市组织各部门定期对山区搬迁情况进行检查、通报,并召开现场会推动搬迁工作。市领导对搬迁工作十分关注,多次做出重要批示。各山区区县委、区县政府高度重视,成立了主管领导任组长,各有关部门为成员单位的搬迁工作领导小组。明确办事机构，配备专人负责，专账资金管理，安排办公经费。搬迁责任做到层层落实，市与区县签订搬迁责任书后，各区县与有关乡镇也签订了责任书，并作为工作考核指标。密云县将搬迁工作列入年度责任制进行考核，县政府与迁出迁入乡镇政府签订责任制，乡镇与搬迁村、接收村签订责任制，纳入年度考核指标，直接与年终奖挂钩。

2.研究制定配套政策，依法搬迁

搬迁工程是一项系统工程，涉及问题较多。为了做到“搬得出、稳得住、能致富”，各区县根据市政府搬迁政策制定搬迁实施细则，严格按程序搬迁，做到公开、公正、公平。

3.结合实际，多种形式搬迁

各区县把搬迁工作同山区建设的各项政策相结合，在农民自愿选择的前提下，采取多种形式搬迁，做到“搬得出，稳得住，逐步能致富，不走回头路”。

(1)整建制搬迁，恢复山区生态，实行封山育林

(2)统一规划，除险与旧村改造相结合

平谷区玻璃台村农民分散居住在山上几个自然村，一部分农户处于泥石流易发区。通过搬迁，全村 77 户、202 人集中到平坦地区按统一规划建新房，规划全部按照民俗旅游接待户标准建设。搬迁农民除享受搬迁补助外，区政府结合旧村改造工程，为每户建太阳能采暖设施补贴 2 万元，并为每户提供担保贷款 14.9 万元。

(3)山上山下结对子，实现资源整合重组

很多区县反映，搬迁最大的难题是接收安置问题。怀柔区通过平原村与山区村合并，实现资源重组，建立了很好的模式。琉璃庙乡辛山村和长哨营乡东石门村 114 户 234 人搬迁到杨宋镇耿辛庄村，搬迁农户享受集体经济组织成员身份，可以参与确权确利。山上 3.3 万亩山场、2 万亩林地，以及 358 亩耕地和 600 亩荒地也一并划归耿辛庄村。耿辛庄村计划对山上进行土地整理，置换山下建设用地指标，加大山下开发力度；同时加强山区生态环境建设，搞民俗旅游，增加农民收入。村支书李连成说的好：“山区现在可能比较落后，但往后只能越来越值钱，不可能贬值。所以我们愿意接收山区搬迁农民，进行资源整合。”话虽朴实，但也看到了他们长远的眼光。

(4)自由搬迁，分散安置

在搬迁农户中，一些农民是老年人，各区县鼓励他们到山下跟随子女安享晚年。有些农民本身长期在县城务工，借搬迁机会，拆除旧房屋，解除承包合同，转移户口。有些农民投亲靠友，搬迁到山下亲戚所在的村子以便互相照应。还有的农户拿到补助自己到县城买楼房。对这些自由搬迁的农民，各区县都给予政策鼓励，享受更多的补助资金，彻底离开山区，成为“城里人”。

(5)政府积极想办法，帮助没有能力、没有出路的农民搬迁

有些农民生活地区危险，愿意搬迁，可经济实力弱，又没有亲戚和门路，当地政府积极帮助这些农民解决问题。密云县大部分属于这种情况，县政府就通过行政和市场相结合的手段，既安排一些任务给平原乡镇，同时在很多建设项目上给予平原乡镇倾斜，使他们能够接收山区的农民。延庆县千家店镇大对沟村受泥石流危害严重，但大部分农民生活困难，没有买房盖房能力。镇政府就利用乡镇合并前的原花盆乡政府 60 间房屋进行翻盖、装修，仅短短 3 个月时间

就使大对沟村 31 户 78 人迁入了新居，受到农民的欢迎。镇政府又出资买下原红旗甸小学及原红旗店乡政府的 74 间房屋对西沟村 69 户搬迁农民进行安置。

4. 扶持产业发展，解决搬迁农民就业

就业安置问题是搬迁工作的重点也是难点，是搬迁工程成功的关键。各区县利用各项优惠政策，引导鼓励农民搬迁。如各项农业产业扶持政策，向搬迁农户倾斜，帮助搬迁农民协调贷款等。怀柔区北房镇接收搬迁农民，积极与开发区企业联系，实行有针对性的“订单培训”，合格后安排到开发区企业就业。门头沟区提出了搬迁农民优先安排护林、管林工作，调动农民搬迁的积极性。

5. 分工协作，各部门密切配合

搬迁工作是一项系统工程，涉及到很多部门，必须积极配合，才能把搬迁工作做实做好。各区县在实施搬迁工程中，土地、公安等部门积极配合，尽快为搬迁农民解决宅基地、户口等问题，为搬迁农户解决后顾之忧。密云县各部门密切配合，为搬迁农户解决实际问题。验收合格的搬迁农户经县农委开具“山区搬迁介绍信”。凭介绍信，农民可以顺利到县公安局办理户口迁入迁出手续（进入小城镇的办理居民户口），到工商局按规定免收摊位费，到教委免费办理孩子转学手续，规划、土地部门也规定，凡搬迁农户在拆除原住宅基础上，马上批准新建用房宅基地。

（二）效益评价

工程区通过大力开展生态移民工作，提高了生态脆弱区的生态自我修复能力，对恢复和保护当地生态环境发挥了极为重要的促进作用，有利于生态保护与建设长效机制的建立与完善。

除了有效改善生态环境外，各级政府还通过采取多种有力措施，大力发展后续产业，带动了搬迁户的增收致富。

就地搬迁的方式有效解决了农民的生产和就业问题。工程区更多地采取就地搬迁方式，不改变土地的承包关系，原有耕地、果树仍属于农民，使他们能在生产资料上有所保障。特别是生态林补偿机制的出台，也使更多农民愿意选择这种就地搬迁的方式，使他们仍然能够从事生态林管护工作。

与新村建设相结合的搬迁方式带动了农村产业发展。如怀柔区东岔村搬迁 53 户，136 口人，整合建设用地 50 亩，建新房 160 间，带动农户 30 户发展民俗旅游，户均收入增加 3 000 元。同时稳定优化肉鸡产业和西洋参基地建设，年出栏肉鸡 93 万只，产值 2 000 万元，带动农户 52 户，人均增收 4 500 元。100 亩西洋参基地建设，带动农户 22 户，户均增收 1.5 万元。

与农民培训相结合的搬迁方式拓宽了农民就业渠道。通过加大对搬迁农户的培训力度，帮助搬迁农户选择性就业。如平谷区坚持培训先行，确保搬迁农户稳得住、能致富。针对山区农民致富门路少、致富技能低的实际，该区在种植养殖、民俗旅游等方面广泛开展了先期培训工作，引导和支持农民重点发展民俗旅游业和果品运销产业，拓宽搬迁农民增收致富渠道。金海湖镇、镇罗营镇、黄松峪乡是旅游资源丰富的乡镇，在区旅游局、农委等部门的帮助下，开办了数期民俗旅游培训班，提高了搬迁村户的民俗接待水平。将军关和玻璃台村有 60%的户开展了民俗旅游，不足 3 个月，收入最高的户就达到 5 万元。

能否显著提升当地生态环境质量、并解决好搬迁户生产生活问题是衡量搬迁成败的重要标准。实践证明,京津风沙源治理工程生态移民项目实现了生态效益、经济效益和社会效益多赢的目标,建设效果十分良好。

五、工程综合效益评价

(一)生态效益评价

为了及时、准确地掌握京津风沙源区沙化土地的现状、动态变化和京津风沙源治理工程建设的进展和质量,并对工程效益进行评价,为制定防沙治沙政策、编制规划和安排计划提供科学依据,国家林业局建立了京津风沙源治理工程及工程区沙化土地监测体系。北京市京津风沙源治理工程生态环境监测是京津风沙源治理工程及工程区沙化土地监测体系的重要组成部分。监测工作的主要任务是北京市京津风沙源治理工程的治理措施对工程区涵养水源、减少水土流失、改善水质的功能进行监测,以对工程的生态效益进行客观评价。本文相关实测数据来源于该监测体系的报告数据。

1. 工程治理区土壤层蓄水价值

森林水文学研究表明,林地蓄水能力的大小取决于土壤孔隙度。土壤孔隙由毛管孔隙和非毛管孔隙组成。毛管孔隙是土壤内水分蒸发和流通的主要通道,毛管中吸持贮存的水分用于供给林木根系吸收和保持土壤水分的动态平衡;非毛管孔隙的间隙大,贮水多,且不易蒸发,渗透到土壤中的水分绝大部分因重力作用经过非毛管孔隙下渗到土壤下层,形成地下水,土壤的非毛管孔隙度越大,越有利于水分下渗,减少洪峰期流量,增加枯水期流量,增大水源涵养量,提高了水分利用率。林地土壤层蓄水量可按以下公式计算:

土壤层增加的枯水期总水量=土壤非毛管孔隙度×土层厚度×林地面积×水的比重

土壤层总贮水量=土壤总孔隙度×土层厚度×林地面积×水的比重

北京市京津风沙源治理工程的主要措施为:人工造林、封山育林、飞播造林和小流域治理。由于京津风沙源治理工程区得到了很好的保护,工程区封山育林、飞播地的土壤层总贮水量,可用灌木林地的土壤物理性质计算。利用林地土壤和对照荒地土壤的物理性质差异等数据可以计算得到林地土壤的净增加蓄水量。

表 4-36 不同治理措施土壤物理性质及贮水量

林分与地类	土壤厚度/cm	土壤容重/(g/cm^3)	孔隙度/%			土壤贮水量/mm		
			总孔隙	毛管	非毛管	毛管	非毛管	饱和
灌木林	30.0	1.16	46.6	33.4	13.2	100.2	39.6	139.8
油松林	48.6	1.39	47.5	42.1	5.4	204.6	26.3	230.9
造林地	35.0	1.26	46.7	30.2	16.5	105.7	57.8	163.5
荒草坡	22.5	1.56	41.1	37.0	4.1	83.2	9.2	92.4

结合表 4-36,土壤蓄水价值均按单位库容造价 6.299 元/m^3 计算,可以得到 2006 年工程治理区土壤层总贮水量、增加枯水期总水量和净蓄水量效益的货币价值分别为 24.50 亿元、

8.63 亿元和 4.79 亿元；截至 2006 年，累计工程治理区土壤层总贮水量、增加枯水期总水量和净蓄水量效益的货币价值分别为 95.75 亿元、31.98 亿元和 20.30 亿元。

2. 工程治理区净化水质价值

根据 2004 年北京市京津风沙源治理工程生态环境监测结果，监测流域水质指标低于《地表水环境质量标准》(GB 3838—2002) 中Ⅱ类水质标准，达到生活用水标准。工程实施后，2006 年工程治理区净蓄水量 2.52 亿 t，目前居民生活用水价格为 2.8 元/m^3，因此 2006 年工程治理区净化水质效益的货币价值为 7.06 亿元。

3. 工程治理区保育土壤价值

根据在北庄流域监测结果，有林地产沙模数为 73.6 t/km^2，无林地产沙模数为 90.5 t/km^2，有林地比无林地少产泥沙 16.9 t/km^2，削减率为 18.7%。在监测流域帽石沟流域的产沙模数为 19.97 t/km^2，同水土保持综合治理技术规范规定的流域土壤轻度侵蚀模数 500～2 500 t/km^2 相比，监测流域减少泥沙范围为 480.03～2 480.03 t/km^2，取最小值 480.03 t/km^2，即 2004 年监测流域减少泥沙量为 480.03 t/km^2。

以北庄实测减少泥沙量模数计算，2006 年工程区 10 709.2 km^2 流域内，减少泥沙量为 514 万 t。

北京市京津风沙源治理工程治理区减少泥沙量的实物效益。采用重置成本法计算，按基建投资标准，目前每拦截 1 m^3 土壤的工程投资为 7.76 元。根据测定，土壤密度为 2.4～2.6 t/m^3，取其平均值 2.50 t/m^3。另外，根据密云县水土保持站的资料，水土流失造成的土壤肥力下降的情况为每吨土壤含 0.02 t 复合肥，以复合肥的市场价格为 2 070.90 元/t 计算。

通过计算可以得到 2006 年工程治理区减少泥沙和减少土壤肥力损失效益的货币价值分别为 1 595.46 万元和 21 288.85 万元。

综合北京市京津风沙源治理工程治理区蓄水、净化水质和保育土壤三个方面的价值，得到 2006 年工程治理区的生态效益价值为 14.14 亿元，其中净蓄水价值 4.79 亿元(33.88%)、净化水质价值 7.06 亿元(49.93%)、保育土壤价值 2.29 亿元(16.20%)。

此外，工程治理区实施人工种草、水源工程及节水灌溉工程和小流域综合治理等项目，都会产生明显的生态效益，但由于时间及资料所限，这里暂未对这些效益进行评价。

(二)经济效益评价

(1)项目投资

北京市京津风沙源治理工程从 2000 年启动，截止到 2005 年，工程总投资为 132 772.90 万元。

(2)新增林地价值变化

北京市实施京津风沙源治理工程以来新增林地 356.74 万亩，封山育林 168.6 万亩，人工种草 24 万亩。通过工程治理使荒山荒地变成了具有较高价值的资产。根据土地的交易价格，荒山荒坡等未采取任何措施的土地租金为每年 600 元/hm^2，采取造林种草等措施后，每年土地的租赁价格为 6 000 元/hm^2*，即改善土地条件后，土地增值价格为 5 400 元/hm^2。由于工

* 资料来源：房山区土地局。

程区包含有深山区和浅山区，深山区土地增值价格相对可能较低，这里假设土地增值价格降为一半，即 2 700 元/hm^2，则实施京津风沙源治理工程以来改善土地条件的价值为 9.89 亿元。

(3)收入变化

北京市京津风沙源治理工程实施以来，在突出生态效益的同时，通过因地制宜地发展经济林、速生丰产林、牧草等绿色产业，使生态环境建设与产业开发、农民增收、地方经济发展有机结合已形成旅游休闲、经济林等一批独具特色的优势主导产业。工程区产业发展新格局已经初步形成，实现了生态与经济效益的协调发展。2005 年"五一"黄金周期间，仅密云县就迎来游人 52.56 万人次，每个民俗村平均接待游人 4 000 人次以上，旅游综合收入 7 051.66 万元。截止到 2006 年全市观光果园已达 600 多个，年接待游客 637.5 万人次，采摘直接收入达 2.7 亿元。据测算，这些产业发展对地方财政增收平均贡献率达到了 20%。这些产业的发展使农业和农村经济结构也得到了调整，促进了地方经济的发展，农民收入有了新的增长点。据统计，2006 年工程区县农业总产值总计已达 94.7 亿元。此外，国家通过向退耕还林农民发放钱粮补助，直接增加了农民收入；国家对工程建设的投资，也有很大部分转化为农民的劳务收入。与工程实施前相比，大部分工程区农民人均收入增加了 1 100 元左右。

(三)社会效益评价

北京市京津风沙源治理工程的全面实施为首都经济和社会的可持续发展创造了良好环境，山区成为展示首都经济、环境与资源协调发展的重要窗口，改善了投资环境，同时也为市民提供了优美的景观和休闲娱乐场所。工程区农民生产生活条件得到极大改善，另外通过实施生态移民工程，已有近 3 000 人告别吃水难、用电难和行路难的恶劣环境。工程本身及相关产业的发展为工程区创造了就业机会，工程区区位优势和竞争力不断增强，生活品质和文明程度也得到提高。人们的生态建设意识、环境保护意识加强，形成了政府与公众共同参与生态环境保护与建设的良好社会氛围。

(四)工程完成后的效益评价

防沙治沙是北京生态环境建设的重要组成部分，直接影响到首都的社会经济可持续发展和国际形象。北京市京津风沙源治理工程实施几年来已经取得了初步成效，但与首都的生态建设要求还有较大的差距。工程完成以后，将不仅有助于提高北京北部生态屏障的综合功能，阻挡外来沙尘，而且能够有效解决和遏制北部山区因裸露荒山荒地、坡耕地的扬沙起尘，有效减轻大气污染。同时工程区作为燕山丘陵山地水源保护区对于解决工程区水土流失、涵养水源具有重大的意义。

假设保持目前的生态环境因子和影子价格不变，计算得到 2010 年工程实施完成后每年发挥的生态效益为 15.27 亿元，其中蓄水价值 8.23 亿元，占 53.90%；净化水质价值 6.22 亿元，占 40.73%；保育土壤的价值 0.82 亿元，占 5.37%(表 4-37)。此外，还有防风固沙效益、净化环境效益、工程节水效益等等，因时间与资料所限暂未考虑。随着林地、林木的逐步恢复与生长，工程实施完成以后每年实际产生的生态效益将会更大。

表 4-37 北京市京津风沙源治理工程完成后的效益 亿元

年份	净蓄水价值	净化水质价值	保育土壤价值	合计
2006	4.79	7.06	2.29	14.14
2010	8.23	6.22	0.82	15.27

(五)小结

通过对现有植被的保护,采取封沙育林(草)、飞播造林(草)、人工造林(草)、退耕还林还草、草地治理等生物措施和小流域综合治理等工程措施,使工程区可治理的沙化土地得到基本治理,生态环境明显好转,风沙天气和沙尘暴天气明显减少,从总体上遏制沙化土地的扩展趋势,使北京周围生态环境得到明显改善。

从效益来看,北京京津风沙源治理工程实施以来已经产生了明显的生态、经济和社会效益。

生态效益方面,综合北京市京津风沙源治理工程治理区蓄水、净化水质和保育土壤三个方面的价值,得到 2006 年工程治理区的生态效益价值为 14.14 亿元,其中净蓄水价值 4.79 亿元(33.88%)、净化水质价值 7.06 亿元(49.93%)、保育土壤价值 2.29 亿元(16.20%)。此外,工程治理区实施人工种草、水源工程、节水灌溉工程和小流域综合治理等项目,都会产生明显的生态效益,但由于时间及资料所限,这里暂未对这些效益进行评价。

经济效益方面,北京市实施京津风沙源治理工程以来新增林地 356.74 万亩,封山育林 168.6 万亩,人工种草 24 万亩。通过工程治理使荒山荒地变成了具有较高价值的资产,工程实施以来改善土地条件的价值为 9.89 亿元。此外,工程的实施还带动了相关产业的发展和农业、农村经济结构调整,农民收入有了新的经济增长点。

社会效益方面,工程实施以后为首都经济和社会的可持续发展创造了条件,改善了投资环境,同时也为市民提供了优美的景观和休闲娱乐场所。工程区农民生产生活条件得到极大改善,工程区区位优势和竞争力不断增强,生活品质和文明程度也得到提高。人们的生态建设意识、环境保护意识加强,形成了政府与公众共同参与生态环境保护与建设的良好社会氛围。

预计工程完成以后,将显著提高北京北部生态屏障的综合功能,阻挡外来沙尘,而且有效地解决和遏制北部山区因裸露荒山荒地、坡耕地的扬沙起尘,有效减轻大气污染。同时工程区作为燕山丘陵山地水源保护区对于解决山区水土流失、涵养水源将发挥重要作用。初步预测,2010 年工程实施完成后每年发挥生态效益 15.27 亿元,其中蓄水价值 8.23 亿元,占 53.90%;净化水质价值 6.22 亿元,占 40.73%;保育土壤的价值 0.82 亿元,占 5.37%。此外,还有防风固沙效益、净化环境效益、工程节水效益等等,因时间与资料所限暂未考虑。随着林地、林草植被的逐步恢复与生长,工程全面完成以后每年实际产生的生态效益将会更大。

六、结论与政策建议

(一)主要结论

通过上述对全市林业资源现状进行分析以及山区森林生态系统服务价值评价和北京京津

风沙源治理工程的综合效益评价，得出了如下主要结论：

1. 北京市生态建设状况

建国以来，特别是改革开放以来，北京市在造林绿化、治理水土流失、保护饮用水源、防风治沙等生态建设方面取得了巨大成就，北京地区生态环境得到明显改善，全民绿化意识、环境意识、生态意识不断加强。森林与林木资源呈现出明显增加态势，是北京市山区区生态系统最重要的组成部分。

2. 山区森林资源现状

随着六大林业重点工程尤其是京津风沙源治理工程的推进，退耕地造林和荒山荒沙荒地造林使其他用地转化为林业用地，林地面积增加，森林资源的面积与蓄积增加。至 2006 年底，全市林地面积为 1 056 779.5 hm^2。林木及森林覆盖率均上升。至 2006 年底，全市林木绿化率为 51.25%，比 2000 年增加 9.35 个百分点，其中山区林木绿化率为 69.52%，比 2000 年增加了 12.29 个百分点；全市森林覆盖率为 36.05%，比 2000 年增加了 0.58 个百分点。

近几年来，由于林业生态工程特别是京津风沙源治理工程的实施，宜林荒山荒沙地的面积大幅度减少，但目前全市仍有荒山荒沙荒地 51 837.1 hm^2 尚待绿化造林，其中山区有 49 130.4 hm^2，占 94.8%。

由于近年来生态建设工程的开展，新增林地面积较多，主要为中幼林，山区林分质量较差。需要进一步加强对防护林的投资，特别是加强中幼林的管护力度，提高林分质量，以便充分发挥其生态服务功能。

山区与城市发展不平衡。尽管山区有丰富的森林资源，为社会发挥着巨大的生态服务效益，但与山区森林资源的丰富程度相比，山区经济发展水平却呈现出巨大的反差。林木覆盖率居于前列的 5 个区（县），其国内生产总值却位列后五位。

3. 山区森林生态系统服务价值

山区森林生态系统为首都社会经济的发展发挥了巨大的经济、生态和社会效益。经济价值方面，2006 年北京林地总价值为 24.2 亿元，年增加林地价值 0.34 亿元；林木总价值为 27.48 亿元，活立木年增加价值 0.73 亿元；经济林年产出价值为 14.57 亿元。生态价值方面，森林环境服务的年产出价值为 135.68 亿元，其中，森林生物多样性价值所占比重最大，为 45.68%；其次是涵养水源价值，为 38.32%；再次是净化环境价值，为 13.39%。

当取贴现率 5%，对北京山区森林生态系统的各种产品与服务的价值进行贴现以后得到山区森林生态系统服务价值的现值为 3 253.98 亿元，其中经济价值为 380.61 亿元、生态价值为 2 873.37 亿元，森林生态价值是林地林木等直接经济价值的 7.55 倍。使用发展阶段系数对森林生态服务价值进行调整以后，北京山区森林生态系统服务价值的现值为 1 989.4 亿元，其中经济价值为 380.61 亿元，生态价值为 1 608.79 亿元，此时森林生态价值是林地林木等直接经济价值的 4.23 倍。

假设保持“十五”时期的年均增长率，2008 年山区森林覆盖率将提高为 49.38%、山区森林资源生态价值的年产出价值将为 137.05 亿元；2010 年山区森林覆盖率将提高为 50.74%、山区森林资源生态价值的年产出价值将为 140.83 亿元；2020 年山区森林覆盖率将提高为 58.12%、山区森林资源生态价值的年产出价值将为 161.31 亿元。

4. 北京京津风沙源治理工程效益

北京市京津风沙源治理工程实施以来已经产生了明显的生态、经济和社会效益。生态效益方面，截止 2006 年工程区产生的生态效益价值为 14.14 亿元，其中净蓄水、净化水质和保育土壤的价值分别为 4.79 亿元、7.06 亿元和 2.29 亿元。经济效益方面，北京市实施京津风沙源治理工程以来新增林地 356.74 万亩，封山育林 168.6 万亩，人工种草 24 万亩，通过工程治理使荒山荒地变成了具有较高价值的资产，工程实施以来改善土地条件的价值为 9.89 亿元。此外，工程的实施还带动了相关产业的发展和农业、农村经济结构调整，农民收入有了新的经济增长点。社会效益方面，工程实施以后为首都经济和社会的可持续发展创造了条件，改善了投资环境，同时也为市民提供了优美的景观和休闲娱乐场所。工程区农民生产生活条件得到极大改善，工程区区位优势和竞争力不断增强，生活品质和文明程度也得到提高。人们的生态建设意识、环境保护意识加强，形成了政府与公众共同参与生态环境保护与建设的良好社会氛围。

预计工程全面完成以后，将显著提高北京北部生态屏障的综合功能，阻挡外来沙尘，而且有效地遏制北部山区因裸露荒山荒地、坡耕地的扬沙起尘，有效减轻大气污染。同时工程区作为燕山丘陵山地水源保护区对于解决工程区水土流失、涵养水源将发挥重要作用。初步预测，2010 年工程实施完成后每年发挥生态效益 15.27 亿元，其中蓄水价值 8.23 亿元、净化水质价值 6.22 亿元、保育土壤的价值 0.82 亿元。随着林地、林草植被的逐步恢复与生长，再加上防风固沙效益、净化环境效益、工程节水等，工程全面完成以后每年实际产生的生态效益将会更大。

(二)政策建议

综合上述主要研究结论，针对北京京津风沙源治理工程建设情况并结合北京市和北京山区的发展目标，提出如下政策建议：

1. 加强森林生态建设和保护

山区森林资源是首都的生态屏障，提供着涵养水源、净化水质、净化环境、防止风沙危害、森林游憩等生态服务功能。根据众多因素的比较和推断，断定作为一个超级规模的国际大都市，和作为一个生态环境良好、水源供应充沛的未来现代化大都市，北京市缺乏的就是山区的森林资源和由此而带动的山区生态繁荣及经济繁荣。北京京津风沙源治理工程几乎涉及京郊全部山区县，为了更好地满足日益增长的生态需求和经济建设的需要，今后需要加强森林生态建设和保护，谋求工程区森林资源的发展。

(1)遵循近自然林业的理念

为发挥森林资源的多种功能尤其是生态与社会服务功能，工程区森林资源的发展必须遵循近自然林业的思想，走"模仿自然规律，加速发育进程"的发展路径，也就是利用自然力，加上各种可能的人工促进措施，加速建立森林植被。只有这样的植被，才具备期望的各种生态—经济功能。在恢复工程区森林植被过程中，需要注意发展乡土树种，谨慎使用外来树种，重视发展天然植被或近自然的人工植被，注意减少人工纯林。

(2)加强中幼龄林抚育管理

由于近年来生态建设工程的开展，新增林地面积较多，主要为中幼林，工程区林分质量较差，需要进一步加强对中幼林的管护力度，重点进行中幼林的抚育、改造更新、防火、防病虫害等，以巩固造林成果。制定以近自然林业思想为基础的中幼林抚育间伐技术规程，重视保护森林生态系统稳定性和多样性，注重提高森林防护功能、游憩功能和景观美学价值。

(3)加强荒山荒沙荒地造林

目前全市仍有荒山荒沙荒地 51 837.1 hm^2 尚待绿化造林，其中山区有 49 130.4 hm^2，占 94.8%。

(4)加强水源保护区建设

面对水资源的日益短缺，目前迫切需要加强水源保护区尤其是水源涵养林和水土保持林的建设。北京水源保护区西起延庆海坨山，东至密云雾灵山，总面积约 61 万 hm^2。主要是密云、怀柔、官厅水库上游区域，地跨密云、怀柔、昌平、延庆 4 个区县，是北京京津风沙源治理工程的重点区域，因此，要重点以水源保护林建设和水土保持为核心，开展天然林保护、中幼龄林抚育管理、小流域综合治理，山洪泥石流防治等生态建设工程，综合应用生物措施、工程措施、节水灌溉措施，全面控制水土流失，防灾减灾，涵养水源，屏障风沙，建立工程区良性生态系统。将生态效益、社会效益和经济效益相结合，提高水源保护的功能，满足北京城市发展对水源和水质的需求，并提高当地人民的生活水平。

(5)加强风沙区综合治理

北京风沙危害严重地区，总面积 12 万 hm^2 左右。重点是规划营造防风固沙林、综合治理开发风沙化土地、更新改造现有林地。同时完成与之配套的水利工程。风沙危害区生态环境建设的主攻方向是以防风固沙林网建设为基础，以解决水源工程为突破口，建立园林景观式的沙地生态环境模式，带动农业的综合开发。

2. 大力发展后续产业

在京津风沙源治理工程区发展后续产业，是一种更为积极、主动的治理，是促进工程区生态、经济、社会效益相统一，实现区域经济、社会可持续发展的重要途径。京津风沙源治理区的根本问题是风沙危害严重，生态环境恶劣，地方财政困难，人民生活贫困。沙区沙地的光、热等资源比较丰富，在开展沙化治理的基础上，根据市场需求，积极建立原料基地，大力发展种植养殖业、中药材产业、沙区旅游等生态产业，可以稳步提高土地生产能力，有效促进人与自然协调发展。

工程区绝大多数地区经济比较落后，如果不能发展起与生态建设相协调的后续产业，不解决农民的长远生计问题，就很难使农民从完全依赖土地的生存方式中解放出来，也难以保证不回到"以牺牲生态换取经济增长"的老路上去。通过利用工程区治理后较为丰富的山地、沙地与林地资源，发展各种有比较优势的林产品生产，如木本粮油、果品等，不只是开辟了食物生产的新途径，减轻基本农产品的生产压力，改善人们的食物结构，提高生活质量，更重要的是增加了农民收入，促进农村产业结构调整和优化。工程区内目前有不少地方把林果业作为振兴当地经济的一项支柱产业，有些地方把木材加工、生态旅游作为新的经济增长点，有些地方结合工程林草植被丰富的优势，把养殖业作为增收致富的重要产业。实践表明，在京津风沙源治理工程区的广大农村，特别是广大山区和沙区，经济和社会可持续发展的潜力和希望所在就是发展后续产业。

3. 开发优势产业

北京京津风沙源治理工程区具有丰富的森林资源和其他自然资源，需要因势利导，在保护生态环境的同时适度开发优势产业，发展农村经济。

(1)林果与绿色食品综合开发

工程区经济林资源丰富，一些林果产品具有地区特色，具有发展绿色林果、绿色食品的条件。在边远山区重点发展林果与绿色食品综合开发，可以形成林果生产、加工、运输、销售的产业合作，从而提高就业率，增加农民收入。

(2)发展观光农业

随着生态旅游的发展，果园或农业观光旅游越来越受到城镇居民的欢迎，农业观光休闲产业具有较大的发展潜力。目前需要完善现有的自然旅游景观，围绕山区特色，鼓励农民发展观光农业，同时提高民俗旅游接待户的服务水平及民俗旅游接待户的数量。

4．提高森林资源经营和管理的科技含量

目前造林良种使用率和森林培育管护的现代技术含量低，科学技术对林业生态和产业体系建设还未形成强有力的支撑。需要充分利用现代技术和手段，加强造林适生树种研究、优良种质资源的保存与开发、林业生态工程模式化建设和经营技术、困难立地造林技术、林木定向培育与高效利用技术、生物多样性的恢复及保护技术、信息技术和数字首都林业技术开发利用，提高工程区森林资源的营造和管理的科技水平，改善森林资源的质量。

加强森林资源和生态环境综合监测体系建设，运用现代手段实现森林资源管理动态监测。同时建立森林资源和生态环境评估机制，开展森林资源、生态环境评价研究和资产评估工作，不断提高森林资源监测和管理水平。

5．加强基础设施建设

(1)道路建设

项目工程区尤其是边远山区经济发展落后的重要原因之一就是交通不便利，引起信息闭塞。需要加强县级公路、乡级公路的建设和改造，加快村级道路、重点旅游景点(区)道路和农业观光园区等道路的建设和改善。

(2)水、电及通信设施建设

水、电及通信设施建设是改善工程区人民生产生活条件的重要措施，也是开展森林生态旅游、吸引游客的重要条件。

6．实施优惠扶持政策

在森林资源保护和生态建设的基础上进行工程区综合开发与利用时，需要实施一些优惠的扶持政策。例如，实施税收优惠政策。对有利于环境保护和经济发展的乡镇企业应缴企业所得税实行减征制度；按照农村税费改革的要求，对工程建设涉及农户免征所得税。

采取适当的形式对提供生态服务的工程区森林资源经营者进行价值补偿。2004 年实施的北京山区生态林补偿机制，实质就是通过公共财政对山区森林生态服务的供给者进行补偿的一种形式，今后还可以进一步扩大实施范围和完善补偿机制。同时，积极创造条件，发展森林生态服务市场，包括水源保护等流域服务市场、森林游憩服务市场、野生植物特别是野生中药材等生物多样性服务市场、森林碳汇服务市场。

专栏：京津风沙治理工程为北京带来生态效益 400 亿元

京津风沙治理工程实施以来，北京市生态环境得到明显改善。目前，二级和好于二级的天气已超过 60%，直接受益于该工程的实施。昨天，来自市发改委的消息说，京津风沙治理工程为北京市带来的生态效益达到 400 亿元。

最新统计数字显示，4 年多来，京津风沙治理工程在京已完成造林营林 237 万余亩，相当于 312 个天坛公园的面积，人工种草 13 万亩。山区的植被覆盖率增长了 5%。监测显示，密云水库的泥沙入库量每年因此减少 2.5 万 t。

2000 年，沙尘暴多次侵袭华北地区及北京城。这一年，国家启动京津风沙源治理工程，范围涉及北京、天津、河北、山西和内蒙古 5 个省、自治区、直辖市 75 个县。工程计划到 2010 年，总投资达到 500 亿元。本市投资达 30 亿元，涉及门头沟、昌平、延庆、怀柔、密云、平谷六区县。

资料来源：《北京晨报》，2004-08-13（崔红）

链接：扎实推进京津风沙源治理工程建设　统筹人与自然和谐发展

北京市副市长　牛有成

2005 年 6 月 24 日

尊敬的各位领导、同志们：

首先，请允许我代表中共北京市委、北京市人民政府对这次省部联席会暨现场会的召开表示衷心的祝贺，向前来北京市检查指导工作的各位领导、同志们表示热烈的欢迎。这次会议在北京市召开，既是对我们五年来京津风沙源治理工程建设的一次全面检验，也给我们提供了一次很好的学习交流机会，必将对北京市京津风沙源治理及整个生态建设起到积极的推动作用。

下面，我就北京市京津风沙源治理工程建设情况做简要汇报。

一、基本效果

北京市京津风沙源治理工程实施五年以来，在国家部委办和兄弟省市区的关心、指导和支持下，市委、市政府高度重视，相关部门各司其职，密切配合，工程区各级干部和广大群众积极努力，工程总体质量良好。通过工程的实施，北京市防沙治沙、蓄水保土能力明显增强，林木覆盖率显著提高，水土流失得到基本控制，生态状况有了全面改观，生态效益、经济效益、社会效益综合显现。

（一）锁住的是风沙

京津风沙源治理工程立足防风治沙，采取了多种工程措施。2004 年北京市京津风沙源治理工程完成退耕造林 11 万亩、配套造林 11 万亩、封山育林 39 万亩、飞播造林 10 万亩、爆破造林 2 万亩、小流域综合治理 145 km^2、水源和节水灌溉工程 832 处、人工种草 7 万亩、生态移民 2 000 人。截至目前，全市共完成造林营林 312.8 万亩、人工种草 20 万亩、水源和节水工程 3 832处、小流域综合治理 482.5 km^2、生态移民 2 480 人。通过工程建设，有效遏制了生态退化，风沙危害明显减少，据有关部门监测，空气中可吸入颗粒物由工程启动初期的 0.162 mg/m^3 降低到 2004 年的 0.149 mg/m^3。

(二)涵养的是生态

工程区林木覆盖率和蓄水保土能力大幅度提高，山区生态得到进一步涵养，首都生态屏障功能不断提高。2004 年底山区林木覆盖率增加到 67.8%，工程性措施蓄水保水 2 754.1 万 m^3，减少土壤流失 35.2 万 t，分别比工程启动初期提高了 10.6%、32%和 47%。工程区生态屏障功能的提升，进一步提高了全市生态环境质量，同时周边兄弟省、市、区生态建设对北京市的积极作用正进一步显现，大气质量明显改善，全市空气质量二级和好于二级的天数由 2000 年的 177 天提高到 2004 年的 229 天，增加了 52 天，占全年的 62.5%。

今年，我们委托中国林科院开展了"北京山区生态系统服务功能评价"工作，评估生态系统的服务功能。初步研究结果表明，北京山区森林的生态服务价值达到 3 107 亿元，其中经济价值为 371 亿元，防风固沙、净化空气、涵养水源、水土保持等生态价值为 2 736 亿元。

(三)富裕的是农民

工程区依托良好的生态资源和环境，积极扶持农产品龙头加工企业，带动生态农业的产业化；不断开发山区生态经济沟，促进生态旅游业发展。目前北京市山区以特色林果业、绿色养殖业和休闲旅游业为主的三大主导产业初步形成，2004 年山区实现林果产值 22.5 亿元、畜牧业产值 42.3 亿元、旅游综合收入 23 亿元，分别比工程初期增加了 156%、87%和 460%。地区经济的发展，也促进了农民收入的增加，5 年间工程区农民人均纯收入增加了 1 700 元，增幅达 42%，实现了生态与富民的双赢。

(四)促进的是和谐

京津风沙源治理工程的实施，受益的不仅是农民，随着绿色 GDP 的增长，城乡居民的生活质量都在不断提高。促进山区发展、保护山区生态逐渐成为全体市民的自觉行动；工程建设提升了山区生态涵养功能，使生态涵养区的理念成为共识，为首都建设宜居城市提供了重要保障；工程的实施使得我们对发展循环经济有了更深的认识，集约化发展思路进一步明确，节水农业、高效农业、生态型产业迅速发展。城市与山区互动、市民与农民携手、人与自然和谐发展的局面正逐步形成。

五年的工程建设实践证明，国家八部委启动实施京津风沙源治理工程符合生态环境建设实际，是贯彻落实科学发展观的具体体现，是统筹人与自然和谐、统筹区域发展的积极实践。北京市京津风沙源治理工程取得显著效益，主要得益于国家的生态建设政策，得益于兄弟省市区的大力支持和配合。在此，我代表北京市委、市政府向国家各部委办、向兄弟省市区表示衷心的感谢。

二、主要做法

京津风沙源治理工程范围基本涵盖了北京市所有山区，山区是首都的生态屏障，对建设生态城市、宜居城市具有举足轻重的作用。因此，我们始终把京津风沙源治理工程作为建设山区、发展山区，促进北京实现宜居城市目标的重要举措，从促进全市城乡统筹发展的战略高度来认识和实施京津风沙源治理工程，使工程建设自然融入山区建设、促进山区发展。

(一)从城市发展认识山区

进入 21 世纪后，首都经济社会已发展到一个新阶段，对于山区的功能和作用、建设与发展的认识，随着时代的发展、社会的进步和北京城市定位的进一步明确，而不断地发生着变化。山区是市民的氧吧，城市的肺，北京 62%的山，决定着首都的肺活量，这一点随着 GDP 的增加，已是不争的事实。只有从城市发展的需要来认识山区，山区的价值才能真实体现。可以说，如果没有山、水、林，山区将失去它的意义，280万山区农民的“原始股”就不会增值，北京也会失去持续发展的空间与根基。正因为如此，我们在风沙源工程建设中，始终围绕社会需要和谐、人民需要健康、首都需要绿色三大需求，来探索开发山区的生态功能、经济功能和社会功能，让首都有更加安全的生态环境，市民有更加理想的生活空间，农民有更多的增收致富渠道。

（二）以科学手段涵养山区

在工程实施中，我们坚持“有科学的规划，用先进的技术，建完善的机制”，以科学的手段涵养生态，促进山区发展。首先，科学规划，保护山区。结合北京市山区实际，积极研究制订山区发展规划，在有效保护前提下合理开发利用资源，使山区能够永续发展。其次，坚持科技先行，确保工程质量。利用“3S”技术建设工程地理信息监测系统，研究推广了一系列工程模式，应用了一批先进实用技术。第三，建立长效机制，培育新的商机。从2004年开始北京市实施了山区生态林补偿机制，安置4万余名农民参与912万亩集体生态公益林的管护工作，并逐步建立生态后续产业培育机制，推进山区资源型产业的调整，促进山区的可持续发展。

（三）用城乡统筹建设山区

在山区发展中我们贯彻城乡统筹方略，坚持山区生态环境建设与城乡产业布局调整、基础设施建设并重，坚持城市优势资源向郊区转移、向山区倾斜，坚持资源整合、部门联动，形成合力，实现生态环境建设与首都经济发展的良性循环。通过几年的工程建设，新发展板栗、核桃等经济林20万亩，牧草20万亩，全市民俗旅游户已增加到1.4万户，从业人员4万有余。五年来我们清楚地看到，工程效益是多方面的，简而言之，既增加了农民的收入，又满足了市民的需求，实现了市民与农民的互换，城市与山区的互补。

三、工程展望

北京市京津风沙源治理工程虽然取得了明显成效，但也存在着一些不容忽视的问题，如污水、垃圾无害化处理工作亟待加强，后续产业发展亟须加快等等。下一步，我们将找准工程建设的比较优势、发掘工程治理的潜在优势，扎实推进生态工程建设，实现经济、社会、生态的多赢。

（一）抓住机遇，搞好规划

国务院批复的新的城市总体规划将北京定位为国家首都、国际城市、历史名城和宜居城市。北京市的区域功能定位将山区确定为生态涵养发展区，这些都为山区的发展奠定了基础，拓展了空间。“十一五”期间，我们将紧紧围绕“办绿色奥运、建生态城市、创宜居环境”的目标，在坚持生态优先的基础上，充分论证山区环境的承载能力，认真谋划山区的可持续发展，做好生态建设中长期规划，以规划带项目，以项目促建设，全面提升首都生态水平。

（二）科学创新，探索机制

生态环境的建设是一项基础性工作，建设成果的维护和效益的发挥是一项长期任务。面对首都生态环境保护和建设中不断出现的新情况、新问题，我们要解放思想，不断改革，积极创新。首先是强化协作配合机制，各部门要发挥优势集成政策，完善综合、联动的模式；其次是强化管理机制，将继续坚持高标准规划、高质量建设、高效能管理，不断提高工程建设水平；第三是强化科技支撑机制，向内涵式、集约型发展转变，运用现代化的科技手段，加快工程配套科学技术研究和推广。

（三）综合治理，培育产业

京津风沙源治理工程是一项综合性工程，要通过农林水一体化建设，山水林田路污综合治理，促进生态环境质量全面改善；在工程治理措施和方法上坚持把生态效益放在首位，实施生态保护、生态修复、生态治理；对水库上游地区，逐步增加垃圾、污水处理、清洁能源等建设项目；坚持以小流域为单位，治理区域相对集中，工程相互衔接，生物、工程和农艺措施综合运用。在注重生态综合治理的同时，我们将高度重视后续产业的培育，加快研究和制订京津风沙源治理工程后续产业发展规划，整合和重新配置各种资源，调整经济结构，提升产业层次；加快研究扶持龙头企业、建立特色基地等配套政策；加快培育各种农民专业经济合作组织，建设和完善社会化服务体系。

各位领导、同志们，五年来京津风沙源治理工程在中央和地方的共同努力下，结出了累累硕果，它的展示方式是：北京的天更蓝、地更绿、空气更清新了。在享受物质文明的同时，我们更深刻地感到五年来创造出的精神文明，即大局的观念、协作的精神和创新的意识。这既是前五年的结晶，更是后五年的财富。我们要以此为动力，为了工程的更加顺利，为了明天更加美好，不断总结，加倍努力，并以此次会议为契机，以兄弟省市区为榜样，推进北京市工程建设再上新台阶，以“新北京、新奥运”的理想形象回报所有为京津风沙源治理工程做出贡献的领导和同志们。再次感谢国家各部委办对北京市工作的支持！再次感谢兄弟省市区对首都人民的厚爱！

谢谢大家！

第五章

特色实例评价篇(以怀柔区为例)

一、怀柔区风沙源治理工程建设背景

(一)自然资源条件良好

1. 区位优势显著,森林资源丰富

怀柔区属于北京市的远郊区,位于北京市北部,地处北纬 40°14′～41°04′,东经 116°17′～116°53′之间,属华北经燕山山脉向内蒙古高原过渡的阶梯地带;南邻顺义、东接密云、西接昌平,北部则由西至东分别与延庆、赤城、丰宁、滦平接壤。区政府所在城镇距北京市区绝对距离仅有 50 km。随着现代交通、通信的发展,它和市区的距离感正在日益拉近。正如有些人所形容的"身居都市外,一步到京城"。

全区总面积 2 128.7 km^2,其中平原 234.4 km^2,山区 1 894.3 km^2;全区现有林地面积 1 721.96 km^2,水面 44.7 km^2,耕地总面积 231 051 万亩(其中水田 9 898 亩,旱地 221 153 亩,水浇地 171 040 亩),其中粮菜耕地面积 221 921 亩,平原 133 705 亩,山区及两沟 88 216 亩。

全区林木绿化率 75.1%,森林覆盖率 53.5%。其中山区森林覆盖率为 56%,林木绿化率为 79.5%,平原森林覆盖率为 24.3%、林木绿化率为 24.6%。林地中有林地面积 113 887.6 hm^2,灌木林地面积 62 234.3 hm^2,其中参与绿化率计算的灌木林地面积 45 338.7 hm^2,无立木林地面积 15.9 hm^2,苗圃面积 755.4 hm^2,未成林造林地面积 874.3 hm^2,宜林地面积 6 805.3 hm^2。森林面积中防护林面积 85 760.4 hm^2,用材林面积 1 750.4 hm^2,薪炭林面积 37.5 hm^2,特种用途林面积 1 026.6 hm^2,经济林面积 25 312.7 hm^2。全区活立木蓄积量为 1 707 621.8 m^3,其中森林蓄积量为 1 534 323.9 m^3,每年新增林木 5.5 万 m^3。

目前,怀柔区森林资源总价值达 377.32 亿元。其中森林林木资源现值为 6.35 亿元,经济林现值为 22.67 亿元,社会效益现值为 4.62 亿元,景观游憩现值为 17.75 亿元,森林资源的生态现值为 325.93 亿元。森林资源价值为最终实现绿色 GDP 提供基础,为怀柔可持续发展及生态环境保护提供科学依据。

2. 地形地貌多样,土壤条件良好

全区由南至北纵深 128 km,层次分明地分为平原、浅山、深山三类地区,形如哑铃,由于受山脉阻隔影响,呈现出平原、丘陵、低山、中山、沟谷及盆地等各种地貌类型(图 5-1),山区面积占总面积的 89%。全区除东南部为华北平原北缘的平原区外,其余均为山地。海拔高度在 34～1 661 m 之间,地势由南向北逐渐升高,境内最高猴顶山主峰海拔 1 755.8 m,中北部汤河口盆地海拔 264 m,南部平原梭草村最低海拔只有 34 m。

山区以石质山为显著特点。由于区内地质形成年代久远,使山区岩性的实际分布非常复杂。全区地处华北褐土带,主要土壤有棕壤、褐土、潮土、水稻土四大土类共 12 个亚类,27 个土属,102 个土种。土壤随地势起伏变化而变化,由中山到平原随海拔高度降低而依次分布为棕壤、褐土、潮土和水稻土。棕壤面积 42.5 万亩,占 13.4%;褐土面积 247.7 万亩,占 78%;潮土面积 6.9 万亩,占 2.2%;水稻土面积 1.5 万亩,占 0.5%。土壤质地平原区为轻壤和沙壤质,山区多为壤质和沙壤质。土壤 pH 值在 5.9～8 之间。

平原分布在怀柔区的东南部,总面积 24.73 万亩。土层深厚,地势平坦,土地集中连片,现代化水平较高,是全区粮、经作物和畜牧业的主要生产区域,也是全区人口密集、交通发达、经济繁荣的政治文化中心区。

丘陵主要分布在长城以南与平原之间,总面积为 22.07 万亩,海拔 100～250 m,主要由剥蚀残丘组成。阶坡地和沟谷土层较厚,土质良好,光照充足,雨量充沛,资源丰富,不仅是怀柔区干鲜果的主产区,也是冷水鱼养殖和重要的旅游观光区。

低山分布于长城以北的黑驼山两侧和汤河口盆地两侧,总面积 132.82 万亩,海拔为 400～800 m 之间。其特点是:土薄干旱,耕地少而零散,自然条件差。是怀柔区实施山、水、林、田、路等综合生态治理工程的重点区域。

中山主要分布在黑驼山、云蒙山、猴顶山主峰线两侧,总面积为 124.72 万亩。中山山体陡峭,气候冷凉,人为破坏较小,植被覆盖率高,水土保持好。是怀柔区天然次生林的主要分布区。

盆地主要分布在北部汤河、白河河谷两侧,总面积 7.8 万亩。盆地河谷土层较厚,地势开阔,水利条件较好,但受气候条件影响,目前耕作制度多为一种一熟制。是全区籽种、杂粮、淡季蔬菜的主产区。

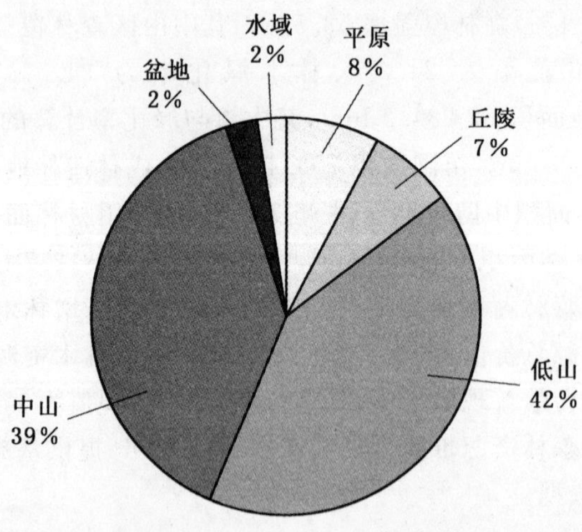

图 5-1 怀柔区地貌分布示意图

3. 气候条件良好,动植物资源丰富

怀柔区的气候为中纬大陆性暖温带季风型半湿润地区。其特点一是四季分明,冬季寒冷干燥,夏季温热湿润,春秋时间短,为过渡季节;二是日照时间长,光热充足。全年日照时数在2 748～2 873 h之间,年平均气温6～12℃,南部平原地区为11.7℃,北部山区河谷地带为8～10℃,中山区海拔最高处年平均气温不足2℃。全年无霜期在200天左右,其中山前平原全年无霜期大于200天,北部山区河谷地带为170天,高山地带不足100天。常年平均降水量470～850 mm。

怀柔区全区植物类型有200多属、300余种。野生动物资源丰富,有兽类10种,鸟类118种,鱼类60多种,爬行类5种,两栖类5种,近期还发现了大鲵、九刺鱼等稀有的水生动物。

4. 水资源丰厚,自然景观优美

怀柔区作为北京上风上水的地区,承担保证首都供水、阻挡西北风沙侵袭的重要职能,是北京市的生态涵养发展区。怀柔区域内共有山泉774处,4级以上河流17条,有大小水库19座。年均水资源总量8.57亿 m^3,其中地表水多年平均径流量为4.44亿 m^3,可开采地下水4.13亿 m^3,占北京市水资源的1/5,人均占有量达3 300 m^3,水质优良,无工业污染。地下水矿化度为0.2～0.3 g/L,pH值为7～8之间,总硬度10～19度,达到国家二级以上标准,是北京市重要的饮用水采水及补给地,年供给首都用水超过4亿 m^3。全区90%以上地区属北京市一级、二级饮用水源保护区,是北京北部的绿色屏障。多年来,在全绿办、首绿办的正确领导和大力支持下,怀柔区始终坚持"生态立区"理念,在城市和生态大环境建设上,充分体现了以人为本、以绿为体、以水为魂,实现了优美宜居。怀柔县城一半山水一半城,以三纵七横的主干路和7个大型环岛为交点,十几个公园分布在交通干线两侧,各具特色的道路、公园等绿化景观形成了点、线、面、带相结合的绿化体系,使怀柔城在林中、路在绿中、房在园中,绿化美化水平和档次全面提高。

水域总面积为7.19万亩,包括河流、水库、坑塘等。其中怀柔水库面积12 269亩,是北京市重要的饮用水源基地之一。山前地区的泉水资源开发利用率较高,现已成为怀柔区冷水鱼养殖、观光、垂钓、休闲娱乐的度假基地。

5. 旅游资源丰富,生态环境良好

怀柔区山清水秀,旅游资源丰富,开发潜力大,是北京市重要的旅游会议中心和休闲度假胜地。旅游资源主要集中分布于横贯东西的古长城两侧。全区共有自然、人文旅游资源18类58处,其中有国家重点文物保护单位、市级风景名胜、自然保护区、重点文物保护单位等5处,呈现出"自然风光为主、山野气息浓厚"的旅游特色。主要景区、景点有慕田峪长城、红螺古刹、雁栖湖、云蒙山、原始次生林、青龙峡、幽谷神潭等。

良好的城市环境、生态条件和优美的自然环境赢得了社会的广泛认可,怀柔先后被批准为国家级可持续发展综合实验区、全国生态综合治理示范区,被评为第一批全国绿化造林百佳县,京郊首座园林式城镇,被社会各届誉为"首都后花园"、"京郊明珠"。

(二)治理前社会经济状况

怀柔区共辖14个乡镇(12个镇、2个满族乡),287个行政村,总人口为30万人,是北京市所辖面积较大、资源较丰富、人口最少的地区。怀柔区各乡镇基本情况见表5-1。

表 5-1 怀柔区各乡镇基本情况

乡镇	面积/km^2	行政村/个	主要地貌特征	自然资源和农业优势
怀柔镇	58.835	30	平原	怀柔水库
北房镇	42.365	16	平原	怀柔区的粮、油、菜产区
杨宋镇	30.578	15	平原	奶牛、西洋参、药材、芦笋、花卉苗木
庙城镇	32.717	18	丘陵、平原	水源充足、水质优良
桥梓镇	112.011	24	东南部平原、中部丘陵、西北部山地	东南部粮菜作物主产区，中部鲜果主产区，西北部板栗、核桃等干鲜果主产区
怀北镇	104.795	10	山地 78.3%，平原 21.7%	旅游资源丰富，红鳟鱼垂钓
雁栖镇	153.830	21	西北部为山地、丘陵，东南部为平原	红鳟鱼、天然矿泉水、干鲜果品，主要农作物为小麦、玉米
渤海镇	152.771	20	山地、丘陵	林木覆盖率 78.6%，长城横贯东西，板栗，冷水鱼养殖
九渡河镇	177.530	18	山地、丘陵、平原	山场广阔，林果资源丰富，古遗址，矿产资源
琉璃庙镇	225.367	27	山地	云蒙山等自然景观，丰富的水源条件，鲟鱼养殖
宝山镇	250.447	25	山地	山场广阔、水资源丰富、仁用杏、玉米制种、特菜、肉鸡
汤河口镇	225.092	22	山地	西洋参
长哨营乡	249.436	25	山地	山场、林地，西洋参和中药材
喇叭沟门乡	301.976	15	山地	植被覆盖率 89%，森林覆盖率 78%
合计	2 117.75	287		

改革开放以来，怀柔区经济发展水平有了较大提升，但与周围其他郊区县相比，怀柔区社会经济发展水平仍略显滞后。

1. 产业层次低，总体经济实力不强

怀柔区的产业发展水平比较低，第一产业粗放，第二产业的科学技术含量低于市区和其他地区，第三产业多数规模小，休闲旅游业受季节影响明显。从人均 GDP 来看，怀柔区的人均 GDP 增长速度在北京郊区县中连续几年排倒数第二，反映出怀柔区的经济实力还很弱。从财政收入来看，怀柔区的财政收入平均水平低于其他区县。

2. 农民收入水平低，农村社会保障水平不高

怀柔区与全市农民的收入存在很大差距。农民最低生活保障水平远远低于城市市民。新型合作医疗保障水平相对不高，仍然存在因病致贫、返贫的问题，农村养老仍然是家庭养老为主，保障程度低，抵御风险能力弱。

3. 固定资产建设投资少，基础设施建设滞后

怀柔区固定资产投资平均水平低，水、电、路、广播电视、信息通讯等基础设施建设严重滞后，交通设施落后，移动通讯网覆盖有很多地区是盲区。

4.社会事业发展落后,农民素质有待提升

文化娱乐设施少,农民收看电视、电影极不方便,文化设施条件落后,制约了农民对科技和文化的需求。基础教育落后,师资力量不足,教学质量不高,学生上学不方便。

5.思想观念落后,生态环保意识差

经济发展水平不高导致了农民思想保守,因循守旧,沿袭传统的“靠山吃山”思路搞发展;这种短视行为给区域内生态环境造成了恶劣的影响,并进一步制约了经济的可持续发展。

有调查资料显示,区内经济林过热的现象十分普遍。与生态林相比,经济林虽然也具有防风固沙、保持水土等生态作用,但防护和控制能力较弱,每年还要锄草松土,易造成新的水土流失。谈起这个道理,农民们不是不懂,是什么原因让他们“厚此薄彼”? 理由很简单:生态林的直接收益远远敌不过经济林。森林的生态功能多多少少被忽略了,林业主要被看成生产木材等林产品的产业,“砍树卖钱”天经地义。随着林业职能的转变,砍伐林木受到了限制,一部分森林已不能再砍伐利用,经营者的投入不能完全通过市场交换得到回报。在这种情况下,除果类经济林外,经营其他林种往往得不偿失,在经济利益的驱动下,农民们选择了种植经济林。

1999年,怀柔区领导在认真分析区情的基础上,提出了以市场为导向,以改革总揽全局,发挥行业优势,加快支柱产业和骨干企业发展;发挥资源优势,加快优质特色农业发展;发挥环境优势,加快以旅游业为主的第三产业发展;发挥政策优势,加快多种所有制经济共同发展的经济发展思路。提出了建设优质特色农产品基地、环保产业基地、食品饮料基地、汽车及配件基地、旅游休闲度假基地的发展目标。2000年,结合制定“十五”计划,怀柔区进一步加强对区域经济发展的战略研究,明确提出了建设“首都绿色生态屏障、环保型产业基地、高新技术成果转化园地、会展休闲胜地”的功能定位。至此,一条完整的、具有怀柔区特色的经济发展战略基本形成。

(三)风沙源治理迫在眉睫

风沙源治理工程实施之前,怀柔区经济社会发展水平滞后,生态环境破坏严重,令人堪忧。要想从根本上解决问题,必须以解放和发展生产力、发展经济为前提。发展怀柔区域经济,首先要搞清怀柔的优势,充分发挥怀柔的优势,从而科学地确定怀柔的发展战略,才能走出一条可持续发展的道路。怀柔区山多耕地少,山区面积占到89%。在过去,这些被人们认为是发展经济的不利因素。可实践使我们认识到,优势和劣势不是绝对的,在一定条件下是可以转化的。怀柔不仅山多,水也多。在怀柔区2 128.7 km^2的辖区内,98%以上的地区为北京市水源保护区。古人云,山不在高,有水则灵。在惜水、节水已成为世界性话题的今天,青山秀水不仅是人居环境的理想之地,也是发展经济的资源优势。

怀柔区地处北京城的上风上水,是首都重要的饮用水源补水区、采水和应急备用水源区,是阻滞西北风沙侵袭北京城重要的绿色生态屏障。怀柔区特殊的地理位置和自然环境资源特点,决定了怀柔区生态环境的优劣直接关系到首都居民的用水安全,其在全市整体生态环境建设中占据着极其重要的战略地位。

与此同时,新千年到来之际,随着京津地区沙尘危害日益严重,党中央国务院审时度势,做出了开展京津风沙源治理的英明决策。北京市委市政府高度对此重视,于2000年启动了北京京津风沙源治理试点工程,该工程包含了京北山区6区县,怀柔位列其中。怀柔区借此东风,大力开展荒山整治、退耕还林、生态移民等治理工程，一方面，能够显著改善怀柔区整体生态环境；另一方面，通过生态产业的发展，有效提升怀柔区农村经济发展水平，从根本上缓解当时怀柔全面发展遇到的尴尬局面。

二、怀柔区风沙源治理工程建设内容

怀柔区大部分地区属于密云水库和怀柔水库上游地区，是北京市重要的饮用水采水和补水区，是新确定的首都应急备用水源地，同时也是西北风沙入侵首都北京的重要通道。因此重点实施生态工程建设，对于保持水土、涵养水源、净化水质，特别是减少西北风沙危害有着极其重要的意义。计划实施封山育林 85.95 万亩，飞播造林 7.60 万亩，完成爆破造林 3.12 万亩，小流域综合治理 402.5 km^2、建设水源配套工程 925 处，人工种草工程 6.2 万亩，实施生态移民 2 315 人。

(一)林业措施

1. 封山育林工程

计划实施封山育林总面积 85.95 万亩。项目实施地点为：怀柔水库上游怀九河流域(九渡河镇)，怀沙河流域(渤海镇)，密云水库上游白河支流琉璃河流域(琉璃庙镇)，汤河流域(汤河口、长哨营、喇叭沟门等乡镇)，天河流域(宝山镇)，以及北京市五大风沙危害区之一的大沙河流域(怀北镇)。

2. 飞播造林工程

此项工程总面积为 76 000 亩。项目实施地点为：怀柔水库上游怀九河流域(九渡河镇)，怀沙河流域(渤海镇)，雁栖河流域(雁栖镇)，密云水库上游白河支流琉璃河流域(琉璃庙镇)，汤河流域(汤河口、长哨营、喇叭沟门等乡镇)，天河流域(宝山镇)。

3. 爆破造林工程

本项目计划完成造林任务 31 150 亩。项目实施地点为：怀柔水库周边红螺山(怀柔镇)，密云水库上游白河支流琉璃河流域(琉璃庙镇)，汤河流域(汤河口、长哨营、喇叭沟门等乡镇)，天河流域(宝山镇)。

(二)农业措施

怀柔区地处京郊北部，毗邻风沙危害严重的河北省丰宁县，是冬春季节北方沙尘入侵北京的必经之地。全区冬季裸露地在十余万亩左右，此外全区还有大面积的荒山、荒地、荒滩、荒沟，植被覆盖率偏低，是北京地区风沙源之一，冬春季节北方沙尘经过时极易加强。为提高植被覆盖率，有效防治风沙危害，怀柔区计划人工种草 62 000 亩，建在平原地区怀柔水库上游及周边怀河、雁栖河、潮白河流域的杨宋镇、北房镇、桥梓镇等镇，北部山区白河流域宝山镇、汤河口镇、喇叭沟门乡、长哨营乡、琉璃庙镇等镇(乡)。

(三)水利措施

1. 小流域综合治理工程

密云水库和怀柔水库是北京市生产和生活用水的主要来源,加强水库上游小流域综合治理,对于保持水土、涵养水源、控制水土流失、净化水质具有极其重要的意义。计划实施的小流域综合治理工程,总规划治理面积 402.5 km^2,项目实施地点为怀柔水库上游怀九河流域及怀沙河流域。小流域治理中以改善区域生态环境和人居环境,保护密云水库和怀柔水库上游水源地,建设秀美山川为目的,以控制水土流失、保护饮用水源、促进区域经济社会的可持续发展为目标,按照"预防为主、统筹规划、综合治理、因地制宜、分区实施、突出重点"的原则,遵循自然规律和经济规律,坚持与农村产业结构调整相结合,与改善农业生产条件和提高农民收入相结合,充分调动和发挥各方面的积极因素,加快水土流失防治步伐,力争在短期内取得成效。改变传统的治理模式,贯彻落实"节水优先、治污为本、多方开源、统一调度"的治水新思路,坚持人与自然和谐相处,从传统水利向现代水利、可持续发展水利转变,建设节水防污型社会,以水土保持和水源涵养为主,兼顾山区垃圾、污水处理,以湿地建设促进生态系统的良性循环,最终达到"保护水源、改善环境、缓洪滞洪、拦沙减沙"的目的。

2. 水源配套工程

2000 年以来,怀柔区开始大规模实施退耕还林工程,为提高造林质量,发挥其应有的效益,有效地保障农民利益,修建节水灌溉等水源配套工程 925 处。

(四)生态移民措施

人为活动对生态环境具有十分明显的破坏作用,生态的恶化又对人类的生产生活形成恶劣影响,如此反复形成恶性循环。怀柔山区面积广大,山高路险,交通不便,山区人民受自然地理因素限制和资源匮乏的制约,生活水平增长缓慢,其人为活动对生态环境的保护极为不利。因此,怀柔区计划以山区长哨营乡东石门、雁栖镇西栅子两村为主实施生态移民工程,计划搬迁人口 2 315 人。

三、怀柔区风沙源治理工程总体成效

自 2000 年京津风沙源治理工程启动以来,怀柔区坚持以保护水源、建设绿色生态屏障为目标,以怀柔水库和密云水库上游为重点,认真组织工程实施。2006 年末,累计完成小流域综合治理 33.38 km^2,建成水源及节水工程 750 处;完成封山育林 25.94 万亩、荒山造林 5.4 万亩、飞播造林 7.6 万亩、退耕还林 7.88 万亩、爆破造林 1.2 万亩、农田林网 0.1 万亩;实施人工种草 3.3 万亩;实施生态移民 1 620 人。全面完成了各年度计划治理任务,工程质量达到优良,并在 2002、2003 年度国家各部委组织的京津风沙源治理工程核查中名列前茅。

(一)工程建设有序推进

多年以来怀柔区委、区政府一直将改善区域生态环境、建设首都绿色生态屏障、保护首都清洁饮用水源作为一项重点工作来抓,每年都安排大量资金用于区域生态工程建设。特别是自 1998 年被列为国家级生态环境综合治理示范区和 2000 年批准实施京津风沙源治理工程以来，怀柔区更是进入了一个大规模实施生态环境建设的新阶段。

怀柔区坚持“统一规划、集中治理、打造精品”的生态工程建设原则，以建设首都绿化生态屏障、涵养水源、净化水质为重点，集中力量对雁栖河、琉璃河两个流域进行综合治理，实现重点突破。2005 年，实施人工造林 8 300 亩、封山育林 1.5 万亩；小流域综合治理 9 km^2，水源配套工程 150 处；实施生态移民 440 人(结合旧村改造，以自然村向中心村集中为重点)。

2006 年，怀柔区京津风沙源治理工程完成爆破造林、荒山造林、补植补造、低效林改造、灌木林地改造等共 4.28 万亩，栽植侧柏、油松、洋槐、栾树、白蜡、五角枫、黄栌等各类苗木 320.61 万株。人工造林 42 800 亩，草地治理 3 000 亩，小流域综合治理 10.5 km^2，生态移民 550 人(表 5-2)。截止到 2007 年 4 月，爆破造林苗木平均保存率达到 95%，荒山造林苗木平均保存率达到 90%，低效林改造苗木平均保存率达到 92%，补植补造、灌木林地改造苗木平均保存率达到 85%。

表 5-2 怀柔区 2004—2006 年京津风沙源治理工程完成情况一览表

工程项目	2004	2005	2006	合计
人工造林/万亩	0.33	0.83	4.28	5.44
飞播造林/万亩	2.5			2.5
封山育林/万亩	6	1.5		7.5
退耕还林/万亩	4.0	0.48		4.48
草地治理/万亩	1.3	0.4	0.3	2
水源及节水工程/处	150	150		300
小流域综合治理/km^2	4.5	9	10.5	24
生态移民/人	390	440	550	1 380

按照全市统一部署，在区委、区政府正确领导下，在市、区各有关部门的大力支持下，怀柔区圆满完成了对山区受泥石流威胁和生存条件恶劣的险村、险户的生态移民搬迁任务，2003 年是生态移民工程第一年，怀柔区政府通过采取各种补贴措施成功完成该年度移民计划 240 人，2004 年完成生态移民 390 人，2005 年移民搬迁 440 人，2006 年是启动生态移民搬迁的第四年，怀柔区共完成山区自然村向主村资源整合的整建制生态搬迁 550 口人。从根本上解决了山区泥石流易发区险村险户安全和避险问题，搬迁农户的生产、生活条件有了明显改善。2007 年计划生态移民搬迁 250 人。

区县链接：

怀柔区在京津风沙源治理工程人工种草项目实施过程中，坚持以防止扬沙、培肥地力为目标，紧密结合区域农业结构调整与农民意愿，因地制宜，宜草种草、宜药则药、扩大种植面积地块特点和功能，种植了紫花苜蓿、三叶草、中药材和观赏性植物等多个种类。桥梓人工种草总面积 4 000 亩，其中牡丹园观光区内套种植三叶草 3 000 亩，果树观光采摘园内种植三叶草 1 000 亩。三叶草具有耐荫、耐践踏、观赏价值高等特点，适宜于观光园区内间作套种。种植三叶草后，能够起到抑沙、增肥、改善小气候、美化环境等多种效果。据监测，冬春季节地表覆盖率达到 85%以上，地表人为扰动率小于 10%，有效抑制了本地沙尘；每亩三叶草一年内能固氮 10～13 kg,土壤有机质含量大幅增加;园区内冬季地表增温 1～3℃,夏季降温 5～7℃,有利于牡丹及果树的生长发育。特别是遍地白花三叶草和牡丹花交相辉映,融为一体,吸引游人,带动采摘观光,促进了经济发展。今年五一期间该园区共接待游客 5 万余人次,门票收入 150 万元。

资料来源:第七次京津风沙源治理工程省部联席会暨现场会,2005 年 6 月

(二)中外联手展开治理

怀柔依山傍水,是一座山水型的园林城市。在"做足山水文章,雕塑精品城市"战略思想的指导下,怀柔开展生态规划研究,并争取到中欧环境管理合作计划项目支持,成为全国 7 个地方与城市试点之一。2007 年,怀柔区 11 个村被列为新农村试点村。怀柔区林业局按照"村庄周围森林化、村内道路林荫化、村民庭院花果化、村内集中绿地人性化、河渠公路风景化、基本农田林网化"的标准,加强工程检查和技术指导,力争将市级新农村创建为"首都绿色村庄"。

中国-欧盟环境管理合作计划 EMCP/LMD 怀柔区生态规划,是基于对怀柔历史资源和现状资源详尽分析和综合评价后,针对怀柔区如何发展,经过量化分析计算,结合国家的相关规划规范原则和国外相关成功经验与实例编制的。这是首次多机构、多专业、交叉学科共同探索规划理论与技术路线的创新,被业内称为落实科学发展观的"科学规划创新的北京模式"、"怀柔模式"。

与此同时,怀柔区科学规划,构建生态三道防线。一是生态修复防线:在中山、低山及人烟稀少地区,采取"封、移、补"的方式,实行全面封禁,禁止人为开垦、盲目割灌和放牧等生产活动;实施生态移民,减少人为活动和干扰;充分依靠大自然的力量,发挥生态系统的自我修复功能。二是生态治理防线:在人口相对密集的浅山、坡脚等区域,采取"节、治、调"的方式,调整农业种植结构,控制化肥农药施用,发展生态农业,减少面源污染;规范开发建设活动,减少人为水土流失;建设小型水利水保设施,因地制宜加强农村污水、垃圾治理,改善人居环境。三是生态保护防线:以河道两侧及湖库周边为重点,采取"清、育、保"的方式,保育植被,恢复湿地,清理河道垃圾、障碍物,恢复景观生态,有效发挥灌木和水生植物的水质净化功能,维护河道及湖库周边生态平衡。

根据 2000—2010 年怀柔区可持续发展总体规划,按照《中国 21 世纪议程优先项目计划》规定的可持续发展九大优先发展领域的要求,怀柔区 6 年来共投资 34.8 亿元,实施了 179 项示范项目和示范工程,怀柔区建设提供了可靠保障,取得了良好的经济效益和显著的社会效益。

链接:中德联手京北防沙

在怀柔区政府工作报告中,新一届政府明年将投入 2.5 亿元发展农业,其中绝大部分用于增加 2.8 万亩京津风沙源治理工程。昨日,记者又从怀柔区获悉,在帮助怀柔防治风沙方面,从 2007 年到 2011 年,德国将投入 247.5 万欧元。

"十一五"将造林10万亩

对于落实区政府生态保护的部署,怀柔区林业局表示,2007年将实施荒山绿化1.6万亩,按照区林业局规划,"十一五"期间怀柔区将新增林地10万亩,全区宜林荒山全部实现绿化。

目前,怀柔区还有荒山6.4万亩。"十一五"期间,怀柔区林业局规划实施京津风沙源治理、水源保护林建设、景区绿化美化、治沙造林、大苗造林等多项工程,完成人工造林面积10万亩,植树920万株,到"十一五"末,预计全区林木覆盖率达到并稳定在78%以上,森林覆盖率达到60%以上。

10万怀柔农户将获益

据了解,中德合作项目怀柔区研讨会日前举行。"京北风沙危害区植被恢复与水源保护林可持续经营"中德财政合作项目总投资750万欧元,德国将无偿提供其中3成的投资。2007—2011年,该项目主要包括森林健康和近自然经营、人工造林和林业社区综合发展,实施森林健康与近自然经营林区4.6万亩,人工造林2 800亩,并建立2～3个综合发展的林业社区,将给怀柔区10万农户带来一定的效益。

据怀柔区林业局负责人介绍,该项目将引进德国近自然森林经营技术,根据森林所处的不同阶段采取不同的管理方式,既能提高林分结构、质量,促进林木生长,增强森林健康,还能获得一部分收益。目前,怀柔区已按照预选地块和村庄的要求,完成地块和村庄的预选工作。"德国人投款,我们投劳,给自己栽树,还要给劳务费。"怀柔区委相关人士表示,当地村民对此项目表示欢迎。

资料来源:《总投资750万欧元 德国无偿投入3成 怀柔宜林荒山"十一五"期间将全部披绿》,《新京报》,2006-12-14(张太凌)

(三)工程建设综合效益凸显

在北京市委、市政府的正确领导下,怀柔区坚持生态立区的基本方略,与时俱进、开拓创新,调整结构、加快发展,认真组织京津风沙源治理工程实施,通过加强生态环境建设、不断提升区域环境质量,促进农村经济蓬勃发展,走上了经济社会事业快速健康发展、区域生态环境质量得到良好保护的和谐发展之路。怀柔区区域生态环境水平全面提升,发挥了首都北京的挡风幕、过滤器、造氧机、背景墙的重要功能,使区域可持续发展能力不断提高,取得良好的生态效益、社会效益和经济效益。"绿山、净水、富民"的目标正在逐步实现。怀柔区先后获得全国农村综合经济实力百强县、全国基本实现小康目标县、全国科技强县、全国绿化造林百佳县、全国文明村镇建设示范县、全国生态农业示范县、国家级可持续发展综合实验区、全国生态综合治理示范区等国家级和市级荣誉称号30余个,享有"京郊一枝花"、"京郊明珠"、"首都后花园"、"中国板栗之乡"等美誉。

1. 绿色生态屏障功能进一步增强,区域生态环境大为改善

通过京津风沙源项目中爆破造林、退耕还林、荒山造林、飞播造林、封山育林、水源涵养林、人工种草等工程措施的实施,使怀柔区的森林覆盖率由2000年末的45%提高到2004年末的53.2%,林木覆盖率由2000年末的65%提高到2004年的75%。区域植被覆盖率的有效提高,大大降低了冬春季节因土地裸露形成的沙尘天气,2004年怀柔区二级和好于二级的天气

达77%,居京郊各区县首位。区域植被覆盖率的有效提高,促进了项目区生物群落的良性变化,为野生动物栖息、繁衍提供了场所,动物种类明显增多。

2.部分地区生态环境恶化趋势得到有效控制,生态系统趋于良性循环

几年来累计完成水土流失治理面积92.5 km^2,根据资料推算项目区平均土壤侵蚀模数由2000年的1 456 t/(km^2·年)减少到2004年的平均600 t/(km^2·年)以下,几年拦蓄泥沙量在30万t以上,土壤侵蚀模数减少了60%,区域内河道拦截泥沙47%,暴雨洪峰径流模数削减为61%。累计新增水灌溉面积5 334亩,在大大提高树木成活率、保存率和增产增收的同时,预计年可节约水资源在150万m^3以上。良好的区域生态环境质量,大大降低了水土流失和地表径流污染,有效地涵养了水源、改善了水质,全区地表水继续保持在国家二级标准以上。

3.优越的生态环境,促进了区域产业结构的优化升级和农民的增收致富

依托优美生态环境和较丰富的自然资源,经过多年的不懈努力,怀柔区已初步形成了具有鲜明自身特色的经济体系,区域综合实力不断提升。以资源农业、特色农业和观光农业为主攻方向的怀柔,是国内著名的板栗之乡、国产西洋参基地和冷水鱼繁殖基地;爱芬食品、统一饮品、红牛饮料、汇源饮料、朝日啤酒、红星股份、妙士乳业、乐百氏、健力宝等一大批知名企业的云集,使怀柔成为"全国食品工业强区"和著名"饮料之乡";慕田峪、红螺寺、雁栖湖、青龙峡、幽谷神潭、原始森林公园等众多旅游景区、近百家的星级宾馆饭店和方兴未艾的民俗旅游业,使怀柔成为京城市民理想的旅游休闲度假区,年接待超过800万人次。

怀柔区区域产业优化升级和农民增收主要有以下三个原因:一是京津风沙源治理各项工程的实施,在提高植被覆盖率、涵养水源,有效地保护了"两库"上游的水质,改善区域生态环境质量的同时,大大增加了流域的开发度、集约度和复合度,促进了现代节水型农林业、无污染、无公害的绿色食品基地的快速发展,提高了区域可持续发展能力。二是良好的生态环境吸引了大量国内外游人的到来,促进了地区民俗旅游业、观光采摘业的迅速发展,形成了农业和旅游业的互动和联动,加速了农村资源向非农产业,农村劳动力向二、三产业,农副产品向商品的转移步伐,加快了农业产业结构的调整、升级。民俗生态旅游业初显规模,官地等一大批生态民俗旅游户民俗村迅速发展,带动了农民致富,使怀柔成为分担首都服务功能的京郊后花园和旅游休闲、养生福地。三是生态环境的全面改善,使区域农业资源得到了升值,为农民补上了原始资本积累的一课,为当地农民增收致富创造了条件。据初步统计,项目实施后,仅板栗一项年可新增产量70万kg以上,促进项目区农民人均增收入30%,直接经济效益在2 048万元。

怀柔区风沙治理工程的全面实施,为怀柔经济和社会的可持续发展创造了良好环境,成为展示怀柔经济与生态相协调的重要窗口,同时也促进了首都的和谐发展。怀柔区农民生产生活条件得到极大改善,农村基础设施相继竣工。工程直接和间接产业为怀柔区创造了就业机会,加强了怀柔区的区位优势和竞争力,人们的生态建设意识、环境保护意识逐渐加强,形成良好的社会氛围。

(四)打造百里一条川

怀柔区作为首都的北大门,承担着建设首都第二道和第三道绿色屏障的重任。近年来,怀柔区以"绿化首都,服务奥运"为目标,按照"远绿山、近绿川,重点绿化旅游沿线"的思路,投资

3.18亿元，重点建设了“三大生态工程”，境内主要干线公路、旅游沿线两侧形成“环境优美、四季常青、三季有花”的绿色长廊，整体绿化水平明显提高。

百里一条川南起怀北镇河防口村，北至喇叭沟门满族乡与河北省丰宁县交界处，全长105 km，总面积为152.3 km^2，其中水土流失面积达76.1 km^2。从2002年起，以“发展生态涵养区，建设宜居城市”为指导，以“兴绿富民”为目标，市区先后投资1.1亿多元，实施了水源林、爆破整地造林、荒山造林、中幼林抚育和小城镇绿化美化等多项工程，生态治理面积达到40.9万亩，完成绿化造林面积9.33万亩，植树575.8万株，栽植各种彩叶树35.2万株。

百公里生态谷工程建设坚持以人为本，以“道路绿化林荫化”为目标，按照“多林种、多树种、多色彩、多植物、多层次，三季有花，四季常青，气势宏伟”的绿化原则，高标准地实施绿色通道工程。把绿化建设、环境建设和景观建设放在首位，突出自然，显“山”露“水”，大力实施“青山、碧水、蓝天、绿地”工程和“绿化、美化、亮化、净化”工程。该工程的实施，以工程措施和生物措施相结合，对川脊、坡面和川底实施综合治理，有效地防止了土壤侵蚀和水土流失，较好地改变了100余km山区的生态环境。有关部门统计，生态谷工程完成后，谷内保水量将增加到12.9万t，土壤侵蚀系数将下降到每年每平方公里389 t，每年可以减少向密云水库流入泥沙3.3万t，起到防风固沙、涵养水源、保护良田的作用。此外，还可改善耕地1 800亩、改善精品采摘果园1 200亩，增加600多民俗接待户，使沿线11个景点和待开发的3个景点形成有机整体，每年新增综合收入近3 000万元。

百里一条川生态工程建设实现了“生态富民”，为农民长远致富创造了良好条件，使农民从工程实施中直接增加了收入，5个乡镇平均每个农民比上年增加收入606元，比山区人均增收558元，多收入48元。通过工程建设共改善耕地1 800亩、改善精品采摘果园1 200亩，增加旅游人口20万人，新增600多民俗接待户，每年可新增综合收入近3 000万元。工程还有力地提升了山区形象，促进了资源增值。两年时间，怀柔区琉璃庙镇共新建21处截流坝，引进了8家投资商搞旅游开发和养殖业。

四、生态经济产业发展势头强劲

怀柔区是首都东部发展带上的重要结点，是北京市重要的生态屏障，是会议、旅游、休闲、度假的重要基地，是保证北京可持续发展的关键区域，被誉为首都“后花园”。自京津风沙源治理工程实施以来，怀柔区充分发挥其有利的区位优势、资源优势与生态优势，构建了独具特色的生态经济产业体系，打造了特色鲜明的块状区域经济，探索出一条生态涵养区综合功能开发与利用、建设社会主义新农村的新路子，实现了经济效益与生态效益、社会效益的多赢。

从经济总量来看，几年来，全区经济保持快速增长，运行质量稳步提高，社会安定，人民富裕。2004年实现地区生产总值75.2亿元，比上年增长20.8%，是近年来增速较高的年份。从产业构成看，第一产业实现增加值5.2亿元，比上年增长5%；第二产业实现增加值47.2亿元，增长26.4%；第三产业实现增加值22.9亿元，增长14.2%。三产产业比重分别为6.8∶62.8∶30.4。2005年，全区实现生产总值85.41亿元。其中：第一产业实现增加值5.21亿元，比创建前增加0.3亿元；第二产业实现增加值46.17亿元，比创建前增加8.82亿元；第三产业实现增加值34.03亿元，比创建前增加14.01亿元。农民人均纯收入7 201.4元，比创建前增长23.9%；城镇居民人均可支配收入1.561 1万元，比创建前增长22.1%。2006年全区国民生产总值实现 100 亿元,财政收入 32 亿元,人均 GDP 3 600 多美元,在北京远郊区县排第二位(图 5-2)。

预计到 2008 年,各项经济综合指标有显著提高。国内生产总值达 138 亿元,年均递增 15.0%;区域财政总收入 35 亿元,年均递增 13%;地方财政总收入 11 亿元,年均递增 15.7%;累计固定资产投资 90 亿元,年均递增 20%;社会消费品零售额 32 亿元,年均递增 9.9%;城镇居民人均可支配收入达到 18 500 元,年均递增 8.0%;农民人均纯收入达到 9 500 元,年均递增 10.3%;城市化率争取达到 50%以上;城镇登记失业率控制在 5%以内。

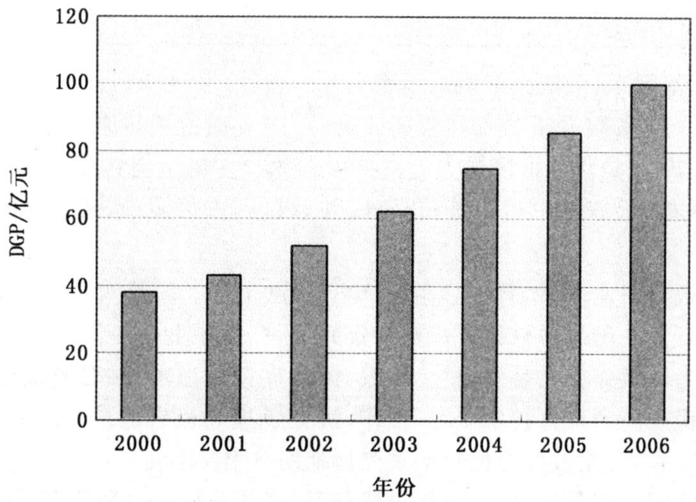

图 5-2　怀柔区历年 GDP 增长情况示意图

从产业发展看,总体发展态势良好,产业结构不断优化,产业特色日益突出,区域主导产业拉动作用显著,传统农业迅速向都市型现代农业转变。根据小平原、大山区,耕地少、林果资源及水资源丰富的特点,以建设特色农产品生产加工基地为目标,不断加大农业结构调整力度,坚持以市场为导向,以绿色为基点,大力发展养殖业和经济作物,促进第一产业向第二、三产业延伸,加快优质特色农产品生产加工基地建设,发展精品、加工、观光、创汇农业,积极推进农业产业化经营。目前,已初步确立了西洋参、板栗、冷水鱼三大农业主导产业。

旅游业发展迅速,著名景观有奇险峻秀的慕田峪长城,有千年古刹红螺寺,有风景秀丽的雁栖湖,有形式各异的民俗游、生态观光游等,旅游资源非常丰富,旅游配套服务设施日趋完善。

2007 年怀柔区提出将发展具有怀柔特色的都市型现代农业,提升民俗接待村的民俗旅游产业。2007 年将重点抓好 3 个有规模效益的产业园区建设,一是形成特色产业园区群,位置在桥梓镇以歧庄、东凤山、前辛庄、后辛庄、北宅(2006 年试点村)、峪口 6 个村形成的"U"字形区域内,以现有的大枣园、核桃园、树莓园和中天翰海园区及鹅和鸭农庄、小十三陵景点为基础,进一步提升产业发展水平和档次;二是建成观光采摘园区群,以怀北镇大水峪、邓各庄、龙各庄、神山 4 个村形成环形产业带,依托其靠近 111 国道及周边大型景区、景点较多的优势,在现有果树产业基础上进行整体包装和改造升级;三是形成苗木、花卉种植园区,以杨宋镇花园村为中心点,辐射带动郭庄村、四季屯、耿辛庄。

(一)板栗产业发展

怀柔栽培板栗历史悠久,是燕山板栗的主产区之一,早在明朝时,皇帝在祭祀时就用怀柔板栗作供品。2001年怀柔被国家林业局认定为"中国板栗之乡",怀柔板栗销往全国20多个省市并出口到日本以及东南亚、欧美的部分国家和地区。怀柔板栗总面积达28.5万亩,有4.2万个种植户,板栗总产量和出口量均占全市60%以上,主要分布在九渡河镇、渤海镇、怀柔镇、雁栖镇、怀北镇及北部山区部分乡镇,年产板栗最多的村镇是九渡河镇九渡河村。

怀柔区板栗基因库建设从2002年开始,目的是丰富板栗这一主导产业的种质资源,加快地区板栗产业化进程,到2005年为止,该区已先后从河北、山西、贵州等地引进板栗新品种20余个,充实到板栗基因库,使该区板栗基因库品种总数达到73个。2006年怀柔区在九渡河镇启动建设全国首个国家级古栗树森林公园。据悉,国家级古栗树森林公园占地约1万亩,有10万多株明清板栗树,是华北地区最大的古栗树森林。古栗园还将陆续从江西、湖北、贵州引进垂枝栗、台江大板栗、罗田中迟栗等新品种,并嫁接到古栗园中,使古栗园中的板栗树达到百种。

为加速推进板栗产业发展,怀柔区确定五项重点工作。一是大力开展科技入百户活动。板栗站与栗农签订100份果树科技入户档案资料卡,在板栗生长的各个关键季节,负责100户栗农的入户技术指导工作。二是做好"十一五"国家支撑重点项目"名特优经济林高产培育技术"课题中"板栗优质高产培育技术研究"工作,进一步提高板栗的产量和质量,为奥运提供优质、绿色的板栗产品。三是做好全区板栗观光园服务工作,建成几片集旅游、观光、采摘、休闲为一体的板栗观光园。四是选育、引进板栗优新品种,建设好板栗种质资源库,丰富板栗品种。五是抓好板栗新技术试验、示范、推广工作,进一步提高栗农的管理水平。

由于实际加工能力不足,加之邻近省市板栗产量也在增加、传统市场进口减少等原因,栗农往往是"增产不增收"。新栽板栗也已逐渐进入盛果期,给整个产业发展带来压力。为此,怀柔区决心大力发展加工企业,解决销售难题,促进富民增收。2006年,怀柔区大力实施板栗观光园和板栗品种化建设,加强有机化管理和板栗专业村建设,使全区板栗产业达到了"产前有投入,产中有管理,产后有市场"的良性循环局面,2006年板栗总产量833.5万kg,虽然比去年略有下降,但收入超过8 300万元,比去年增收了1 500余万元,经济收入再创历史新高。

怀柔区在支持富亿农、栗乡园、御食园等企业提高加工能力的同时,还积极引进新企业。仅秋之山栗公司板栗加工能力就有4 000 t。北京洽洽公司是由安徽洽洽集团投资1 600万元组建的,主要生产坚果系列炒货。第一条线加工能力1 500 t,公司已签订2 000万元销售合同。2006年洽洽公司还投资1 300万元新上一条生产线,使加工能力达到3 000 t,并新建冷库一座。同时渤海镇在2005年引资1 200多万元,建设现代化板栗集散市场。据统计,这三家新建企业达产后,还能为当地农民创造800个以上的就业岗位。

(二)民俗旅游业发展

近年来,怀柔区充分发挥地处京郊的区位优势和"九分山水一分田"的资源优势,大力发展以"吃农家饭、住农家院、观山区景、享田园乐"为主要内容的民俗旅游,突出民俗风情和生活体验。目前,全区已发展民俗旅游户3 200户(包括虹鳟鱼垂钓烧烤点),民俗旅游村14个,床位23 400张,遍布全区8个镇乡,32个行政村,共解决农民季节性就业2万余人,民俗旅游业创造的收入已占到农民收入的37.4%。民俗旅游已成为怀柔旅游发展的特色项目和富裕农民、促进区域经济发展的重要渠道。

怀柔区民俗旅游活动主要有3种形式:一是食宿农家型。主要以吃农家饭、住农家院、体验浓郁的乡土气息和纯朴的民俗风情为主。此种接待形式在山区发展速度快、见效快,主要分布在雁栖、怀北、渤海、琉璃庙、喇叭沟门等镇乡,从业户数达1 800户。二是冷水鱼垂钓、烧烤娱乐型。利用怀九河、怀沙河和雁栖河的水资源优势,主要以虹鳟鱼、鲟鱼垂钓和烧烤为主,充分体验赏水景、食水鲜、自娱自乐的山水情趣,成为怀柔一条靓丽的旅游风景线。目前已建垂钓、烧烤点270处,200多亩水面,从业户数300户,占总数的15%,仅雁栖镇长园、莲花池一条沟就有80多处,是开发建设较早,且比较集中的区域。三是果品观光采摘型。主要是通过发展各种果园,通过开放式经营的方式,吸引游客到园内观光、采摘果实,充分享受田园情趣和丰收之乐。目前,全区可供游人采摘的果园约10万亩,品种近20个。

以怀柔区“不夜谷”、“夜渤海”为代表的旅游经济已经成为当地经济发展的“朝阳产业”。“不夜谷”前身是闻名京城的“虹鳟鱼一条沟”,谷内有官地、神堂峪、莲花池等10个民俗村,年接待游客百万。“夜渤海”绿色生态餐饮走廊依托慕田峪长城沿线而建,全长7.5 km,涉及3个村30余家垂钓烧烤点。为提升“不夜谷”和“夜渤海”旅游形象,2006年以来,怀柔区重点在“不夜谷”、“夜渤海”实施了新农村“亮起来”工程,安装太阳能路灯4 573盏,安装总里程达59.05 km。2007年又启动了升级改造工程。渤海镇以绿色生态餐饮走廊升级改造工程为依托,精心打造“夜渤海”,对28家垂钓餐饮点装饰改造,安装夜景装饰灯,建起2处2 000 m^2 巨型文化雕塑,让沿线630块旅游标牌、标识“亮起来”,使游客“白天有的转,夜晚有的看”。

雁栖“不夜谷”建起“中国乡村艺术品大集市”,在劳模山庄、那里等餐饮垂钓点建成五连体景观木屋,用于乡村艺术家制作、表演、展卖。目前,周树飞(皮影)、杜军(米脂民间剪纸)、杨宝忠(玉雕)等13名国内知名乡村艺术家已入驻,游客可亲手制作风筝、学习剪纸、雕塑陶器,极大地丰富了游客晚间玩乐。2007年,雁栖“不夜谷”在川谷、长园渔场、劳模山庄、山野、仙翁等餐饮点新建6个水上舞台和露天舞台,专供游人欣赏各种民间绝活表演。

“夜渤海”还在慕田峪长城环岛东侧建起占地20亩的旅游商品交易市场,瓷器、景泰蓝等上万种旅游商品和上乘新疆和田玉供游人挑选、购买。同时,山吧新建一处150 m^2 的非洲艺术文化交流中心,长园渔场30余件老式农具供游客体验劳动快乐,那里新增酒吧让游人享受现代酒文化。

北京琴书、东北二人转、河北梆子……游客一边品美食、赏夜景,一边观看精彩演出,告别了以前“白天看庙,晚上睡觉”的乏味旅游夜生活。流光溢彩的晚间活动留住了游客脚步,增加了消费。同时完善了医疗卫生、健身场所、污水以及垃圾处理等设施,使广大游客尽情享受山水之乐和夜生活之趣。“不夜谷”、“夜渤海”硬件环境的改善,直接推动了怀柔区旅游产业的蓬勃发展。

基础设施的完善、娱乐项目的丰富,带动“不夜谷” 、“夜渤海”内的民俗户和村民也随之积极行动起来。位于“不夜谷”内的神堂峪、官地、石片、长园、莲花池5个行政村中已有31户村民投入资金220万元,进行房屋的新建、改建,使“不夜谷”内的硬件环境、接待水平得到了整体提升。截至2006年11月,雁栖镇共接待游客109.2万人次,获旅游综合收入1.3亿元,同比去年接待游客增加7.7万人次,旅游综合收入增加400万元。“不夜谷”真正成了村民们获得实惠的“黄金谷”。

（三）畜牧产业发展

怀柔区充分利用山场广阔的资源优势，大力发展畜牧业，使其逐渐成为农民脱贫致富的又一“绩优股”。2007 年一季度全区养殖业实现产值 1.31 亿元，同比增长 12.3%；出栏家禽 379.5 万只，同比增长 17.5%，其中肉鸡出栏 360.8 万只，肉鸭出栏 14.3 万只，同比分别增长 17.2%和 32.5%；禽蛋产量 1624.3 t，同比增长 4.9%；水产品产量 231 t，同比增长 8.9%；牛奶产量 9 539 t，同比增长 8.8%。养殖业占全区农业产值的比重高达 97.8%，在全区农业生产、农民增收中的地位进一步提高。截至目前，全区已建成畜牧养殖小区 22 个，畜牧专业户发展到 3 000 多户，专业村 12 个。

为了推广科学养殖，怀柔区建立健全了畜牧业技术服务网络，提供进雏入棚、技术指导、全面防疫、出栏销售等一条龙全程服务，并注重培育农民养殖大户。2005 年以来，区畜牧中心开展了“畜牧科技入户工程”，对全区畜牧技术人员进行统一调配，组织党员科技人员进村入户蹲点，要求每人每月下乡不少于 20 天，以便及时解决养殖户遇到的各种难题。2005 年，全区举办肉鸡、蛋鸭、奶牛等各种科技下乡养殖培训班共 60 多场次，培训养殖户 2 000 多人次，发放有关动物防病、治病、科学饲养和养殖科技材料 8 000 余份，当场解答农户提出的各种问题 1 000 多个，入户进棚解决养殖户养殖技术难题 200 多个。注重加强畜牧业防疫服务工作，使全区大牲畜、羊、猪和家禽的防疫密度均达到 100%，并先后对近千头茸鹿、奶牛、黄牛、羊等畜禽，进行了人工授精、胚胎移植等先进繁育技术。

媒体链接：环境改善 生产发展 土地节省 农民增收 怀柔新农村建设显整体效益

7.6 亿元的建设资金“铺”向了新农村；16 个市、区级试点村中，已有 8 个开村，其余 8 个村的建设工作也将在今年完成；40 个规划村和 112 个环境整治村的工作任务全部完成……经过近 3 年的努力，怀柔区的新农村建设正由点向线、由线向面发展，探索出了一条通过强化和培育“产业集群”，带动新农村“群落式”整体推进的发展之路。

环境改善了

经过改造后的新农村，新建了文化、卫生、娱乐、体育等公共服务设施，污水、垃圾统一收集处理，街道干净整洁，厕所卫生达标，农民生活环境和生活质量得到了极大改善，使村庄更加整洁优美。去年，怀柔区汤河口镇以争创全国环境优美镇为契机，加强了环境的综合整治，全镇 22 个行政村共完成了二类公厕、改水改厕、民宅外立面粉刷等环境综合整治工程 150 多项。庄户沟门村结合新农村建设，浆砌河坝，在原来的垃圾堆上修建起了休闲公园。昔日的脏乱点再也看不到了。

在新农村建设中，怀柔区结合实施京津风沙源治理、百公里生态谷的延伸、重点河流综合整治、部分清洁小流域治理等重点生态工程，极大地提升了怀柔生态资源价值。良好的生态环境为首都提供了丰富的公益产品，充当了首都的造氧机、过滤器、挡沙墙、背景幕，真正发挥了北京后花园的作用。

生产发展了

新农村建设改变了农民原有的生产方式，由建新房自己住变为让客人住，新房由生活设施变为生产资料，农民由住户变为资产的经营者。在 16 个试点村中，有 11 个村新增加了 15 个一产项目,3个村新增加了11个二产项目,12个村新增加了17个三产项目。16个村新发展民俗户829户,商业门脸78套。雁栖镇官地村坚持将新村建设与培育发展产业相结合,围绕"提高接待能力、提升生活质量、整合就业资源、打造民俗品牌"这一中心开展工作,将民俗旅游发展作为主导富民产业,逐步完善民俗旅游接待基础设施。通过加强自身形象塑造,在原有神堂峪自然风景区、"虹鳟鱼一条沟"等比较成熟的旅游景区和项目基础上,打造了"京郊民俗旅游第一村"品牌。

土地节省了

怀柔区通过采取小村向大村合并、自然村向行政村集中的方式,16个试点村节约置换出土地750亩,为全区及本地区的发展创造了条件。

他们还围绕着"搬得出、稳得住、能致富"的目标,完成强泥石流易发区险村险户的搬迁,共撤销合并行政村3个、自然村58个。通过实施搬迁工程,不仅使山区部分群众彻底摆脱了泥石流的威胁,生产生活条件得到了改善,而且整合了资源,拓展了发展空间,恢复和保护了生态环境,节约了土地资源,避免了基础设施的重复投资。据测算,因搬迁共节约土地1 000余亩,免铺村级公路41 km,电视、通讯、卫生、供水等基础设施建设减少投资1 500多万元。

农民增收了

怀柔区通过新农村建设,增加了农民的就业。据统计,16个试点村新增加就业岗位2 000余个。雁栖镇和渤海镇"两条沟"新增加就业岗位1 800多人,创造了周末就业、假日经济的社会现象。同时,在节约置换出的土地上发展二、三产业,改变了农村完全依赖一产就业的生产生活方式,农村富余劳动力实现了由一产向二、三产业的转移。仅"雁栖不夜谷"涉及的5个村,通过新农村建设改善了基础设施、美化了环境,旅游形势大大好转,2006年人均纯收入增长11.1%,达到12 272元。渤海镇庄户村通过新农村建设,实现了人均纯收入超万元,增收26.6%。

资料来源:京报网,2007-05-21(贾瑞生)

五、怀柔区未来发展空间展望

(一)未来发展机遇

怀柔区由于自身所处地理位置及区委区政府对环境保护工作的重视,区域环境质量在全市一直保持前列。随着北京市城乡一体化进程的推进,怀柔区的环境保护工作将迎来新的发展机遇。

1. 中国经济将进一步融入世界

经济全球化步伐不断加快,国际经济合作进一步加强,高新技术产业和现代服务业成为推动世界经济增长的重要引擎;我国入世过渡期结束,对外开放进入新阶段,为怀柔区加大招商引资力度,发展开放型经济提供了难得的机遇。

2. 和谐北京要求城乡统筹

首都经济和社会发展进入了加快结构调整和增长方式转变、统筹城乡协调发展、举办2008年奥运会、构建和谐社会首善之区的新阶段,向郊区倾斜力度将进一步加大,为郊区发展都市型经济、推进社会主义新农村建设、促进区域经济和社会战略大发展提供了相对有利的资金和政策环境。

3. 新城定位开拓发展空间

北京城市总体规划加紧落实，怀柔作为北京市 11 座新城之一，以其自身优势成为首都东部发展带上的重要结点和国际交往中心的重要组成部分；同时，全区规划城市建设用地规模将达到 40 km^2，为未来城市建设和经济发展开辟了新的空间。

(二)总体发展思路

怀柔区是首都绿色生态屏障的重要组成部分、国家可持续发展实验区、北京重要水源涵养与保护地和首都居民休闲度假的“后花园”。“十一五”是怀柔推进农村城市化建设的关键时期，为了实现人与自然和谐共生，全区经济建设和环境保护的全面、协调、可持续发展，建设资源节约型环境友好型怀柔，必须坚持科学发展观，统筹城乡环境保护，正确处理怀柔区经济建设、人口增长、资源利用和生态与环境保护之间的关系，保护和提高资源与环境承载力，为全区经济社会的健康发展提供有力保障，走环境保护与经济建设“双赢”的可持续发展之路，实施生态保护与污染预防并重的原则，使怀柔区在经济发展的同时，生活环境质量得到进一步改善和提高，经济、社会和环境效益能够协调统一。

1. 总体思路

未来 10 年，全区国民经济和社会发展的总体思路是：坚持以经济建设为中心，以发展为主题，以产业调整优化升级为主线，以强化区域优势与改善生态、投资环境为立足点，坚持可持续发展战略，坚持走“以引进促发展”之路，构建怀柔的生态经济体系，进一步增强综合实力和市场竞争力，实现人民生活更加富裕，基本实现现代化。经过努力，把怀柔区建设成为首都优美的绿色生态屏障，高质量的环保型产业基地，先进的高新技术成果转化园地，一流的会展休闲旅游胜地。

在生态环境建设上要按照构筑首都绿色生态屏障总体要求，以防风治沙、保持水土、保护饮用水源为重点，大力实施绿色通道工程、重点水利工程、小流域综合治理工程、城镇绿化隔离带工程和旅游风景区绿化工程；加强封山育林和天然林保护，积极推进山区、半山区林果业和饲草业发展，大力营造水源涵养林、水土保持林、农田林网和村镇片林，提高城乡环境的综合水平。加快风沙区综合治理，减少风沙危害。加强生态农业工程建设，减少化肥、农药施用量，积极创建绿色农产品生产、出口基地。

2. 指导思想

以“三个代表”重要思想为指导，树立科学发展观，在推进城市化进程和新兴产业发展中，以生态涵养发展区建设为目标，坚持环境兴区、生态立区的可持续发展战略，全面加强环境保护工作，大力开展循环经济、生态农业和生态安全建设，强化环境管理和污染控制，提高环境监管水平，实现北京市总体规划对怀柔区提出的“北京东部发展带上的重要节点，国际交往中心的重要组成部分，引导发展会议、旅游、休闲度假、影视文化等功能”的目标定位和要求。

在区域经济发展、新城建设和环境保护中，坚持人与自然和谐，生态建设与污染防治并重的原则，以改善大气环境质量、保护北京饮用水源，提高全区生产生活环境水平为重点，构建资源节约型、环境友好型社会。在统筹城乡发展、促进农村城市化进程中，合理开发利用自然资源,加强城乡环境综合整治,集约高效利用环境资源。巩固保持"十五"期间环境保护成果,确保"十一五"期间全区生态建设环境保护主要规划目标和任务的完成。

3. 规划目标

(1)近期目标

到 2008 年环境质量和生态状况明显改善,达到创建国家环保模范区的标准;到 2010 年达到生态区建设的要求。

(2)远景目标

到 2020 年,把怀柔建设成为经济实力突出、生态环境良好、人民富足、社会和谐的首都生态涵养发展区、高新技术研发基地、影视文化创意制作基地、会展旅游休闲胜地、都市型工业聚集区和现代化宜居城市。

①经济实力突出。经济保持持续快速增长,人均 GDP 达到 10 000 美元以上;符合怀柔特点、竞争力较强的产业体系高效运转,三产的比例达到 2.5∶42.5∶55。

②生态环境良好。生态建设和环境保护实现协调发展,区域生态涵养能力全面提升,建成空气清新、环境优美、生态良好的山水园林型现代化宜居城市;资源、能源实现集约高效利用,把怀柔建设成为节约型城市、循环型社会。

③人民富足、社会和谐。全区人口规模控制在 49 万左右,广泛覆盖的社会保障体系基本形成,形成以新型社区、新型农村为基础单元的城乡社会管理格局;城市管理水平和社会公共服务能力显著提高;城乡差距明显缩小,全区人民整体文明素质显著提高;人民生活达到全面、均衡、较高水平的小康;初步建成民主法治、公平正义、诚信友爱、充满活力、安定有序、人与自然和谐相处的社会主义和谐社会。

(三)具体建设任务

1. 分阶段发展目标

根据国家环保总局、北京市环保局的有关要求,结合怀柔区环境与生态建设的实际,怀柔区制定了 2010 年和 2020 年的发展目标。

(1)社会经济指标(表 5-3)

表 5-3 社会经济各项指标分阶段发展目标

年份	总人口/万人	GDP/亿元	人均 GDP/元	第三产业比例/%	城镇居民年人均可支配收入/元	农民年人均纯收入/元	公众对环境的满意度/%
2004 年	30.4	75.2	27 678	30.4	14 186	6 534.1	93
2010 年	40	180	46 250	45	24 000	11 000	95
2020 年	49	405	82 653	>45	51 366.4	25 567.1	98
考核标准(生态区)	—	—	33 000	45	24 000	11 000	90

数据说明:

① 2020 年城镇居民年人均可支配收入指标值是由 2010 年指标值,2010—2020 年年均增长 7.9%推算得。

② 2020 年农村人均收入指标值是由 2010 年指标值,2010—2020 年年均增长 8.8%推算得。

(2)环境和生态指标(表 5-4)

表 5-4 怀柔区各项生态指标分阶段发展目标

年份	地表水水质达标率/%	水源地水质达标率/%	城市生活污水处理率/%	工业废水达标排放率/%	工业固废综合利用率/%	环境优美乡镇比例/%	烟尘控制区覆盖率/%
2004 年	100	100	100	97.03	100	21.4	100
2010 年	100	100	100	100	100	80	100
2020 年	100	100	100	100	100	>80	100
考核标准(生态区)	100	100	70	50	80	80	—

年份	城市空气质量(Ⅱ级)/%	城镇生活垃圾无害化处理/%	环保投资 GDP 比重/%	绿化覆盖率/%	人均公共绿地面积/(m^2/人)	单位 GDP 水耗/(t/万元)	土地退化恢复率/%
2004 年	70.2	0.34	2.7	52.25	30.5*	301*	80**
2010 年	按国家规定达标	100	>1.2	>50	>35	150	90
2020 年	按国家规定达标	100	>1.2	>50	>35	150	100
生态区	80	100	—	—	11		90

注:* 采用 2002 年的统计数字,* * 按治理水土流失面积计算。

数据说明:

①环境优美乡镇比例:"十五"期间,创建北京市环境优美乡镇 2 个,全国环境优美乡镇 1 个。

②绿化覆盖率:2010 年数据根据《北京市总体规划(2004—2020)》制定。

③环保投资 GDP 比重:2010—2020 年指标根据国家环保模范城达标要求制定。

2.生态经济建设任务

(1)生态工业

①加快调整产业结构。从本区实际出发,不断调整工业布局,制定相关的引导政策,以工业园区为基础,以基地建设为目标,尽快形成新的经济增长点。

②大力发展高新技术产业。重点是软件、数字化技术、新材料光纤复合材料、中医药生物工程、先进制造技术以及企业信息化等领域的开发和利用。

③推进食品工业向名牌化、绿色生态化、规模效益化方向发展。

④大力推行清洁生产,开展循环经济,建立资源节约型、产品环保型的生态工业。加强节能降耗工作,积极引进低能耗企业,对老企业实行节能降耗改造;提高工业用水效率;降低单位 GDP 耗水量和耗能量。

⑤雁栖工业园区申报国家级生态工业园区。

(2)生态农业

①开展农业内部结构调整。种植业进一步加快调整粮经比例,加快发展草食型畜牧业和冷水养殖,提高养殖业的比重。大力推广特色蔬菜及中草药的种植。到 2010 年全区中草药药材绿色保存面积达 3.5 万亩。

规范农村的养殖业,同时以"新村建设,旧村改造"为依托,形成种植业-养殖业相结合的产业链,以点带面,改善农村的生活方式,形成良性循环的生态农业。

②加快农业产业化步伐。发展农产品深加工项目,重点建设好以玉米、豆类、蔬菜和干鲜果品为主要原料的无公害农产品绿色和有机食品的深加工,形成规模化生产、加工、销售一条龙的产业结构,进一步加大以玉米、豆类和干鲜果品为主要原料的农业产品深加工的资金投入。提高农民收入和食品安全水平。

③加大农业标准化安全食品、无公害食品及有机食品绿色农产品基地的建设。在现有42个标准化无公害绿色食品基地建设的基础上,继续发展绿色标准化农业基地建设,实施农产品从农田到餐桌的全过程安全生产和标准化管理。到2008年,每年新建农业标准化基地10个,使农业标准化基地累计达到100个。5年内,使生产基地的农产品安全质量达标率达到100%,农产品生产基地和经营企业安全标识和产地标识使用率达到100%,绿色食品达标率由现在的不足2%提高到10%以上。

④实施农产品名牌战略。打造品牌农业,提高产品质量,发展特色农产品。加快西洋参、板栗、冷水鱼、肉鸡4个主导产业的发展。建设优质粮生产基地、冷凉特菜基地、中药材GAP标准化基地、浆果种苗基地、花卉产业基地,打造怀柔西洋参、板栗、冷水鱼、特菜、中药材、制种等特色农产品品牌。对优势农产品进行商标注册,大力宣传。

⑤大力发展都市休闲观光农业,在现有27个观光采摘果园基础上,拓宽观光采摘范围,逐步向蔬菜、药材、花卉休闲观光延伸,到2010年新建种植业观光休闲采摘园15个。

⑥加快推进农业市场体系和农业信息体系建设。完善和加强农产品批发市场、零售市场和乡村集贸市场的建设,发展产销连锁经营和配送等新的流通方式。加快农业现代信息化体系建设,使信息成为农民走向市场、走向富裕的重要渠道。

(3)生态林业

采取爆破造林工程、封山育林工程、飞播造林工程、水源涵养林建设工程,河道两侧建绿化隔离带、治沙造林工程,基本控制住水土流失、风沙危害,改善和提高水源保护区的水质,加强生态屏障建设和水源保护。

(4)生态旅游业

①充分利用怀柔区的旅游资源,大力发展旅游大项目的规划建设,完善三条旅游大环线、四大旅游度假区(慕田峪、红螺寺、雁栖湖、原始次生林),发展六大类型旅游产品(生态观光型、休闲度假型、体育健身型、康复疗养型、会展接待型和田园民俗型)。

②确定各旅游区环境容量,建立环境监测网络,并制定相应的环境保护政策,保证取得良好的经济效益的同时,保护好旅游区的生态系统。

3. 投资计划

"十一五"期间环境保护预计投资需求为20亿元左右。近期需要实施的工程项目名称与经费预算见表5-5。

表 5-5 怀柔区"十一五"发展规划投资计划表 亿元

项目		具体项目	数量	投资
环卫设施(0.36)		镇乡级垃圾无害化处理厂	7 座	0.21
		养殖场粪污治理工程	27 处	0.07
		农村改厕工程		0.06
		密闭化垃圾清运车	4 辆	0.02
		清扫车	5 辆	0.02
大气污染防治工程(6.43)	锅炉整治建设重点工程(6)	城北西区跃进桥供暖站改造整合工程		1.80
		天联供暖站建设工程		1.06
		新城东区供热站建设工程		1.44
		城南西区供暖站建设工程		1.70
	燃气重点建设项目(0.43)	庙城调压站及周边主管线铺设		0.24
		北房调压站及周边主管线铺设		0.10
		雁栖工业区 C 区 CNG 站，神堂峪 CNG 站建站		0.06
		渤海、汤河口两镇建液化储罐站	2 座	0.02
		农村建立换瓶站点	10 个	0.01
水污染防治及节水工程(10.72)	污水治理(7.34)	污水处理厂一期改造工程		0.73
		村级生活污水处理设施 21 个及北宅村小型污水处理设施的改造		0.43
		小型一体化污水处理系统	300 处	0.31
		镇乡级污水资源化处理厂	7 座	0.28
		医疗污水处理点	23 处	0.01
		养殖小区粪污治理改造		0.27
		自来水厂防护区内市政污水管网建设		0.80
		应急备用井防护区搬迁、污染治理、管网建设		3.00
		地下水源饮用地及水源防护区垃圾清理工程		0.10
		农村非点源污染综合治理		0.01
		白河上游分散式民俗户生活污水治理工程		0.80
		废机井环保处置工程	1 000 个	0.40
		新建有机肥加工厂		0.11
	生态水环境工程(2.44)	沙河、怀九河、怀沙河及平原河床恢复工程		1.74
		怀柔水库、二三级保护区怀沙、怀九河河道生态恢复综合治理工程		0.50
		地下水饮用水源防护区砂石坑生态恢复工程		0.20
	节水工程(0.94)	新建供水工程 7 处，改造供水工程 113 处		0.80
		雨洪利用工程		0.15
噪声功能达标区建设工程(0.046)		道路声屏障、降噪装置建设工程		0.036
		"安静居住小区"创建工程		0.005
		街道电子监测显示系统		0.005
固体废物污染防治工程(0.39)		村级垃圾密闭化地箱	252 个	0.252
		村级垃圾密闭化地箱储运站	36 处	0.036
		尾矿库治理工程		0.105
工业污染源治理工程(0.3)				0.3

续表 5-5

项目		具体项目	数量	投资
生态建设工程(5.03)	绿化工程(1.76)	林业生态建设工程		1.32
		怀柔水库一级保护区水源涵养林植造工程		0.02
		怀柔水库二级保护区水源涵养林植造工程		0.05
		怀柔水库三级保护区水源涵养林植造工程		0.01
		城镇绿化美化工程		0.36
	水保工程(1.17)	长哨营、汤河口、流璃庙、雁栖等重点地区水土流失治理		0.42
		水土保持工程		0.75
	生物多样性保护工程(0.35)	怀沙怀九河自然保护区建设工程		0.22
		喇叭沟门自然保护区建设重点工程		0.13
	环境优美乡镇及生态村工程(0.10)			0.1
	生态产业工程(0.5)	绿色及有机食品产业建设工程		0.21
		红螺山生态旅游区建设工程		0.05
		喇叭沟门生态旅游区保护工程		0.04
		清洁生产推广		0.20
	生态建设工程(1.245)	爆破造林工程	1.65 万亩	0.33
		水源涵养林工程	2.5 万亩	0.125
		封山育林工程	10 万亩	0.07
		治理风沙源人工造林工程	2.5 万亩	0.25
		飞播造林工程	10 万亩	0.12
		治沙造林工程	0.5 万亩	0.10
		生态林抚育工程	100 万亩	0.25
环境保护能力建设(0.595)		应急监测系统		0.015
		水质自动监测子站		0.25
		污水处理厂在线监测系统	11 个	0.165
		市控空气质量自动监测子站		0.05
		生态经济发展规划		0.015
		怀柔区环境容量研究		0.02
		冷水鱼养殖污染治理及实用技术研究		0.015
		怀柔区非点源污染治理研究		0.02
		怀柔区环境信息管理系统研究		0.045
合计				23.871

(四)战略重点及保障措施

1.战略重点

为保证怀柔区“十一五”期间环境保护与生态建设的顺利实施，从战略角度可以如下几方面工作为切入点，重点开展工作：

(1)促进人口、资源、环境协调发展

积极引入高素质人口,积极引导人口合理分布。解决好支撑区域经济、社会可持续发展的土地资源利用、水资源涵养、能源保障、环境污染防治问题,全面提升生态涵养功能,促进资源集约高效利用。

(2)进一步优化区域空间布局

充分发挥新城的辐射带动作用,合理优化小城镇和中心村的发展布局,逐步建成以城区为核心,以各具特色的小城镇为结点,以相对集中的宜居村落为支撑,基础设施完备、生态环境良好、人居条件优良的城镇体系。

(3)加快产业结构优化升级

依托首都科技、人才、信息和市场优势,加快经济结构战略性调整,以高端产业为方向,大力发展符合怀柔资源禀赋特点的高新技术产业、现代服务业、先进制造业,加快发展都市型现代农业,全面提升怀柔经济竞争力。

(4)坚持城乡统筹协调发展

加大对广大农村地区特别是山区在产业发展、生态建设、环境保护、基础设施建设等多方面的支持力度,缩小城乡生产、生活差距,促进全区整体繁荣和协调发展。

(5)不断完善社会公共服务

完善广泛覆盖城乡、以人为本、功能合理的社会公共服务体系,有效提供公共服务产品,满足人民群众多层次、多样化的社会公共服务需求,显著提高社会生活的舒适度、安全度和和谐度。

(6)加快提升人民生活品质

满足人民群众日益增长的物质、文化、精神和健康需求,大力发展区域特色文化,不断改善人居条件,努力扩大城乡居民就业,进一步提高社会保障能力,有效维护社会稳定,不断加强社会主义精神文明建设和民主法制建设,促进社会安定、和谐。

2.保障措施

(1)加强组织领导,纳入政府工作责任目标

区委、区政府要进一步加大对环境保护工作的领导,落实辖区环境质量一把手负总责的环境保护目标责任制,将环境综合整治主要考核指标体系纳入区政府对各部门、乡镇总体经济工作和领导干部绩效考核中,建立完善的环境保护责任追究制。

(2)建立资金投入机制,多渠道筹措建设资金

建立多元化的投入机制,拓宽资金渠道。制定有利于怀柔区建设的经济政策,通过市场机制,建立公平竞争、公开、有序的投资环境。拓宽招商引资广度,吸引和鼓励社会投资主体参与环境保护和生态建设,促进城镇建设朝着投资手段多元化、建设主体社会化、政府调控规范化方向发展。

(3)严格环保准入,源头治理

严格执行规划环评和重大决策环评制度,强化环境管理,实施污染物总量控制制度。严格执行“三同时”制度,加强建设项目的后期管理力度,强化验收环节的管理。

①加强环境监督力度,加大行政处罚力度和司法协调。

②全面贯彻国家和地方环境保护相关法律、法规和标准。监测和执法部门应依法行政,履行生态环境保护和监管方面的职能,有法必依,执法必严,规范执法行为,完善执法程序,提高

执法透明度。强化环保监督管理,加强对重点排污企业的监察监管和监测,加大对违法行为的处罚力度,加强联合执法,对环境违法、超标不改的企业强制处罚,打击不法排污企业。

③加强环境保护能力建设。建立和完善环境监测网络,增建环境质量监管点和自动在线监测设备,加强环境质量和污染源排放的监测和监控能力。加快信息网络建设和数据库系统建设,实现环保系统内部、环保部门与其他部门之间数据联网,实现环境保护工作的电子化、网络化管理。

第六章

北京京津风沙源治理工程的典型模式

京津风沙源治理工程实施几年以来，在国家和北京市各有关部门的共同努力下，工程进展顺利，建设质量总体良好，阶段性成果显著。

在北京京津风沙源治理工程建设过程中，北京市各工程区县通过资源整合，积极创建具有特色的区域经济，探索出十一大治理模式：速生丰产林模式、林药间作模式、生态走廊模式、生态旅游模式、荒滩治理模式、水源涵养林模式、特色经济林带模式、沙坑治理模式、乔灌混交治理模式、林牧治理模式、精品采摘园治理模式。基本形成了郊区果品的“八带百群千园”的格局，区域经济得到长足发展，后续产业发展如火如荼，展现了良好的发展前景。

一、速生丰产林模式

速生丰产林是利用基因工程等高科技手段，对原有乡土树种的遗传基因进行优化改造，使其染色体从质量和数量上得到改良，从而实现优良树种的培育；以及对乡土树种进行杂交繁育，再从几十代，成千上万个系列品种中优选优育，从而培育出优良树种。这些树种具有速生丰产，抗逆性强，经济价值高，高效、材质好，纤维长，轮伐期短，经济效益高的特点。

密云县太师屯镇前南台、后南台、黑古沿村，在退耕还林工程中，在充分了解杨树用材市场需求的基础上，结合当地土壤条件，选择抗病抗虫、易于繁育、群众乐于接受的速生丰产的杨树品种为还林树种，在 3 000 亩河滩沙地上，营造以欧美杨优良品种为主栽品种的速生杨，林下种草养畜，利用欧美杨生长快、效益高的特点，提高成林速度，使退耕地迅速发挥生态效益。同时，在 5～7 年一个短轮伐期内，可为造纸、木业、建筑提供数量可观的用材。按现行木材市场价计算，每亩每年可以获得 500～600 元的收益。结合退耕还林发展速生丰产用材林，既可防风固沙，又取得了可观的经济效益，是许多退耕户乐于接受的治理模式。

二、林药间作模式

中药材产业是我国最具活力的新兴产业之一。推行退耕还林林药间作生产新模式，有利于促进中药材产业的发展，增加林农收入，形成新的经济增长点。

北京市根据退耕还林工程实施的现状，结合退耕林农迫切希望开辟新的就业门路以增加收入的愿望，积极引导退耕林民实施林药间作，扩大增收领域。林药间作模式利用林下空间，间种多年生药用植物，实行半野生化栽培，建立林木和药材的共生关系。该模式能在较短时间内即可获得良好的经济效益。平谷黄松峪镇在退耕还林的林间空地上间种柴胡、防风、黄芩、金银花、西洋参等药材，积极培养主导市场，建立符合地域特色的退耕还林模式，达到生态功能、经济功能与景观效果优化的整治目标，不仅有效地改善了当地的生态环境，而且给当地农民带来可观的经济效益。据不完全统计，目前，北京市采用林药间作模式的面积已经超过5 000亩。

三、生态走廊模式

在北京京津风沙源治理工程建设过程中，怀柔区利用生态走廊模式，走出了一条符合自身生态建设的道路。怀丰路是北京通往河北省的主要通道，沿线的生态景观关系到首都和怀柔的形象，怀柔区以红螺寺景区为起点，沿怀丰路至云蒙山国家森林公园长约百公里的狭长区域进行生态富民建设，开展退耕还林工程建设，以工程措施和生物措施相结合，对川脊、坡面和川底实施综合治理，有效地防止了土壤侵蚀和水土流失，较好地改善了生态环境。目前，经过三年的治理，沿线五个乡镇共退耕 2.39 万亩，怀丰公路沿线的林木覆盖率提高了 3.6%，有效地提高了水源涵养能力，减少水土流失，每年增加林木蓄水量 136 万 t，形成了郁郁葱葱的森林景观。环境的改善，带动了旅游的发展，每年到怀柔旅游的游人达 310 万人次，旅游收入 2 亿多元，成为怀柔新的经济增长点。

四、退耕还林生态旅游模式

北京市门头沟区妙峰山镇樱桃沟村在生态旅游上做文章，带动了当地经济的发展和环境的改善。门头沟区妙峰山镇樱桃沟村地处著名风景区妙峰山下，该村因盛产樱桃而闻名。该村利用退耕还林的优惠政策和特有的地理优势，将退耕还林与发展地方经济有机结合，种植以樱桃等果树为主栽品种的经济林，开发旅游、生态资源，既有效地保护了生态环境，又增加了农民收入。全村目前种植的樱桃由最初的 50 亩发展到 1 000 多亩，年产量达到 4 万 kg，品种由5 个发展到 35 个，使大樱桃高效观光园区成为一个集旅游、观光、采摘、科普、休闲、度假于一体的特色精品观光园。在生态旅游、观光采摘上做文章，取得十分明显的成效。该村已连续三年举办观光采摘节，年产樱桃达 4 万 kg，年平均收入 100 万元以上，接待游人达万人次。现在，大樱桃种植已成为了樱桃沟村的支柱产业，实现了集体经济实力逐年壮大、村民生活水平稳步提高的发展目标。

区县链接：樱桃沟村当果农　500 棵樱桃树“盛装待嫁”

作为本市首批九种唯一性特色农产品之一的樱桃沟村大樱桃，在樱桃成熟之际，园区又推出了500棵正值盛果期的樱桃树，由市民认养的主题活动。6月2日开幕的第八届樱桃观光采摘节特推出果树认养主题活动，这500棵樱桃树分布整个园区，共有那翁、大紫、红灯等几十种樱桃品种，可供市民选择。

走进樱桃采摘园区，郁郁葱葱的樱桃树上挂满了红、黄樱桃，树丛中有小石板路、凉亭、小木桥、山泉水、鸟屋，而樱桃园背后就是大山，俨然是深山中的公园。“在这里认养了果树的市民，将拥有园区的观光权和该果树的采摘权，”该村党支部副书记田玉忠介绍，“市民在认养后，可以委托园区工作人员对‘自家’果树进行栽培，以便园区统一管理。”据了解，认养这样的一棵果树，价格在5 000～10 000元不等，一年可以收获至少50 kg正宗的樱桃沟大樱桃。目前，已经有20多棵果树被市民认养。

据了解，樱桃沟村种植樱桃已经有300多年历史，因这个地方具有有樱桃生长的独特气候资源——“冷湖”现象，因而樱桃果实营养品质上乘，风味独特。樱桃沟村通过不断地引种国内外新品种，园区面积已经达到1 000多亩，樱桃品种多达60多种，是目前国内品种最多的樱桃园区之一。目前，樱桃沟樱桃栽培标准化基地建设带动了周边地区7个乡镇、14个自然村种植业的发展。随着农业功能的不断开发，农业观光旅游蓬勃发展，每年到樱桃沟观光旅游、休闲采摘、参观学习的人数达3万余人次。

目前，该村旧村改造工程83户主体工程已全部完工，正处于内部细装修阶段，后继附属工程包括小型超市、邮政所、储蓄所、土特产旅游纪念品店、球类运动馆、停车场等工程将在未来两年内完成。此外，投资2 000多万元的仰山栖隐寺的修复工程，也已经正式动工，完工后将成为该村民俗旅游的新亮点。

资料来源：千龙网，2007-06-25（刘学，巩旭东）

五、荒滩治理模式

延庆龙庆峡荒滩治沙工程，总面积1.5万亩，多年前是山洪冲击形成的卵石滩，土层瘠薄，植被稀少，加之挖沙取石，破坏了地形地貌，形成新的扬沙起尘源，是一片不毛之地。2002—2004年，延庆县林业局采用多项综合技术措施，分三期对该荒滩进行了综合治理，共造林10 000亩，植树70万株，实现了旧貌换新颜。栽植刺槐、新疆杨、火炬、黄栌、拧条等20余种乔灌木树种，植树15.9万株，平整沙坑1 340亩，客土10万余 m^3，铺设地下管道15 000 m，铺设马来西亚生态垫、德国环保型覆盖垫300余亩，施用保水剂、植物生长激活剂10余t。多项技术的综合应用，提高了工程科技含量，加速了植被恢复，有效地控制了扬尘起沙，为荒滩治理起到了科学示范作用。

工程共组建施工专业队26支2 100人，平整土地3 840亩，客土152万 m^3，打机井14眼，铺地下管道39 700 m，安变压器7台，架线5 700 m，修路及防火道33 km，铺生态垫15万 m^2。此项工程曾受到市、县各级领导的好评，工程连续三年被评为首都绿化美化优秀设计奖和优质工程奖。

区县链接：北京连续多年植树造林　五大风沙危害区全部披绿

2003年6月17日是第九个“世界防治荒漠化和干旱日”。据北京市林业局提供的最新资料显示，经过连续多年的大规模植树造林，北京市五大风沙危害区剩下的最后20万亩裸露沙地今年已全部被绿色覆盖。

据新华网报道，记者17日在北京北部山区的延庆县龙庆峡荒滩农业生态区看到，一年前还乱石裸露、沙土满天的6 000多亩荒滩，如今已栽满了刺槐、白榆、黄栌、油松等乔灌木以及柠条、苜蓿草、沙地柏等沙生植物，去年栽种的新疆杨已长到七八米高，侧柏也长到三四米高。

一些沙化严重的地方还铺设了从国外引进的生态垫和环保型覆盖垫。扬沙扬尘现象已得到了有效控制。

北京西邻太行山，北依燕山，历史上分布着茂密的原始森林，具有良好的防风御沙作用。但到20世纪50年代初，北京的原始森林已破坏殆尽，全市森林覆盖率仅为1.3%。

新中国成立后，党和政府一直重视北京防沙治沙工作。特别是近两年多来，北京共营造治沙片林15万亩，人工种草5万亩。目前，北京五大风沙危害区的裸露沙地已全部被绿色覆盖，并建成了永定河半壁店森林公园、潮白河绿色度假村等一批沙地公园，昔日的风沙危害区已变成了风景旅游区。

据首都绿化委员会办公室介绍，几年来，北京同周边的天津、河北、内蒙古、山西等省、市、自治区共同努力，京津风沙源治理工程进展较快，效果明显。

资料来源：中国台湾网，2003-06-18(晨风)

六、水源涵养林模式

水源涵养林是能调节、改善、水源流量和水质的一种防护林，也称水源林。主要分布在河川上游的水源地区，对于调节径流，防止水、旱灾害，合理开发、利用水资源具有重要意义。其作用主要表现在：调节坡面径流，削减河川汛期径流量；调节地下径流，增加河川枯水期径流量；减少径流泥沙含量，防止水库、湖泊淤积。

密云水库是北京城市用水的主要来源，集水区内森林植被质量、盖度和裸露地面直接影响水源的水质。在该区域宜林荒山荒地、低效灌木林地和林间空地，营造水源保护林，施行乔灌结合，针阔混交，不仅对增加森林蓄水保墒、涵养水源、拦蓄径流、减少水土流失、净化水质、延长水库使用寿命有着极其重要的作用，而且对建设高标准的山区绿色生态屏障，改善首都的生态环境，促进当地农村经济发展有着重要意义。经过多年的治理，密云水库水源保护区内，建立了一个多林种、多层次的水源保护林体系，水质得到了明显改善，森林植被已经开始发挥效益。同时，由于生态环境的改善，带动了旅游观光、休闲度假、果品采摘业的发展，增加农民收入，促进了地方经济的发展。

区县链接：密云水库建成水源涵养林

近日，总投资480万元的密云水库6 000亩水源涵养林工程全部竣工。据悉，该工程可让密云水库年增加蓄水22.26万m^3，每年减少水土流失1 342.2 m^3。

资料来源：《京华时报》　2004-06-16(钱卫华)

区县链接：保护首都一盆净水　密云水库种下6 000亩水源涵养林

挖坑的、运苗的、栽树的、浇水的……今天上午，在密云水库沿岸到处都能看到造林工人紧张忙碌的身影，这样热火朝天的植树造林场面已在水库边连续多日了。今年，密云县将在密云水库周边建设6 000亩水源涵养林，以起到保护首都水源、防风固沙的目的。

为进一步保护好密云水库这盆首都“生命之水”，提高水库水质，增强林木固持水土、净化水源、防风固沙的能力，今年北京市有关部门与密云县委、县政府共同投资480万元，开始在密云水库沿岸打造6 000亩的水源涵养林。涵养林以针阔混交林为主，其中，针叶林主要栽植侧柏、油松等树种，阔叶林主要栽植黄栌、山杏、五角枫、刺槐等树种。同时，该县在已有4.5万亩水库彩叶带的基础上，加大彩叶林栽植比例，以达到增加水库周边景观的效果。

另据了解，水库涵养林将起到截流降水、涵养水源、过滤净化水质和防止水土流失、延长水库寿命等作用。目前，密云水库周边涉及的石城、太师屯等5个乡镇所组建的8个造林专业施工队的600多名造林人员已经开始了涵养林的建设工作，整个工程将于今年8月底竣工。

资料来源:《北京晚报》 2004-03-25(孟环，王晨曦)

七、特色经济林带模式

经济林系木本果品、木本油料、木本药材及特用经济林树种的总体简称，是构成森林的重要组成部分。

密云县利用密云水库和101国道贯穿全境的优势，结合小流域治理，把沿水库周边和101国道两侧的坡耕地全部退耕还林，建设以板栗、仁用杏、梨为主的特色经济林，取得了显著成效。几年来，沿101国道两侧3个乡镇16个村退耕7 000余亩，栽植板栗等经济林6 800余亩，形成特色经济林带，有效地增加了当地退耕户的收入。在退耕地外侧远山地带，开展荒山配套造林，栽植油松、侧柏等树种800多万株。目前，101国道两侧已是花果飘香，四季有景，色彩斑斓的生态景观长廊。

八、沙坑治理模式

北京市昌平区南口由于旧时河流在洪水的多年冲淤下，形成大片河滩地。开采砂石资源，使这里沟壑纵横。每到冬春大风季节，黄尘蔽日，飞沙走石，生态条件十分恶劣。在结合当地土壤地力条件同时，选择适宜植物品种，进行采用卵石、植物材料覆盖压沙，乔、灌、藤、草立体配置，生物固沙与工程固沙相结合，恢复林草植被。几年来，在南口荒滩上，栽植油松、刺槐、沙地柏及沙生植物等品种，施行客土回填，采用滴灌、渗灌和穴内施用保水剂、铺设地膜等先进的节水、保水等措施，进行综合治理，生态环境已得到初步改善。

九、乔灌混交治理模式

北京市延庆县48顷占地3 915亩，过去这里曾是乱石滚滚的一片荒滩。2000年底至2001年5月，延庆林业局对延庆48顷进行荒滩综合治理，动用土方50万m^3，打机井5眼，铺设地下输水管道1.5万m。采取多树种乔灌混交营造荒滩防风固沙林，栽植新疆杨、刺槐、火炬、臭椿等树种24.9万株。为提高造林成活率，采取客土回填、地膜衬覆等措施，有效地解决了卵石滩地漏水跑肥的问题。林间生境的改善，为林下灌木、地被植物的生长和恢复提供了条件。实行工程造林，进行乔灌混交，治理沙源荒滩，改善生态环境，这里现在已是一片生机昂然的绿洲。

十、林牧治理模式

延庆县北张庄镇利用退耕还林优惠政策，在坡耕地上，栽植四倍体刺槐 600 亩，林间种植苜蓿，发展奶牛、肉用羊等绿色养殖业和养蜂业，取得了良好的生态效益和经济效益。四倍体刺槐的叶子和苜蓿草，不仅为舍饲圈养的牛羊，提供了丰富的饲料，同时，槐花又是优良的蜜源植物。此模式为退耕还林农户后续产业的发展，提供了良好的范例，而且有利于巩固退耕还林建设成果。通过林牧结合，改善土地利用结构，形成种植、养殖相结合的特殊生态产业链，不仅实现了环境污染零排放和排放的资源化利用，而且加快了生态化畜牧业的健康与持续发展，扩大了农副产品的产业规模，提高区域经济发展水平，促进农民增收致富。

十一、精品采摘园治理模式

密云县庄头峪村位于穆家峪镇潮河东岸。2001 年初，在镇政府的统一号召下，开展了退耕还林工程，该村确定“依靠退耕还林政策，栽植经济林，向采摘观光型生态林发展”思路，采取整体推进、分户经营方式，发展红酥梨 1 000 亩。为了巩固退耕还林成果，解决水源配套问题，在林业、水利部门密切配合下，结合流域综合治理，进行节水灌溉配套——小管出流，同时修建集雨池两个，蓄水 2 万 m^3，砌护堤坝 4 000 m^3。截至 2006 年 5 月，该村已退耕 1 700 亩，栽植红酥梨、板栗、仁用杏等 10 万株，有效地改善了村容村貌，实现生态、经济和社会三大效益地有机结合，并取得了良好的效果。

第七章

国内外防沙治沙成功经验与典型案例分析

一、国内外防沙治沙成功经验

(一)国内防沙治沙成功经验

我国政府一贯十分重视荒漠化防治工作,新中国成立伊始即在风沙危害十分严重的河北西部连片营造防风固沙林。

1952 年原东北人民政府组织实施了东北区西部防护林带计划。

1954 年陕西、甘肃、宁夏等省区开始营造北部大型防风固沙林带。

1955 年全国人民代表大会通过了关于黄河中游各省区营造水土保持林计划的决议。

1958 年国务院在呼和浩特市召开了西北六省区治沙会议。

1978 年 11 月 25 日,国务院决定在 13 省区的 551 个县启动“三北”防护林体系建设工程,以防治荒漠化为主要目的的中国“三北”地区防护林体系建设步入了新阶段。

1990 年启动国家防沙治沙工程。

1991 年、1993 年又先后在甘肃兰州市、内蒙古赤峰市分别召开全国防沙治沙大会,国家领导人作了重要指示,国务院办公厅印发了关于防沙治沙的若干优惠政策,国家计划与发展委员会与财政部先后为防沙治沙工程安排了治沙基本建设投资、治沙事业费及沙化土地监测经费,财政部、中国人民银行设立了治沙贴息贷款,扶持沙产业的发展。

近些年,我国政府对包括防治荒漠化的生态环境工程建设高度重视,加大了生态工程建设的力度。京津风沙源治理工程、退耕还林工程等已先后启动的国家级重点生态工程投资巨大,将为实现中国荒漠化地区生态环境的根本改变奠定基础。地方各级政府也把防治荒漠化纳入政府重要议事日程。

建国以来,我国在沙漠化的治理方面取得了巨大的成就。在荒漠化监测方面,已形成以 3S 技术为支撑的、以沙化土地监测为基础的动态网络体系,为沙尘暴、荒漠化灾害预警体系奠定基础;在工程布局上,一改过去“向沙漠进军”的治沙方针,把治理的重点放在人为因素影响下形成的现代荒漠化土地;在植被建设上,改变了重建设、轻保护的做法,确立了以保护为基础,保护、建设并重的植被建设方针,逐渐形成了乔、灌、草复合种植;保水、节水等新技术应用与绿色生态产业开发相结合的治理模式。

我国防治荒漠化的成就和经验主要有:

1. 实施可持续发展战略,实现协调发展

我国政府把保护环境作为基本国策,将防治荒漠化纳入国家国民经济和社会发展计划,先后制订了《中国21世纪议程》、《中国环境保护21世纪议程》、《中国21世纪议程林业行动计划》、《全国生态环境规划》等重要文件，实施以实现经济、社会、资源、环境和人口协调发展为目标的可持续发展战略，坚持经济建设和环境建设同步规划、同步实施、同步发展。

2.完善各级政府领导协调机构，强化防治荒漠化的组织保障

1994年，我国政府成立了“中国防治荒漠化协调小组”，对外称《联合国防治荒漠化公约》中国执委会。2001年该“协调小组”进行了调整，成员单位由17个增加到18个，办公室和秘书处设在国家林业局，所需经费由国家财政拨付。由经中编委批准成立的防治荒漠化管理中心，具体负责组织协调管理和指导全国的荒漠化防治工作。国务院林业、农业、水利、土地、环境保护等行政主管机构，按照有关法律规定的职责和国务院确定的职责分工，各负其责，密切配合，共同做好防治荒漠化工作。全国防治荒漠化任务较大的14个省区也相应成立了防治荒漠化协调或领导小组，办公室相应设在林业行政主管部门。

为保证履行《公约》工作的顺利进行，成立了中国防治荒漠化协调小组高级顾问组，并建立了防治荒漠化独立专家队伍。此外，中国科协、中国治沙暨沙业学会、中国林学会、中国植物学会、中国动物学会、中国水土保持学会、中国生态学会、中国环境学会、中国地理学会、中国农业生态保护协会等学术团体和一些民间组织，也是我国防治荒漠化的主要力量，在荒漠化防治工作中发挥着积极的作用。

在科研教育方面，自20世纪50年代以来，以国家和地方科研院所与高等院校为基础，包括20世纪90年代成立的中国荒漠化研究发展中心和中国荒漠化防治培训中心，初步形成了较为完善的科研、教育组织体系。荒漠化防治学科设置日趋科学、教育、培训体系逐渐完善。

3.初步建立了全国性的荒漠化监测体系和干旱监测早期预警体系

我国已将荒漠化监测正式纳入国民经济发展计划，从2002年1月1日起开始实施的《防沙治沙法》对全国的土地荒漠化监测工作做了具体规定，从而使我国成为第一个通过立法程序对荒漠化监测做出具体规定的国家。从1994年起，经过近8年的建设，我国已经形成了较为完整的荒漠化监测组织体系，在荒漠化地区布设了30 000多个固定监测样地，选择了190个县作为重点监测地区，组建了以宏观监测、敏感地区监测和定位监测三个层次为框架、5年一个周期的全国荒漠化监测体系，并已分别于1994年和1999年先后组织开展了两次全国荒漠化、沙化土地监测，建立了国家及省级数据库和图库，结合对既往科学研究成果的系统整理、对比和分析，初步掌握了中国土地荒漠化的主要成因和发展趋势，为国家的荒漠化治理规划的制订提供了可靠的科学基础。

此外，国家已建立的森林资源监测系统、湿地资源监测系统、野生动植物资源监测系统、中国能量与水平衡监测系统、中国短期气候预测系统、全国旱涝气候监测及预警业务系统、沙尘暴预警服务系统，以及土地利用动态监测网络、水土保持监测网络、农业环境监测网络、生态定位研究站网络、环境监测网络与气象观测网络。上述系统和网络将共同支撑中国的土地荒漠监测工作，构成功能强大、网点稠密的综合性荒漠化监测网络体系。在该体系的支持下，我国从1996年开始发布《中国旱涝气候公报》，对全国干旱、洪涝的发生、发展进行监测预警，对干旱的发展趋势及其对农牧业、荒漠化影响等进行定量研究；“沙尘暴监测预警服务系统”的监测网络可在第一时间获得沙尘暴形成、移动、分布以及有关环境变化的数据，大大提高了沙尘暴天气预报的准确性和时效性。

4.不断加强荒漠化防治法制建设，完善保障体系

我国已经制定了近20部有关荒漠化防治的涉及自然资源和生态环境保护的法律，主要包括《森林法》、《草原法》、《土地管理法》、《水土保持法》、《野生动物保护法》、《环境保护法》、《环境影响评价法》、《水法》、《水污染防治法》等。在此基础上，国家和地方各级政府还制订颁布了一批配套法规，基本形成了由专门法律与相关法律、国家法律与地方法规相结合的环境保护法律法规体系。新修改后的《土地管理法》，纳入了防治荒漠化的有关条款。2001年8月31日，第九届全国人民代表大会常务委员会第二十三次会议审议通过了《防沙治沙法》，并决定于2002年1月1日起正式实施。《防沙治沙法》确立了防沙治沙的基本原则、责任、义务、管理体制、主要制度、保障措施，以及违反《防沙治沙法》应当承担的法律责任，是世界上第一部关于防沙治沙的法律，是我国防沙治沙工作的里程碑，标志着我国防沙治沙工作从此纳入了法制化轨道。2001年，我国还对《刑法》作了修改，特别是为法人破坏植被的犯罪行为设定了罪名，并通过了相应的司法解释。这是中国为加强生态建设而采取的一个超常规措施，是一个有效的法律武器。此外，中国还加强了对环境违法的执法力度，开展了严肃查处环境违法行为专项活动，加强了资源开发的环境影响评价工作。

5.重视荒漠化防治的科研、教学与推广工作，充分发挥科技人员的作用

我国十分重视荒漠化防治的科研、教学与推广工作，在国家陆续设立的11项科技计划当中，国家科技攻关计划、国家高技术研究发展计划、国家重点基础研究发展规划、国家科技成果推广计划、国家重点新产品计划、国家重点实验室建设计划以及西部开发计划7项计划中均设置了荒漠化防治研究及其相关研究课题，以期为我国的土地荒漠化防治提供理论、技术、材料等方面的保障。教育部将防治荒漠化列入了全国高等教育大纲，开展正规的、不同层次的荒漠化防治技术与意识教育。政府规定重点林业生态工程投资的3%用于科技支撑，农业综合开发投资的10%用于科技支撑和推广科技成果。

“八五”期间，国家组织实施了近20项荒漠化防治专题科技攻关研究项目。“九五”期间，国家又组织完成了国家重点科技攻关“荒漠化防治技术研究与示范”项目，共建成荒漠化土地治理试验示范区1.27万hm^2，筛选出植物新材料21项，认定科技成果21种。“十五”之初，国家已启动了较大的荒漠化防治项目22项。同时，我国成立并及时调整了由来自各行各业20多位高级专家组成的高级专家顾问组，强化对荒漠化防治的科技支撑工作。国家林业局积极鼓励科研单位和个人开展防治荒漠化技术服务，试验和推广了干水、保水剂、吸水剂等治沙新技术、新产品，组织编写出版了《中国防沙治沙实用技术与模式》和《中国防治荒漠化传统知识与实践技术》等技术手册，努力增加荒漠化防治的科技含量，连续组织多层次的荒漠化防治意识与技术培训班，多次组织“百名科技人员科技送乡村活动”，培训和提高国家及各级地方政府荒漠化防治相关部门领导、技术干部的荒漠化防治意识与管理技术水平，向荒漠化地区广大农牧民传授防沙治沙技术，大力推进防治荒漠化实用技术向现实生产力的转化。科学研究成果的推广与应用，极大地促进了中国的荒漠化防治工作。其中，英文版的《中国防治荒漠化传统知识与实践技术》获得了联合国开发计划署最佳实践奖。

6.广泛宣传，提高全民的荒漠化防治意识

自1995年6月17日召开第一个世界防治荒漠化和干旱日纪念大会以来，每年6月17日我国都在北京及其他几十个大中城市组织大规模的防治荒漠化意识教育和宣传纪念活动，取

得了显著提高公众防治荒漠化意识的效果。每年的植树节、环境日、水日、防治荒漠化和干旱日都有大批的志愿者,志愿投身到植树造林、防沙治沙、水土保持、改善环境的工作。2001 年以来,为履行关于举办"绿色奥运"的承诺,又对实施防沙治沙重点工程的重大意义作了重点宣传,增强了国际社会、全国人民对治理好京津地区风沙危害的信心。通过声势浩大的宣传,提高了上至国家领导人、下至普通老百姓的防沙治沙紧迫感、责任感和使命感,社会各界治沙热情空前高涨。

7. 完善政策体系,鼓励广泛参与

为保护西部地区的生态环境,我国制定了相关的税收优惠政策,对西部地区保护生态环境、退耕还林还草产出的农业特产收入,自取得收入年份起的 10 年内免征农业特产税。为有利于对农、林、牧、渔业生产进行科学管理,保护生态环境,增强抗御自然灾害的能力,对外国企业向中国境内转让技术所取得的特许权使用费,在报经批准后,可免征预提所得税。通过安排治沙贴息贷款,引导银行增加贷款投入。国家推行实施了拍卖"四荒"(荒山、荒沟、荒沙、荒地)、"谁造林、谁经营、谁受益"、"个体承包、以粮贷赈"以及对国家对生态林进行财政补贴等政策;参与退耕还林还草的农户已达 400 多万户,参与购买"四荒"农户达 310 多万户,仅拍卖"四荒"使用权就达 650 多万 hm^2,全国已有 2 300 多万 hm^2"四荒"明确了治理开发主体,并有一半以上的面积得到初步治理,乡村集体经济组织收取拍卖资金 20 多亿元。在大部分地方实行了牧区草原承包责任制,实行草原公有、分户承包、家畜户有户养和社会化服务。承包期一般为 50～70 年,允许继承和转让,到期后可按有关法律和法规继续承包。国家向退耕户无偿提供粮食补助,每亩退耕地每年补助原粮 100～150 kg。国家在一定时期内按退耕面积每年给退耕户每亩补助 20 元人民币。国家向退耕户提供造林种草种苗费补助,退耕还林还草和宜林荒山荒地造林种草每亩补助 50 元。为配合荒漠化防治工作,我国修订了《中西部地区鼓励外商投资产业指导目录》,增列了"防护林工程"、"恢复森林资源工程"、"森林病虫害防治"等条目,并对外资投资上述项目给予相应的优惠政策。2003 年 6 月 25 日,中共中央、国务院发布了《关于加快林业发展的决定》,确定了林业和生态建设的新思路,对荒漠化防治提供了更灵活和优惠的政策以鼓励社会各界的积极参与。此外,全体公民防治荒漠化的意识也空前提高。中国已进入到防治荒漠化工作形势最好的时期。

8. 积极参与《联合国防治荒漠化公约》框架下的国际交流与合作

我国积极参加了《联合国防治荒漠化公约》秘书处组织的各项活动。1996 年以来,中国先后主办了第一届"亚非防治荒漠化论坛"、"亚洲防治荒漠化部长级会议"、"亚非早期预警技术研讨会"、"亚洲区域第二次联络员会议"、"亚洲区域荒漠化监测与评价专题网络启动会"、"亚洲地区荒漠化监测与评估基准与指标特别专家组会议"、"支持中国履约建立伙伴关系暨筹资国际会议"及"中国履行《联合国防治荒漠化公约》战略回顾研讨会"等,编制了《亚非防治荒漠化研究发展培训中心可行性报告》,主持亚洲地区荒漠化监测与评价网络的建设工作,吸纳了 20 多个国家加入该网络。我国积极呼吁有关国际组织、亚洲区域组织和发达国家继续关心亚非防治荒漠化研究发展培训中心和亚洲地区荒漠化监测与评价网络的建设,并提供技术和财政支持。目前,我国正在积极参与次区域及区域荒漠化防治工作,就共同感兴趣的问题与部分周边国家进行磋商。

我国积极开展与其他国家和各国际机构的合作。有关国际机构从 20 世纪 80 年代中期开始在中国干旱区开展防治荒漠化的援助活动。这些国际组织包括联合国粮食计划署(WFP)、联合国粮食与农业组织(FAO)、联合国开发计划署(UNDP)、国际农发基金(IFAD)、世界银行(WB)等。中国与世界各国在防治荒漠化方面的双边合作主要开始于20世纪90年代,合作的国家主要有德国、日本、韩国、澳大利亚、加拿大、法国和荷兰等国。合作项目的开展为中国的荒漠化防治引进了资金和技术、培养了专业人才,有力地促进和推动了中国荒漠化防治工作。

专栏:我国政府高度重视沙化治理工作,政策法规及管理措施逐步完善

党中央、国务院高度重视防沙治沙工作。国务院1958年在呼和浩特召开了西北六省区治沙会议;1991年、1993年在兰州、赤峰分别召开全国防沙治沙大会,江泽民、李鹏、朱镕基作了重要指示;1991年,国务院批复了《1991—2000年全国防沙治沙规划要点》,启动了全国防沙治沙工程,国办印发了治沙若干优惠政策;国家计委解决了治沙基建投资每年3 000万元,中编委批准成立林业部荒漠化管理中心;财政部解决了治沙事业费每年150万元,沙化土地监测经费500万元(现增为1 000万元);中国人民银行、财政部设立了治沙贴息贷款(1992—2000年46亿元规模),扶持沙产业发展。近几年,中央领导对治沙工作更加关注。江泽民号召要大抓植树造林、绿化荒漠;要尽快解决长江、黄河泥沙俱下及北方荒漠化问题。朱镕基强调我国荒漠化问题很尖锐,急需及早采取措施加以解决;防沙止漠刻不容缓,生态屏障势在必建;抓紧启动环北京地区防沙治沙工程。李岚清提出治沙要见成效,为2008年绿色奥运奠定基础。温家宝指示治沙工作很重要,如何治理,要统筹规划,研究提出具体治理办法和项目。党中央、国务院有关部门、社会团体和舆论界对治沙工作也非常重视,加之中国经济运行良好,社会稳定,经济提升,有能力防治沙漠化,变害为利,并使其成为21世纪我国经济新的增长点。特别是近年来,防沙治沙工作的形势更是喜人,在许多方面取得了重大突破。

一是《防沙治沙法》正式出台。这是我国乃至世界上第一部关于防沙治沙的专门法律,从根本上解决了治沙工作的管理体制,明确规定了沙区植被保护、建设和利用的法律制度,标志着我国防沙治沙工作步入法制化轨道。初步建立了从国务院到乡镇防沙治沙组织领导和管理体系。加强了沙区植被的保护,滥挖甘草、搂发菜的行为得到了有效制止。加强了沙区生态水管理,为生态的良性循环创造了条件。

二是启动实施了环北京地区防沙治沙工程和以防沙治沙为主攻方向的"三北"四期工程。这两大工程覆盖了我国沙区90%以上的土地,构筑了全国防沙治沙的骨架。黄河故道沙化土地综合治理项目和南方湿润沙地与石漠化防治试点示范也正在进行中。新疆和田治沙生态建设项目、西藏一江两河沙化土地治理项目已完成了规划编制工作,正在审批中。以大工程为龙头的全国防沙治沙整体推进的格局已经形成,防沙治沙跨越式发展的局面已经打开。

三是国家对防沙治沙投资有了较大幅度增加。近两年,国家对防沙治沙的投资由20世纪90年代每年仅3 000万元,每亩补助3元,增加到目前环北京工程每年投资近10亿元,治沙造林每亩补助100元,减轻了沙区群众无偿投工投劳的压力,为防沙治沙提供了有力的保障。

四是初步建立了荒漠化、沙化土地监测和预警体系。通过1994年和1999年两次全国荒漠化、沙化土地监测,摸清了我国荒漠化、沙化土地的面积、分布、成因和变化趋势。在此基础上,建立荒漠化、沙化土地地理信息数据库和动态变化模型,为开展沙尘暴趋势的预测预报工作,为防沙治沙科学决策提供了有力依据。

五是形成了一套行之有效的防治技术和模式，且居世界领先水平，不仅为中国，也为世界防治荒漠化做出贡献。网格状沙障、飞、封、造生物固沙技术等多项技术，属于我国首创，效果良好。编辑出版了《中国防沙治沙实用技术与模式》和《中国防治荒漠化传统知识与实践技术》受到国内外欢迎，《中国防治荒漠化传统知识与实践技术》（英文版）还获得了联合国开发计划署最佳实践奖。对干水、保水剂、吸水剂等治沙新技术、新产品进行了试验和推广，取得了良好效果。组织了百名专家科技送乡村活动，培训了农牧民防沙治沙技能。

六是履行《联合国防治荒漠化公约》（简称《公约》）进展顺利，对外交流合作领域逐步扩大。利用防治荒漠化国际舞台，宣传我国防沙治沙工作，深受国际社会的好评。去年在北京成功地举办了有40多个国家和20多个国际组织参加的“支持中国履行《联合国防治荒漠化公约》建立伙伴关系暨筹资会议”，联合国开发计划署援助中国监测能力建设、德国援助宁夏治沙项目等援助项目正在积极运作之中，对外合作交流领域前景广阔。《公约》的有效履行，提高了我国的国际地位。

七是充分利用宣传阵地，提高全民防沙治沙意识。围绕“6.17”世界防治荒漠化和干旱日，利用各种途径，多种媒体，进行宣传：1997年组织了百万人签名治沙活动；1998年在全国100多个城市开展了街头宣传；1999年在中央电视台播出公益广告；去年又在《人民日报》、《科技日报》、《法制日报》等报纸刊出了整版文章；为履行“绿色奥运”的承诺，对实施防沙治沙重点工程的重大意义作了重点宣传，增强了国际社会、全国人民对治理好京津地区风沙危害的信心。通过声势浩大的宣传，提高了公众防沙治沙的紧迫感、责任感和使命感，社会各界治沙热情空前高涨。

但从目前来看，防沙治沙工作仍是我国生态环境建设的薄弱环节，处在国民经济和社会发展初级阶段的较低层次，体制不顺，机制不活，投入不足，管理粗放等问题制约着防沙治沙快速发展，突出表现在以下几方面。

一是管理体制不顺，协调难度较大。我国治沙技术、经验、模式处于世界领先水平，更有五十年的不懈努力，但全国沙化仍在扩大，原因之一就是管理体系有问题。省、地、县林业牵头治沙的协调机制尚未完全建立，国家、部门合力不够，林业部门工作难度较大，综合治理的措施未落实到实处。在一些地方由综合部门设立生态办等机构，将具体的项目审批、管理、施工和资金调配集中于这些机构，致使农、林、水职能部门难以发挥作用，而这类机构又缺乏专业人才，业务不熟瞎指挥及监管力度不够，造成生态工程质量较差、资金浪费严重。三北地区涵盖我国90%以上的沙化土地，是全国防沙治沙的重点区域，但国家治沙行业主管部门在该地区缺乏管理手段，宏观指导“三北”工程治沙工作相当乏力。

二是政策、机制不活、优惠少，难以调动社会力量防沙治沙。沙区开发税费、农林特产税仍然居高不下，造林治沙仍要缴纳土地占用费、支付水资源费，治沙贴息贷款期限短，贷款难，以及沙地治理承包期不稳定，导致其他非公有经济和群众投资治沙的积极性不高。

三是资金投入仍显不足，治理工作进展缓慢。有限的资金投入，难以形成规模治理，工程只在局部展开，质量现状有待提高，遏制沙化扩展仍需时日。

四是对沙区不合理的人为活动约束不力。“五滥”屡禁不止，边治理，边破坏。认识不到位，摆不上重要位置。没有纳入地方政府的重要职责及地方政府领导政绩考核指标。

五是治沙组织机构不健全，专业人才缺乏。在很多县、乡治沙站处境举步维艰，拖欠人员工资、技术人员流失较为普遍，技术推广体系薄弱，基层技术力量不足，难以保证防沙治沙质量和效果，造成治沙工作仍处于低水平徘徊的境地。

资料来源：百度百科，2007-03-04

（二）国外防沙治沙成功经验

1. 世界荒漠化情况

根据UNEP数据资料，过去50年间非洲36个国家面临旱地土地退化，即荒漠化。全球旱地占全球总面积的40%，约51亿hm^2，有10亿多人口赖以生存和生活的资源受到了严重影响。荒漠化影响了70%的旱地，即36亿hm^2或世界1/4的土地受到了荒漠化的影响。据估算，世界30%的灌溉农地、47%的雨养农地和73%的牧场发生荒漠化。

全球范围内每年由于荒漠化影响造成的年收入减少达420亿美元，由于荒漠化造成的生态难民或粮食减产，也给周边地区带来了间接的社会和经济损失。25亿人口直接受到荒漠化的影响，另约10亿人面临荒漠化的威胁。这些人口包括世界上最贫困人口。到2050年如果不采取预防的措施，经济损失将急剧上升，将有18亿人口受到影响。荒漠化土地的恢复消耗将远远大于预防的投入。

Edwin D. Mckee主编的《世界沙海研究》认为，沙漠化是干旱地区土地退化的一种主要类型，以地表出现风成沙为主要指征之一。分布在干旱荒漠区的风成沙，一般称作沙漠或沙海。分布在半干旱和湿润地区的内陆风成沙，多称沙荒或沙地。全球沙漠面积占世界半荒漠和荒漠总面积的23.3%，约700万km^2。

美国西南部荒漠区没有连续分布的大沙漠，零星分布风成沙，面积约17万km^2。多以沙丘或沙地命名，例如怀特沙漠和阿尔戈多尼斯沙丘。美国中部大草原沿湖、沿海沙地面积近100万km^2。

北非撒哈拉荒漠总面积900万km^2，是全球最大的荒漠。就其中每一个沙漠而言并非第一。其中被戈壁、石漠分割的沙漠面积为180万km^2，占全球沙漠总面积的25.7%，其中面积较大的有东部大沙漠（19.2万km^2）、西部大沙漠（10.3万km^2）、木祖克沙漠（5.8万km^2）。

南非卡拉哈里沙漠的西南部沙漠面积为11.5万km^2，卡拉哈里低地沙漠达161.38万km^2。纳米布沙漠面积3.4万km^2。

亚洲沙漠面积较大，约250万km^2。其中阿拉伯半岛沙漠面积达79.5万km^2。大鲁伯哈利沙漠面积56万km^2，堪称世界第一大沙漠。内夫德面积7.3万km^2，瓦希巴沙漠1.6万km^2。此外，还有达赫纳沙漠、小内夫达沙漠等小沙漠。

前苏联中亚地区、哈萨克斯坦及里海北岸有沙漠面积83万km^2。

蒙古荒漠面积约52万km^2，多为沙砾质戈壁，零星分布的沙丘约1.5万km^2。

伊朗荒漠并非是沙漠，而是盐漠。其中卡维尔盐漠面积4.7万km^2，卢特盐漠面积5.2万km^2。流动沙丘零星分布于盐漠周围及高原，面积5万km^2。

澳大利亚沙漠总面积105万km^2，其中辛普森沙漠31.2万km^2，吉普森沙漠22.1万km^2，大沙沙漠36万km^2。

印度和巴基斯坦境内塔尔沙漠面积26万km^2。

全球流动沙漠主要分布于非洲、阿拉伯半岛和我国西北地区，其他地区零星分布，面积估计有 450 万 km^2，占全球沙漠总面积的 64.3%。年降雨量 100 mm 以下，沙丘高大密集，人烟稀少，植物固沙经济条件和自然条件都不允许。植物固沙只能限于防护新老绿洲、工矿交通以及城镇居民点。

全球降雨量在 100 mm 以上的固定和半固定沙漠，面积约为 250 万 km^2，占全球沙漠总面积的 35.7%。主要分布在南非、中亚、塔尔沙漠、澳大利亚和我国古尔班通古特沙漠及柴达木盆地，与季风雨、地中海气候、高原气候有关。斑块状和条带状流沙的出现，往往与人为破坏沙生植被有关。

2. 国外成功经验

联合国环发大会把防治荒漠化列为《21 世纪议程》的优先行动领域。保护人类自己的家园，加快治理荒漠化已成为世界各国共同的使命，更成为国际科学研究的前沿领域。可以说，每个国家都在积极研究与不断探讨治理荒漠化的对策和措施，并积累了不少成功的经验。

(1)美国和德国——政府主导型

美国是受荒漠化严重影响的国家。从 20 世纪 30 年代开始，美国制定了专门的法律，为治理荒漠化“保驾护航”，具体内容包括限制土地退化地区的载畜量，调整畜禽结构，推广围栏放牧技术；引进与培育优良物种，恢复退化植被；实施节水保温灌溉技术，保护土壤，节约水源；禁止乱开滥伐矿山、森林等。另外，国家鼓励私有土地者种草植树，在技术、设备、资金上予以大力支持。这些政策和措施有力地促进了土地的合理利用，有效地遏制了土地荒漠化的急速扩展。

针对 1934 年的特大黑风暴，1935 年罗斯福下令制订《大平原各州林业工程》，通称“防护林带工程”、“罗斯福工程”。国会为此拨款 7 500 万美元，并通过法案，实行免耕法，授权政府对农庄主给予补助，8 年共营造防护林带 28 962 km，保护农田 2 430 万亩。截至 1992 年，美国人工防护林带总长度 16 万 km，面积 975 万亩。

德国号召回归自然，1965 年开始大规模兴建海岸防风固沙林等林业生态工程。造林款国家补贴(阔叶树 85%，针叶树 15%)，免征林业产品税，只征 5%的特产税(低于农业 8%)，国有林经营费用 40%～60%由政府拨款。

(2)澳大利亚和土库曼斯坦——沙漠产业化模式

澳大利亚，干旱半干旱土地面积占 75%，沙漠面积 269 万 km^2，占国土面积的 35%，属热带沙漠。对沙区基本上实行以保护为主的管理办法，在大范围雨后或季节性的植被生长状况用气象卫星数据进行沙化监测，政府每年投资 18 亿澳元开展水、土和生物多样性保护项目建设，建立示范区、沙漠公园、轮牧、控制农户最大放牧量、发展灌木林、农民教育培训等活动，由于人少地多等原因，荒漠植被保护良好。

土库曼斯坦，1954 年开始新建卡拉姆运河，全长 1 400 km，调水到西部灌溉 5 250 万亩的荒漠草场和 1 500 万亩的新农垦区，并改善 10 500 万亩草场的供水条件，运河两岸成为以棉花为主的农业基地。

(3)印度和以色列——科技主导型

印度在治理荒漠化方面也取得了明显成效。目前，印度已利用卫星编制了荒漠化发生发展系列图，基本摸清了不同土地利用体系下土壤侵蚀过程及侵袭程度；开发了一系列固定流沙的技术，他们通过种草植树、改土固沙等生物措施，既维持了生态平衡，又改造了大片流沙地，达到了可持续土地利用与环境保护的目的。

以色列的建国史其实就是一部治理、开发和利用荒漠化土地的奋斗史。以色列的荒漠化面积占其国土总面积的75%，他们采用高技术高投入战略，合理开发利用有限的水土资源，创造出了高产出、高效益的辉煌成就。为了提高荒漠地区的产出，科技人员大力研究开发适合本地种植的植物资源：一是广泛引种驯化。他们派出科技人员，前往世界各地广泛收集世界干旱地区有价值的物种进行试种研究。二是开展植物杂交育种，利用现代生物技术培育出抗盐碱耐干旱的新品种。三是对作物的引种、培育、种植都是以市场为目标，充分发挥优良品种的作用，使沙漠化劣势成为自然优势。目前，以色列的农产品和植物开发研究技术处于国际领先水平，从而保证农牧林产品的优质化、多样化，在欧洲占据很大市场份额，取得高额回报。这样做使荒漠化的治理和开发得到了有机结合，迈入了良性循环的发展轨道。

除了上述较为典型的经验介绍之外，世界上其他国家也在积极探索防沙治沙之道。日本在5万亩的沙岸宜林地上营造150～250 m宽的海岸防护林，先设置植物沙障固定流沙，形成防护林后对沙丘内侧进行开发利用。造林款政府补贴50%(国家40%，地方10%)。

前苏联，“斯大林改造自然计划”，1949—1965年规划营造防护林8 550万亩，营造8条总长5 320 km的大型国家防护林带，截至1985年已完成8 250万亩，防护林地比重已从1956年的3%提高到1982年的20%。

北非5国，跨国林业生态工程——“绿色带”建设。阿尔及利亚、摩洛哥、突尼斯、利比亚、埃及5国联合建设一条横贯北非国家的绿色植物带，以阻止撒哈拉沙漠的进一步扩展或土地沙漠化，规划在东西长1 500 km，南北宽20～40 km的范围内营造各种防护林4 500万亩。

非洲撒赫勒地区，20世纪60年代由联合国组织实施了振兴畜牧业，解决人畜饮水的防沙治沙国际行动，钻挖了许多深水井，以水井为中心建立了固定的生活区。

从上述各国的经验可以看出，人在与大自然的搏斗中，科技是一项必备的战略武器。科技能够增强人自身的防御能力，同时也能改造自然。在与沙漠化的斗争中，我们可以利用卫星定位系统观测沙漠化状况，通过转基因提高动植物对沙漠的适应能力，通过高科技的节水工艺达到防沙固沙的目的。但更为重要的是，治理沙漠化需要一个处于中立地位的组织者和能够代表全人类利益的领导者从思想行动等各个方面统筹兼顾，全面指挥。

政府在沙漠化治理过程中发挥着举足轻重的作用。政府是多种利益关系的平衡者，可以综合考虑各种因素，利用全国的人力、物力、财力集中整理沙漠化问题。政府能够调动和协调各个部门的行为朝着同一个方向前进，通过财政税收等多种手段刺激人们治沙的热情，通过教育、媒体等多重方式改变人们的观念。总之，政府的意识和行为都将对沙漠化的防治产生深远的影响。

专栏：日本林业投资状况

1. 日本森林资源概况

日本是经济高度发达的市场经济国家，经济总量列美国之后排世界第二位。雄厚的经济实力为农林水产等基础产业提供了强有力的资金支持。日本现有林地面积为2 500万hm^2，森林覆盖率为66.8%，森林蓄积量34.83亿m^3，其中针叶林约占80%，阔叶林约占20%。主要树种有日本落叶松、赤松、黑松、丝柏、山毛榉、红桦、白桦等。森林所有制分为国有(国家所有)、民有(地方政府所有)和私有(个人林主)三种形式。其中国有林约占31%，民有林和私有林约占69%。

日本林业指导方针经历了由恢复战后荒废的森林(1945—1955)到强化人工林(1955—1965)到发挥森林的公益效用(1965至今)三次重大转变。日本国会2001年3月通过的新的《森林、林业基本法》,对林业功能作出发重大调整,确立了发挥森林多种功能的方针。

2. 日本林业投融资及相关政策

(1)重视对林业的投入　政府不仅直接投入大量的资金,而且通过农林渔业金融公库存、林业融资、森林灾害保险等对林业所需资金进行全程跟踪,全方位扶持。公库资金的特点是:①贷款期长。一般为18年,最长可达55年。②利率低。一般为2%的年息,最优惠的为无息。③资金种类多。农林渔业金融公库资金种类有强化林业基础资金、提高森林培育活力资金、培育林业经营资金、农林渔业设施资金、增进半山区活力资金、新开始事业等资金、林业经营安定资金、促进林业结构改善事业资金、振兴山村、疏过木林地域的经营改善资金9种资金;林业改善资金种类有林业生产高度化资金、引入新的林业部门资金、林业劳动福利设施资金、确保从事林业的青年人培养资金4种。

(2)对林业的投入主要采取金融扶持政策　扶持的主要方式是通过林业融资政策来实现。融资渠道主要有三个:农林渔业金融公库资金(前已述)、林业改善资金、木材产业等高度化推进资金。资金按具体内容可细分为6项,即团地间伐促进资金(主要用于木材间伐区修建道路和维护)、技术导入资金(购置先进设备、提高劳动效率)、特准间伐设施资金(主要用于购置木材干燥设备)、安全生产设施资金(购置安全高效的采伐工具如油锯等)、减轻劳动条件设施资金、(主要减轻劳动者劳动强度,如在没有路的地方修林道、路轨,也可以购置振动小的林业生产设备)和林业经营开始资金(主要用于开展林副产品多种经营)。

专栏:前苏联西伯利亚等地区林业生态工程

1. 工程概要

前苏联森林覆盖率36%,其中防护林占森林总面积的22.5%,占国土总面积8%,然而20世纪初,由于森林植被较少和特殊高纬度地理条件,农业生产经常遭到恶劣气候条件等因素的影响,产量低而不稳。为了保证农业稳产高产,经过大量的试验研究,20世纪40年代,大规模营造农田防护林被提上了议事日程。

1948年,前苏共中央公布了“苏联欧洲部分草原和森林草原地区营造农田防护林,实行草田轮作,修建池塘和水库,以确保农业稳产高产”计划。计划用17年时间(1949—1965),营造各种防护林570万hm^2,营造8条总长5 320 km的大型国家防护林带(面积7万hm^2),在欧洲部分的东南部营造40万hm^2的橡树用材林。

1967年,前苏共中央发布了《关于防止土壤侵蚀紧急措施》的决议,决议将营造各种防护林作为防止土壤侵蚀的主要措施,再次把防护林建设列入国家计划,使防护林建设进入新的发展阶段。到1985年,前苏联已营造防护林550万hm^2,防护林比重从1956年的3%提高到1985年的20%,其中农田防护林180万hm^2,保护着4 000万hm^2农田和360个牧场。营造国家防护林带13.3万hm^2,总长11 500 km,分布在分水岭、平原、江河两岸、道路两旁,与其他防护林纵横交织,相互配合,对调节径流、改善小气候、提高农作物产量等起到明显作用。据统计,由于防护林的保护,牧场提高牲畜产量12%～15%,农牧业年产值增加23亿卢布。

20世纪80年代末期，苏联解体，大规模营造防护林活动中止。

2.前苏联的林业生态工程建设政策

(1)实行农业工程、森林土壤改良、防止侵蚀的水利工程及防洪的综合性措施，对所有企业与组织的土壤防止侵蚀措施的实施加强监督，在遭受风沙侵蚀损害的地区实行综合防治措施。

(2)对损害土地、污染土地、不合理利用土地，以及不采取改善和保护土壤措施的用地单位，要追究行政责任。

(3)凡从事采矿工业或建设以及破坏土壤覆盖层的其他有关作业的企业、组织和机关，要进行地上复垦，必须剥离、保存和搬运土壤耕作层到复垦的土地上或其他低产田上，必须投入部分自有资金从事复垦和农田基本建设，使其适宜于农业、林业、渔业或规定用途的使用状态，并根据国家土地规划设计院的设计方案实施。

世界上最大的沙漠——撒哈拉沙漠的飞沙移动现象十分严重，威胁着周围国家的生产、生活和生命安全，特别是摩洛哥南部、阿尔及利亚和突尼斯的主要干旱草原区、利比亚和埃及的地中海沿岸及尼罗河流域等尤为严重。为了防止沙漠北移，控制水土流失、发展农牧业和满足人们对木材的需要，北非的摩洛哥、阿尔及利亚、突尼斯、利比亚和埃及等5国政府，决定在撒哈拉沙漠北部边缘联合建设一项跨国生态工程。

1970年，以阿尔及利亚为主体的北非5国，决定用20年的时间(1970—1990)，在东西长1 500 km，南北宽20～40 km内营造各种防护林300万hm^2以阻止撒哈拉沙漠的进一步扩展或土地沙漠化，恢复这一地区的生态平衡，最终目的是建成农林牧相结合，按比例协调发展的绿色综合体，使该地区绿洲面积翻一番。后来，各国又分别做出了具体计划，如阿尔及利亚的《干旱草原和绿色坝综合发展计划》、突尼斯的《防治沙漠化计划》和摩洛哥的《1970—2000年全国造林计划》等。

工程从1970年开始实施，到20世纪80年代中期，已植树70多亿株，面积达35万hm^2，初步形成一条绿色防护林带，防止了撒哈拉沙漠的进一步扩展。后来，北非5国加快造林速度，到1990年，已营造人工林60万hm^2，使该地区森林总面积达到1034万hm^2，森林覆盖率达到1.72%。

资料来源：上海农业网，2004-03-09

(三)我国防治荒漠化面临的问题

虽然我国的沙漠化研究治理工作已经取得了一些令世人惊叹的成就，但沙漠化点上治理、面上破坏，局部好转、总体恶化的局面仍未得到根本改观。土地沙漠化的总体状况是治理与破坏并存，且治理的速度赶不上破坏的速度，沙漠化仍然越治越重。治理工作中还存在着土地利用方针的偏差、治理沙区思路不对、科技支撑能力弱、防沙治沙投入不足、对防沙治沙工作认识不够等诸多难题，防沙治沙工程任重而道远。

1.导致荒漠化扩张的贫困问题仍较突出

我国广大的荒漠化地区大多是贫困地区。自然条件恶劣，经济基础薄弱，群众生活贫困，是导致土地荒漠化的深层次原因。沙区地方各级政府发展区域经济、脱贫致富的压力大，需要加强与发达地区和国家在技术、经济和社会发展等领域的交流与合作，促进荒漠化地区的经济和社会可持续发展，减轻荒漠化地区人口与经济发展对自然资源的压力，逐步消除导致荒漠化扩张的贫困问题。

2. 科技推广体系相对薄弱

由于沙区经济文化落后，基层治沙机构人才匮乏，防沙治沙科技推广体系不够健全。一方面，许多地、县、乡技术推广机构经费不足，无法开展荒漠化防治技术培训，交流相对较少，影响了技术推广质量，阻碍了技术的改进与推广。另一方面，由于缺乏科研单位与基层技术人员、农牧民的交流机制，致使科研单位科技推广体系相对薄弱，导致一些先进防治技术得不到及时推广应用，致使防治荒漠化工作的科技含量总体上不高，影响了建设成效。

3. 依法防治体系不健全

尽管我国已经出台了相当数量的荒漠化防治相关法律法规，并且已开始实施《防沙治沙法》，但相关法律法规之间、相关法律法规与政策间的关系尚待理顺，执法程序尚待进一步明确，执法队伍建设尚须进一步加强。由于法制知识宣传和普及程度不够，不知法、不懂法导致的有法不依和执法不严现象较为普遍。此外，由于一些法律本身有缺陷，可操作性差，缺乏有效遏制滥垦、滥牧、滥樵、滥采、滥用水资源等不合理人为活动的强有力措施，执法效果并不理想。

4. 政策措施尚需完善

鼓励非公有制主体和个人参与荒漠化防治的资金扶持、税赋优惠、土地利用等政策不够完善，保护治理者合法权益以调动社会各界参与荒漠化防治的积极性等方面的政策措施，还处于尝试和探索阶段。另外，《防沙治沙法》的一些规定还需要进一步明确和细化。

5. 防治资金仍显不足

近年来，我国加大了对重点生态工程建设的投入，防治荒漠化资金投入不足的问题有所缓解。但是，与繁重的荒漠化防治任务相比，资金投入仍显不足。由于资金投入不足，导致一些地区的防治荒漠化工程建设质量不高，工程建设成果难以巩固，规模难以扩大，制约了中国防治荒漠化工作的总体步伐。

6. 监测预警能力需要加强

土地荒漠化、沙化以及沙尘暴的预警网络体系虽已初步建成，但其基础设施和手段以及技术人员业务素质尚待进一步提高。特别是监测预警为生产服务，及时为广大农民和基层管理者用户提供必要信息和服务的软硬件能力需要加强，评估的手段和标准也还需要不断完善，目前的监测预警能力仍然较低，影响对荒漠化及沙尘灾害的防治。

7. 沙区后续沙产业发展滞后

由于长期以来沙区后续沙产业发展技术水平低，缺少龙头企业带动，沙区资源利用效率不高，严重制约了地方经济发展，农牧民增收缓慢。沙产业经济效益不高，广大治理者在荒漠化防治中难以得到回报，也影响了荒漠化防治的积极性。并且，在某些地区，由于认识上的偏差，出现了一味植被建设，越绿越穷的绿化先进，影响了老百姓参与治理和保护植被的积极性，人们迫于生计不得不依靠对治理成果的再次破坏来提供生活所需。

(四)借鉴与对策

防沙治沙是一项复杂的系统工程，涉及生态、经济、社会等多方面的问题。因此，今后的防沙治沙工作必须在坚持兼顾经济效益、生态效益和社会效益，整体布局，长远规划；分区治理，突出重点；防、治、用结合，以防为主等原则的前提下，本着“科学规划、因地制宜、先易后难、先急后缓、重点突破、注重实效”的思路，开展防沙治沙工作。

1.注重环境效益、经济效益相统一的生态农业开发

治理沙漠化的关键是要从导致沙漠化的根本原因入手，突破技术层面的限制，从经济学、生态学和沙漠学相结合的角度，把沙漠化治理与农村经济的发展有机结合起来。目前特别是要与农业经济的发展有效结合起来，基本农田建设要走少而精的路子，按照因地制宜的原则，就近就低搞好坡耕地改造、滩坝地等基本农田建设，在提高标准质量、加强水利配套、应用农业科技、实现稳产高产上下功夫。由重数量转到重质量、重效益，由广种薄收、靠天吃饭的传统耕作方式转向精耕细作、集约经营，由以粮为主的农业生产结构调整到以经济生态效益为主，大力发展经济作物和经济林草。通过使用高新技术，利用沙漠中水、光、温、土地资源的优势，改造生产要素条件来提高粮食单位面积产量；通过产业重组、提高技术含量，走农业产业化发展道路。改善农村经济状况，提高农民的经济收入，能够大大促进沙漠化土地的承载力发生跃迁，从而消除沙漠化产生的根源，使沙漠化土地得以整体逆转。

2.大力发展林业和草业

建立林业和草业开发为主体的产业化发展格局。在实施各种有效措施基础上，在增加林草覆盖率、减少水土流失、改善生态环境，以取得生态效益的同时，更要考虑以土地维生的农民直接获得的经济效益。

从林业本身而言，是一个产业链十分丰富而复杂的大产业群体；从树木本身而言，对于人类社会是生态、经济、社会三大效益于一身的生物体；从中国树木资源而言，拥有 6 000 多种生态经济树种，任何一种树种(包括灌木)只要它的生命活动继续，首先向人类社会贡献的就是生态效益。与此同步，其木材往往因存在经济价值而为人类长期利用。

草业开发作为区域经济发展的一项基础性产业，它不仅包括草地畜牧业、饲料业而且还包括草的深加工业以及非牧开发性的草坪业、草皮护坡工程和草业绿地旅游观光业等。在以种草起步，强化产业的过程中，必须有开拓创新意识，根据当地的实际情况提出明确的指导思想和目标，编制科学的规划实施方案，以既定的主体产业如畜牧养殖或观光旅游为主线，带动其他相关产业的发展，开发具有区域特色和区位优势的草业。

建立林业和草业开发的“双效”营运体系，彻底改变脆弱的生态环境，建设生态、经济双效工程。一方面要建立健全配套政策、支持服务等管理体系；另一方面还要以科技为支撑，使林草这一基础产业步入经济高效之路。管理上，要强化领导，加大宣传力度，制定激励的资金扶持和优惠政策等；科技服务和科技创新上，要调动相关的科研单位和大专院校，选育良种林种和草种，建立多元化的优良草种科技园区，引进和选育经济高效的草畜品种，开展集约化的舍饲养殖和胚胎克隆示范研究，并安排一定的资金开展林业和草业深加工、综合利用以及新兴草产品的高科技开发，使草业这一朝阳产业起到生态和经济的双效性。

3.加大水土保持工作的力度，合理利用水资源

在水土保持生态系统建设中，要从人口、资源、环境协调发展的高度，着眼于实现人与自然的和谐共处，既要积极开展综合治理，更要注重充分发挥生态的自我修复能力，恢复植被，加快水土流失治理，努力做到以良好的水土保持生态系统，保障经济社会的可持续发展。

在综合治理的措施上，要进一步调整优化。一是加大小型水利、水保工程建设力度，特别在多沙粗沙区，要加强治沟工程建设，减少水土流失。同时，大力兴修水库，合理开发利用水资源，大力开展节水运动。特别是解决好干旱季节苗木缺水和发展经济林用水的问题，千方百计提高林草成活率和保存率，提高林草的经济效益。二是在水土保持综合治理的措施中，要进一步增加林草措施的比重，凡是适宜造林种草的地方，都要尽可能地采取生物措施增加植被，要发挥水保造林工程整地的优势，充分利用天然降水。在干旱少雨地区，科学选择适生树、草种，草、灌、乔结合，以草、灌为主，大力发展沙棘等灌木。在沙漠化严重的地区采取以调水为主的重要措施，开展绿洲生态建设。

4.充分发挥政府在沙漠化治理中的作用

沙漠化治理中，政府以制度的供给者与需求者的双重角色，发挥沙化治理的策划者、裁决员和监督官等重要作用。在局部利益与整体利益、近期利益与长远利益、经济利益与生态利益以及个人利益与他人利益存在矛盾的情况下，利益主体的作用则有可能被歪曲，政府就必须从大局出发，维护社会的长远利益。因此，以中央政府为主导的治理措施只应加强，而不应减弱。

首先，政府应充当沙化土地治理制度创新的策划者。

在未开发的沙化地域，以国家投入为启动，以乡村集体投入为补充；以银行贴息贷款为扶持，以沙化防治为目的，对沙化土地进行统一规划，建造以网格为主，网、带、片结合的治沙林与网格内粮、果、瓜、菜等作物经营相结合的间作模式。政府投资治沙，农民投资经营，“树随地走”，对规划区内的治沙林谁承包，谁负责，政府定期检查，农民以经营收入支付承包费和偿付银行的贷款。这种模式需要完善政府投资的管理制度和土地林木的承包、租赁和管理制度。

将“四荒”资源的使用权以租赁、拍卖的方式向不同经济成分的经营主体公开转让。受让主体按统一规划治理开发，治理资金来源广泛，公司运作规范。这种模式需要科学可行的规划和土地的异地转让治理制度及有效的激励和控制制度体系的完善。

其次，政府应担当沙化土地治理制度创新的裁决员。

沙化地区经济发展水平相对较低，沙化土地治理难度大、成本高，而国家财政投入严重不足，现行土地承包制度与沙化土地治理规划存在偏差，中央政府要对地方政府的制度方案进行裁决，并创造条件予以支持。如地方财政税收的一部分留在地方作为沙化土地治理专项建设资金；降低沙漠化地区农林特产税、农林特产交易税的征收税率；对于不同利益群体的利益关系，中央政府应进行协调、裁决、维护整体的利益，保证治理的效果。

再次，政府还要担当制度实施的监督者。

各级政府和有关部门在生态环境建设方面，先后制定颁布了《森林法》、《草原法》、《环境保护法》、《水土保持法》、《水法》、《沙漠化防治法》等，对生态环境建设资金的使用范围、对象、管理也作出了明确的规定，特别强调了资金专款专用的管理制度，各项治理制度也将进一步建立健全。政府应进一步加强对相关法律、制度的监督落实；建立起有投资者、管理者和当地居民等广泛参与的资金管理制度，切实保障农民的合法权益，实行账目公开和专项资金使用稽查制度。杜绝专项生态环境建设资金的挪用、滥用；实行沙化土地治理工程管理制度，严格执行治理项目立项、论证、审批制度；建立由政府、科研、管理、技术人员参加的沙化土地综合治理规划、监理、验收制度等。

二、典型案例分析

(一)美国:保持水土、防止沙尘暴

■ 防沙治沙有法律和制度保证,奖惩分明

■ 自然资源保护署形成全国网络,提供水土保护的技术和资金援助

一战后昂贵的小麦价格,使美国成千上万民众蜂拥到南部大平原开荒种地。植被遭破坏,加之20世纪30年代初的连年干旱,使南部大平原垦区沙漠化迅速蔓延。继1933年11月11日起自于南达科他州的首场沙尘暴后,沙暴一次比一次猖獗,最令美国人震撼的是1934年5月11日开始持续两天的强劲沙暴。此次沙暴形成了高3 km,长1 440 km,宽400 km的沙尘带,从大平原一路肆虐到芝加哥,像下雪一样铺天盖地把沙尘倾倒至城市的每一个角落。数天后,沙尘暴抵达纽约、华盛顿等东部地区,最终带着3亿多吨沙土,消失在大西洋数百公里的外海。沙尘暴肆虐最严重的地方,地表因积沙上升了1 m左右,无数房屋、农具、庄稼被埋在沙土中,35万农民倾家荡产,被迫逃离大平原。

大自然无情的报复,让美国人开始懂得要善待自然。自1935年起,美国人开始了一场旷日持久的生态保卫战。1935年4月,美国国会通过了著名的《水土保护法》。当时的美国总统罗斯福刚上台100天,美国政府就启动了多项恢复生态平衡的计划。

早在20世纪20年代,把治沙作为毕生追求的领军人物休·哈蒙德·贝内特就敏锐觉察到土壤侵蚀的灾难性后果,并到处奔走,大声疾呼,告诫政府和民众要善待大自然。其当年最具影响力的文章是1928年发表在农业部简报上的《土壤侵蚀:一场全国性的灾难》。直到今天,这篇力作仍有振聋发聩的警世之效。贝内特推行的最具实效的项目之一,是建立起一个水土保持示范基地,用实例让公众明白不善待大自然的危害,以及防沙治沙的必要性。贝内特对沙化治理的一大贡献,是他从一开始就倡导采取科学方法综合治理,认为只有把恢复植被、建造防沙绿化带、科学利用水源,以及鼓励人们注意水土保持等各种措施加以综合利用,才能达到最好的防沙治沙效果。随着环保科技的发展,贝内特的这一治沙理念越来越显示出其前瞻性。美国从来没有停止保持水土以防止沙漠化和沙尘暴的进程。政府主管部门的"自然资源保护署"已形成了一个全国网络,在各地根据需要设置分支机构或科研中心,为地方政府、企业、民众,甚至外国政府,提供水土保护的技术和资金援助。

数十年来的治沙实践,已为美国相关行业积累起丰富的经验和方法,主要包括:开发适宜在沙土地生长的豆科植物,以利于沙土地恢复地力;在沙土地的植物根部围上石子,因这些石子不但可保存晨露为植物增加水分,且可延缓沙土中的水分蒸发;在沙土地上挖掘人工槽,以利于收集雨水,以及把随风飘飞的草树籽拦下,给它们以生根发芽的机会;或者在每平方米内放置一两个捆绑起来的稻草堆,不但可有效降低风沙对环境的肆虐,且可帮助附近的树草扎根成长。

有研究表明,并非所有治沙区都应该种树,因草树对地下水源的大量吸取,会对特定地理构造地区的水土平衡造成破坏,带来得不偿失的负面影响。如在美国内华达州,尤其是拉斯韦加斯一带的沙土地带,市府或饭店吸引游客种植棕榈树较为普遍。然而,种活一棵棕榈树的代价非常昂贵,种其他树种也因沙漠中水贵如油而不现实。为此,当地政府从外地运来土壤,上

植树草，并进行滴灌，借以降低成本。更具特色的是，美国人利用旧报纸纸浆、植物纤维等原料，发明出如发胶一样的绿色材料，大面积喷洒在沙漠上，像植被一样稳固沙土，效果不错。

在防沙治沙过程中，美国政府除了在媒体、广告和路标上宣传防沙治沙的重要性，还对沙土拥有者积极的治沙行为进行奖励，对达不到治沙标准的进行处罚，罚款可高达每天数百乃至上千美元。

今天，美国民众的整体环保意识非常浓厚，尤其是在沙尘暴曾经肆虐过的地区，人们一旦发现破坏防沙治沙行为，都会向政府举报，而防沙治沙部门的监督执法力度也非常到位，否则就会遭到民意代表的质询，重则个人会丢掉饭碗，机构会被迫进行改组等。

（二）巴基斯坦：建立保障机制、支持农民治沙

- 建立防治沙漠化工作保障机制
- 调动农民治沙积极性和主动性
- 引进能够防沙固沙的新物种

塔尔沙漠跨越巴基斯坦和印度两个国家，总面积约 30 万 km^2，属世界十大沙漠之一。这片沙漠西以印度河、萨特卢杰河为界，东以印度马尔瓦高原东侧为缘，为印度大沙漠的延伸部分，主要为沙质荒漠，东南部多砾漠，年均降水量小于 100 mm，气候干热，5～6 月份的强尘暴是沙漠中的重要灾害。近 10 年来，巴基斯坦南部地区持续干旱，使得塔尔沙漠在其境内推进速度明显加快。加之人口不断膨胀，巨大的人口压力也诱发了农田土壤的过度使用，从而加剧了巴基斯坦信德和旁遮普两个农业大区的土地荒漠化进程，许多良田成为荒漠，农作物产量急剧下降。据了解，在一些沙害严重地区，农作物产量甚至下降了 85%。

为防止沙漠化造成更大危害，巴基斯坦政府在 20 世纪 90 年代率先推出了“国家防治沙漠化行动计划”，要求各级政府都将此项工作列入责任范围，在沙漠地区推行植树造林，推广种植新型的、用水量少的经济型农作物。巴基斯坦环境保护协会会长阿里夫在接受记者采访时称，当年实施这些计划确实面临着一系列困难和挑战，转变农民的传统意识，让农民真正懂得环境和人类互相依存的关系，是他们面临的最大挑战。另外，防治沙漠化工作也面临着保障机制问题。众所周知，旱地农业风险大，在特别干旱的年景可能会颗粒无收。如果没有机制上的保证就很难让农民留在家里，参与沙漠化的治理工作。事实上，最初确有一些农民宁愿举家迁徙他乡，也不愿在当地居住。作为保障机制，该协会向政府建议成立农业发展银行或农作物保险公司等机构，以便向承受风险的农民提供必要的经济帮助。

为进一步推动“行动计划”的实施，巴基斯坦环境部在 2006 年 7 月还宣布一项新的环境保护计划，出资 1 700 万美元与联合国共同在巴建立数十座培训中心，帮助当地农民接受新的农业种植技术，保护土地和防止沙漠化。

除政策鼓励外，巴基斯坦的一些地方政府还相继采取措施，提高农民治理沙漠的积极性和主动性。乔里斯坦地区就是一个成功范例。乔里斯坦位于塔尔沙漠西端，是巴基斯坦遭受沙漠侵蚀最严重的地区之一，经济损失严重。为吸引农民广泛参与治沙，乔里斯坦地区发展局在专家帮助下几年前就开始为农民物色树木物种，要求这个物种不仅能在极度干旱的沙漠中生存，而且还能成为经济型树木，让农民能够获得收益。就这样，墨西哥酸枣树率先受到当地专家的青睐，被引进到乔里斯坦地区后很快就受到当地农民的喜爱。墨西哥酸枣树的树根密集，有利于固定地表的土壤，防止沙漠的大风把土壤吹走。同时，这种树木每年都可以生产出大量

的可以榨油的树籽，树籽油可制成润滑剂，被政府收购后，当地农民可获得一笔不小的收入。为了保护这种树木，有的农民还为酸枣树发明了一套独特的浇水方法，即在每一棵酸枣树下埋着一个泥坛子，每2～3天向坛子里倒入1～2 L水，水通过泥坛子慢慢向外渗透，为酸枣树提供所需水分。据了解，到目前为止，乔里斯坦地区一半以上的旱地都种上了酸枣树。

随着治理沙漠措施的深入实施，乔里斯坦地区荒漠化现象得到了很大改善。该地区的一位农场主马力克告诉记者，1960年，他的家族在印度河和杰纳布河之间获得了一块土地，当时这片土地非常肥沃。然而从20世纪80年代起，这里的农田就逐渐开始沙漠化，土质越来越差，大片土地不得不被弃耕。但通过政府和农民对沙漠化进行大规模治理，这里的土壤情况又重新好了起来，现在他的农场里又可以重新种上棉花、小麦、甘蔗、玉米，在靠近河流地区还种上了水稻。马力克还高兴地说，他生产的芒果已出口国外。

与其他地区相比，乔里斯坦地区首府巴哈瓦尔布尔更是大变样，一条长达40 km的绿化带紧紧环绕城市，自然环境明显改变，沙漠在这里止了步，周围的农田也常年被郁郁葱葱的庄稼覆盖，每到收获季节，沉寂多年的丰收曲又开始在这里奏响。

受成功引进墨西哥酸枣树的启发，巴基斯坦政府在治理沙漠化问题上更加注重新物种的引进工作。目前，在巴基斯坦塔尔和俾路支两大沙漠上，来自非洲肯尼亚的沙漠植物、澳大利亚的金合欢树以及中国的沙棘都为当地治沙事业做出了贡献。

(三)以色列：长远规划、科学开发

- 注重可持续发展和长远规划
- 发展以节水为核心的现代农业
- 大力开发沙漠农业技术

以色列2/3的国土是沙漠，贫瘠缺水，年均降水不足200 mm，南部沙漠仅25 mm，人均水资源250 t。但是，以色列依靠正确决策和人才、科技、资金优势，改造沙漠，发展现代农业和高科技产业，从落后的农业国变为现代发达国家，人均产值1.8万美元，位居世界12强。如今，南方内格夫沙漠生机勃勃，现代城镇、农场和企业掩映在沙漠森林、绿洲、果园、温室和绿野中。其可耕地由10万hm^2增加到44万hm^2，灌溉面积从3万hm^2扩大到26万hm^2，农产值增长近20倍。沙漠成为以色列的战略纵深、现代工农业发展基地。有人说，按以色列的节水农业效益，地球能多养活3倍人口。

以色列开发沙漠的经验，主要包括以下几点：

一是战略决策坚定明确。当年，以色列总理本·古里安在战争环境下，力排众议，极有远见地提出“以色列未来的希望在南方”的战略决策。他身体力行，离职后定居南方沙漠，毕生改造沙漠。20世纪50年代初实施“北水南调”工程，耗资1.5亿美元用11年建成长145 km、直径2.74 m的地下引水干管，把北部加利利湖水输送到南方沙漠，大力发展滴灌，改变农业战略，由农业立国转向以出口为主的高科技工农业。

二是节水和生态保护并重，注重可持续发展和长远规划。以色列把水视为战略资源，立法保护，规划使用，全民节水。制定了资源保护、水源、建筑、环保、绿化等系列法规，规定水资源归国家所有，用市场经济手段保护水资源，科学用水。在保护生态前提下开发沙漠，建立水、土、空气等生态系统“红线制”，严格控制水质和采水量，建立国家绿色核算体系，用污染税、环境许可证、绿色标志等环保制度引导、鼓励绿色消费。停产棉、稻等高耗水作物，发展电子通讯、医药等高科技企业。已在沙漠建3个森林区，绿化面积1.2万hm^2。全国建40多个国家公园，发展沙漠温泉洗浴、古迹旅游等第三产业。1986年制订绿化沙漠规划，在保持地貌的前提下，因地制宜建设绿洲。

三是科学用水开发沙漠，发展以节水为核心的现代农业。20世纪60年代中期发明滴灌后，国家大力推广，如今已发展到第6代，全国建起电脑化灌溉网。黑、棕色滴灌塑料管通到哪里，便在哪里创造农业和绿化奇迹，“每寸土地都透着高科技”。滴灌极大减少渗漏和蒸发，水、肥利用率高达90%，大幅增产。另一方面，为解决水危机，建大型海水淡化厂，研究从地中海、红海引水。

四是开发沙漠农业技术。众多沙漠研究所开发高科技农业技术。因地制宜地开发地下盐碱水和废水灌溉、温室大棚、养殖、花卉、生物基因等技术。

五是政策倾斜和市场机制并举。沙漠区是最优惠开发区，是未来农业和社会的发展重点，实行扶持出口、高科技项目、企业10年免税、鼓励沙漠区移民等优惠措施。如今，绿化整洁的中小城镇在沙漠中星罗棋布，城乡、工农差别已难区分。

中东曾经是茂密大森林，死海曾是苍山绿树环绕的美丽湖泊，沙漠化的主要原因是人口膨胀、战乱、气候变化等对环境的破坏。以色列专家坦言，以色列的沙漠改造只能说是刚起步，与目标和需要相去甚远。专家认为，最适合人类居住的环境是年降水900 mm。沙漠绿化只能治表，根治的办法是大量调水，改变干旱环境。每亩沙漠若年灌溉100 t水，连灌10年后，1/3～2/3水下渗或蒸发后降水返回储留，沙漠大面积每亩储水600 t，地下水位上升，降雨增加，沙漠自然消失。

（四）埃及：多方引资、项目带动

- 出台系列优惠政策，吸引社会资金和国外投资
- 鼓励和吸引人们到沙漠地区去投资、定居和移民开发
- 研究出改善沙漠生态环境的土壤改造、灌溉和农艺技术

位于非洲东北部的埃及，全国约98%的人口挤居在仅占全国面积4%的尼罗河流域，特别是尼罗河三角洲地区。虽然埃及政府一直注重治沙造田，但人口增长速度远远超过土地开垦速度。到1998年，埃及人口猛增到6 300万，人均耕地不足1亩，粮食自给受到威胁。面对严峻现实，埃及政府加快了治理沙漠的步伐，将其提到“向沙漠索要生命和生存权”的高度来看待，提出“走出旧河谷，开发新天地”的战略口号。

近几十年来，埃及政府先后实施了几个较大的治沙项目，如在1979年启动了“和平渠”工程，即把下游的尼罗河水跨越苏伊士运河向东引至西奈半岛，把那里的不毛之地治理成肥沃良田。20世纪80年代后期启动的从首都开罗至地中海海滨城市亚历山大的沙漠公路治理和综合开发工程，已在昔日的沙漠中建设成了一条200多公里长的绿色长廊。然而，最具影响力的治沙工程当属图什卡工程，被埃及总统穆巴拉克称之为“史诗般的世纪工程”。

图什卡工程于1997年初正式启动，计划在20年内投入约897亿美元，在埃及南方图什卡地区开凿一条长达310 km的引水渠，在沙漠中开发利用26万km^2的土地。水渠主干道从纳赛尔湖的图什卡湾向西到达图什卡地区的宜耕地带，然后再向北延伸到巴里斯绿洲，再向西北，到达新河谷的哈里杰绿洲和达赫莱绿洲，此后流向费拉菲赖绿洲，最后抵达拜哈里耶绿洲，就此构成新河谷和新三角洲。工程龙头项目是建立一个特大型扬水站，该扬水站的设计扬水

能力是 2 500 万 m^3/天，扬水高度可达 54 m，包括 24 个扬水机组，其中 18 个工作机组、3 个备用机组、3 个未来扩容机组。整个工程将使 46%的西部沙漠土地得到开发利用，开发耕地面积近 2 000 万亩，最终目标是将埃及国土面积利用率由现在的 5%提高到 25%。在这个大开发区内将建立新的工业城、农业区，修建铁路和公路等基础设施，开发旅游项目，进行边境贸易，使其变为真正的生产和生活区域，解决 500 多万人的生活和工作问题。

图什卡工程宣布实施之初，埃及就成立了以总统为首的"图什卡工程部长委员会"，成员包括公共工程和水资源部长、农业部长、旅游部长、经济部长、国防部长、电力和能源部长、工业部长等。该委员会负责制订工作计划和方案，对实施过程中的重大事项进行协调、决策。公共工程和水资源部负责工程具体组织管理工作，研究制定具体的发展规划和工作方案。为使这些工程项目能持续进行下去，埃及议会进行专门立法，为工程的实施提供法律保障。

在项目的筹资方面，埃及政府出台了一系列优惠政策，广泛吸引社会资金和国外资金。图什卡工程项目规定，政府投资占 20%～25%，主要用于大型扬水站、主渠道、主要公路和输电系统等基础设施建设，其余靠国内外企业投资来完成。为吸引国际组织、其他国家的有关机构对工程进行投资，埃及政府出台了一系列优惠政策，如凡在该地区进行生产经营的国内外企业可享受 20 年免税，这些公司所需的设备、原料免征关税，凡参与图什卡水渠工程建设的公司、企业享有以优惠价格购买已开发土地的权利，在图什卡地区进行投资的埃及公司可从国家银行得到优惠贷款。受到这一系列优惠政策的吸引，挪威、英国、日本的公司和世界银行、阿拉伯基金会以及埃及国内的一些大企业，纷纷向图什卡工程投资或捐资。

埃及政府想方设法鼓励和吸引人们到沙漠地区去投资、定居，进行移民开发。其主要措施有:以优惠的价格出售土地，以良好的生活服务设施吸引人，把治沙工程与大学生就业结合起来，促使大学生把学到的知识运用到生产实践中，使之成为当地科学种田的主体和带头人，同时政府提供一定资助，帮助没有土地的农民、失业人员迁入新开垦区，建立社区。图什卡工程最早开发的部分地区，昔日的荒漠已变成了阡陌纵横的良田、绿树成荫的果园、工业企业、小城镇和居民点。

开发沙漠既是一项异常艰巨的工程，也是一项科学性极强的工作，能否成功，最终要看效益高低。埃及政府从一开始就非常注重发挥科技在治理中的特殊作用。早在 20 世纪 50 年代，埃及政府就成立了沙漠开发总局，对南部的图什卡地区进行全面勘查分析。1995 年初至 1996 年底，农业部又组织专家对该地区的地形地貌、水资源、电力、土壤和环境等进行了详尽的考察和综合研究，完成各方面的研究报告 100 多份，并对工程费用、财政支出、经济效益等做了定量分析，还运用卫星遥感等先进技术进行工程设计和规划，经过调研和反复的科学论证，前后经历了 30 年的"打磨"才最终确定了实施图什卡工程的最佳方案。

工程开工后，埃及政府又调集了全国有关科研力量对工程实施中遇到的各种难题进行联合攻关，国家农业研究中心、沙漠研究中心、科研部以及各大学的研究所等均参与了有关科研工作，在沙漠腹地设立治沙研究站，研究在新开发土地上发展高效农业的技术。科研人员根据新开垦的土壤里水分、营养少，但没有农药、化肥残留物，极少病虫害等特点，研究出了一整套改善沙漠生态环境的土壤改造技术、灌溉技术和培育适应干旱环境的动植物良种及农艺技术，生产出的蔬菜、水果等绿色食品深受消费者的青睐，目前已成为效益很高的出口创汇拳头产品。

链接域外：

联合国警告说，在过去的半个世纪，亚洲的沙尘暴规模已经扩大为原来的5倍。沙尘暴带来了一系列全球性的健康和经济问题，沙尘暴正逐渐成为一种危害越来越严重的自然灾害。

据统计，2003年由沙尘暴、飓风、龙卷风和其他与天气有关的自然灾害造成的损失第一次达到600亿美元。1991—2001年，大约有80%的类似的灾害发生在亚洲，影响了70万人，并造成3 690亿美元的损失。

危险性极大的沙尘暴表明“全球环境问题”的严重性，有消息说，中国、日本、韩国和蒙古正准备合力减少沙尘暴的危害。

面对沙尘暴各国采取了应对措施：

中东黄金铺就绿色。包括西亚和北非在内的中东地区，也是世界四大沙尘暴活跃区之一。由于人口增加，本来就是以不毛之地居多的中东地区，开始大量开垦牧场，乱砍滥伐森林，过度放牧。为了保护脆弱的生态环境，中东各国根据各自不同的情况，采取了一系列沙尘暴防治措施。一是制定禁止开垦牧场的法律法规，建立牧场保护区。目前，仅在叙利亚和约旦，这种牧场保护区就有60个。二是斥巨资绿化城市，这主要集中在盛产石油的海湾国家，像多哈、迪拜等城市，绿化都非常好，而绿化护理费用不菲，可以毫不夸张地说，海湾国家每一块绿地就是一块黄金。三是节水保护生态，这主要是在以色列，与海湾国家不同，以色列不盛产石油，但这个沙漠国家利用雄厚的经济实力和尖端的农业技术，大力推行滴灌等节水技术，进行生态建设和农业生产，成为农产品出口国。

澳大利亚围绕牧场治沙。澳大利亚被称为“骑在羊背上的国家”，其土地荒漠化主要体现在草场退化上，广大平原地区是该国沙尘发源地。因此，澳大利亚对沙尘暴的治理主要围绕牧场来进行。一是严格实行轮牧；二是推广圈养；三是科学搭配畜群数量和种类，养什么、养多少，不是由农场主自行决定，在同一个畜群里，牛、羊的数量搭配也是经过科学测算的。

中亚地区播绿治沙。为了治理沙尘源，前苏联政府开始采取植树造林、退耕还草及调整农业结构的方式治理沙尘暴，他们沿着草原区和森林草原区，营造规模巨大的防护林带。同时，采取飞播、调整农业结构的方式进行沙尘暴的治理。

有这样一则报道：美国内华达州的高速公路两边黄沙漫漫，一望无边。可风起时却不见沙尘。原来当地用科技手段，开发出一种像发胶一样的材料喷洒在沙土上，可以使沙土固定在沙漠上动弹不得。可见，根治沙尘的方法一要依靠科技手段，二要因地制宜。在适合种树的地方植树造林，在不适合种树的地方依靠科技手段开发出适宜的固沙方法，从而让天空不再因沙尘弥漫而失去应有的蔚蓝。

风沙刮了几十年，有关沙尘的报道也说了几十年。我们只有一个期盼——愿更多的人付出智慧和汗水，愿人们在更多的蓝天下生存！

资料来源：新浪网，2004-04-06

三、与荒漠化防治有关的几个问题

(一)混沌系统与荒漠化防治

荒漠化防治就是通过人为的干预,即外部输量,使荒漠化系统保持负熵,生态系统稳定,达到控制荒漠化发展,并促使逆转的目的。用混沌理论理解荒漠化过程,就是要认识到通过荒漠化系统本身的“放大”作用,加强人为目的的有利影响来有效地治理荒漠化,或消除人为的不利影响防止荒漠化的发生和发展。

(二)全球变化(水热)与荒漠化防治

至今,国际上对全球变化与荒漠化的确切关系仍然认识不清,认识上存在很大分歧。第一种观点认为,气候干旱是荒漠化的主要原因,人类活动的冲击是次要的。第二种观点认为,人类不合理的经济活动是荒漠化形成的主要动力,气候变化是次要因素之一。对于我国而言,气候暖干化的趋势在相当长时间内难以改变,这就要求在荒漠化防治过程中,必须准确判断全球变化对不同类型荒漠化的影响,以及恢复后的生态对全球变化的适应性。

(三)生物多样性保育与荒漠化防治

在极端干旱和干旱区,生长多种特有的动植物,它们具有抗旱、抗盐碱、抗病虫害等极端环境的能力,是蕴涵着丰富的具有特殊功能的生物基因库。防治荒漠化在客观上起到了保护和恢复生物多样性的作用,不仅改善了生态环境,维持了荒漠化地区的社会经济可持续发展,同时也为我国未来开发利用生物基因资源做出巨大贡献。

(四)生态经济与荒漠化防治

生态系统是指经济领域的一切活动都必须以保障优良的生态环境为前提条件,包括农、林、牧、旅游、工业等各行业的发展,都必须与当地最佳生态环境相适应。近年来,在国家政策和财力的有力支持下,经过广大科技工作者和荒漠化地区各级政府的共同努力,已有多种生态经济模式初见雏形,例如,科尔沁沙地立体开发模式,榆林治沙模式、毛乌素沙地“三圈”模式、荒漠绿洲生态农业模式等。实施这些生态经济模式不仅能够有效地防治荒漠化,而且可以大幅度地提高人民群众的经济收入,改善生活环境质量。

(五)高科技与荒漠化防治

目前,荒漠化监测中使用的“3S”技术,干旱区植物生态恢复中的节水和节能技术已经成熟,为解决能源问题而发展的小型太阳能和风能技术已在部分地区投入使用;将来需要重点发展的技术包括抗旱、抗盐碱、抗风蚀植物品种培育,与播撒植物种子配合使用的无毒、无污染、透气透水化学固结材料,耐老化,耐打磨、具有一定塑性的工程防沙材料。

(六)可持续发展与荒漠化防治

环境和生态是经济发展的重要影响因素。可持续发展的核心是发展,但要求在严格控制人口、提高人口素质和保护环境、资源永续利用的前提下进行经济和社会的发展。

可持续发展与防治荒漠化的关系，主要包含两方面的含义。一是防治荒漠化本身的可持续性，防治荒漠化实质上就是恢复或重建与当地自然环境相适应的稳定的生态系统。二是社会经济发展模式是否与防治荒漠化相协调，只有两者能够起到相互协调、相互促进的作用，社会经济的健康发展才有根本保障，并具有可持续性。

（七）绿色GDP与荒漠化防治

胡锦涛总书记在2004年中央人口资源环境工作座谈会上指出："要研究绿色国民经济核算方法，探索将发展过程中的资源消耗、环境损失和环境效益纳入经济发展水平的评价体系，建立和维护人与自然相对平衡的关系。"

GDP（国内生产总值），指在一定时期内国内的生产要素所生产的全部的最终产品和服务的价值，它包括设在国内的他国拥有的生产要素产出的价值，它是国民经济核算体系的核心指标，反映了一个国家（地区）社会经济发展成果的重要标志。这种GDP核算方法目前在国际上较为通行，然而它不能完全反映环境和生态因素变化对经济的影响。绿色GDP概念的提出弥补了这一不足。绿色GDP即现行GDP总量扣除环境资源成本和对环境资源的保护服务费用所剩下的部分，它是反映可持续发展的可量化的重要指标之一。在我们进行荒漠化防治的过程中，应以绿色GDP的理念为指导，将环境资源成本和效益纳入到生态效益的计算之中。

（八）生态伦理与荒漠化防治

能源问题、人口问题、野生动植物和种群保护问题、空气和水污染问题、资源保护问题、有毒废气物暴露问题等，将决定当代乃至后代人的生活质量。人类行为甚至会危及到地球的大气层及季节，以及地球上所有生命生存所必需的条件。当今的文明倾向于将这类问题简单地处理为科学上的、技术上的或政策上的问题，可事实上问题远不仅此。这些环境和生态问题提出了一些关系到人类的价值这样的基本问题，或者说是伦理学和哲学的基本问题。

所谓生态伦理，是指与人类中心主义相对立的一种新伦理观，其基本要点是，人类只是整个自然界中的一个物种，是地球生命系统中的一个成员，它和其他物种其他生命没有本质的区别，彼此之间应该平等相处。在面向21世纪的今天，单纯追求地方经济发展而不顾荒漠化加速发展的行为，是短视和自私的，既不符合国家法规和政策，也危及到子孙后代的安身立命，从根本上违背了我国传统文化中的道德观。

参考文献

[1] 周生贤. 再造秀美山川的壮举-六大林业重点工程纪实[M]. 北京:中国林业出版社,2002.

[2] 李永芳. 首都林业五十年[M]. 北京:北京市林业局,1999.

[3] 史亚军等. 城郊农村如何发展观光农业[M]. 北京:金盾出版社,2006.

[4] 丁向阳. 2006 北京市生态环境建设发展报告[M]. 北京市发展和改革委员会,2006.

[5] 侯元兆. 森林资源核算(上、下卷)[M]. 北京:中国科学技术出版社,2004.

[6] 李明志,张学培. 实施京津风沙源治理工程的问题及对策[J]. 北京林业大学学报,2004(3):76-79.

[7] 姚金刚. 京津风沙源治理工程的实践与探索[J]. 山西水土保持科技,2005(2):16-17.

[8] 张英. 聚焦京津风沙源[J]. 中国林业,2004(6).

[9] 田光金. 林药间作生产模式的优势与推行策略[J]. 现代农业科技,2007(1):103-104.

[10] 刘璨,张巍. 退耕还林政策选择对农户收入的影响[J]. 经济学(季刊),2006(1).

[11] 中国可持续发展林业战略研究项目组. 中国可持续发展林业战略总论. 北京:中国林业出版社,2002.

[12] 徐文营,王颖. 开春已暴发六次 狂风数昨日为烈 北京遭受十年最严重沙尘袭击. 经济日报,2000.

[13] 与沙尘暴抗争:一个西西弗斯的神话. Southcn. com

[14] 李一功,黄正根,傅上伦,等. 风沙紧逼北京城[J]. 人民日报, 1979.

[15] 赵南起. 我国防治荒漠化的严峻形势及对策. 北京:人民网,2000-06-16. http://www.people.com.cn/GB/paper464/805/105448.htm/

[16] 孙杰,王文化,吴献. 治沙止漠刻不容缓　绿色屏障势在必建. 人民日报,2000-05-15.

[17] 李滨生. 治沙造林学[M]. 北京:中国林业出版社,1990.

[18] 王礼先. 水土保持学[M]. 北京:中国林业出版社,1995.

[19] 孙洪祥. 干旱区造林学[M]. 北京:中国林业出版社,1991.

[20] 王礼先,王斌瑞,朱金兆,等. 林业生态工程学[M]. 北京:中国林业出版社,1998.

[21] 李世东,闵庆文,陈应发,等. 生态状况判断的理论基础及在中国的应用[M]. 生态环境,2006(4):838-834.

[22] 韩剑宏,倪文,宋存义. 河北坝上农牧交错区水资源优化配置探讨[M]. 中国农村水利水电,2003(8):99-100.

[23] 田汉勤,万师强,马克平. 全球变化生态学:全球变化与陆地生态系统[J]. 植物生态学报,2007(2):173-174.

[24] 王传宝,陈克勤,徐惠喜. 美以巴埃等国防沙治沙的经验与做法. 经济日报,2007-05-16.

[25] 刘于鹤. 北京林业发展论坛论文集[M]. 北京:中国农业出版社,2007.

[26] 李云才. 社会主义新农村建设的关键是什么[M]. 长沙:湖南人民出版社,2006.

[27] 杨文杰. 西北地区森林培育激励机制研究[M]. 北京:中国农业出版社,2006.

[28] 初春霞,孟慧君. 生态移民与内蒙古经济可持续发展[J]. 农业现代化研究,2006(2):104-109.

[29] 李进山、焦志忠. 水利富民持续发展[M]. 北京:中国水利水电出版社,2003.
[30] 全国第二次荒漠化、沙化监测报告. 国家林业局林业规划勘察设计院,2001.
[31] 李育才. 中国防治荒漠化战略研究. 2001.
[32] 国家林业局全国防沙治沙规划(2003—2010),2003.
[33] 张玉. 中国荒漠化灾害的经济损失评估. 中国人口·资源与环境,1996(1):45-49.
[34] 刘江. 全国生态环境建设规划. 北京:中华工商联合出版社,1999.
[35] 全国草原生态保护建设规划(2001—2010),农业部,2000.
[36] 全国水土保持治理规划(2001—2010),水利部,2000.
[37] 中国的农村扶贫开发. 国务院新闻办公室,2001.
[38] 充满希望的十年——新时期中国林业跨越式发展规划. 国家林业局,2001.
[39] 三北防护林体系建设四期规划. 国家林业局,2001.
[40] 长江上游黄河上中游地区天然林资源保护工程实施方案. 国家林业局,2001.

图书在版编目(CIP)数据

科学治沙的理论与实践——北京京津风沙源治理工程实例/李金海,史亚军主编．—北京：中国农业大学出版社,2007.7

ISBN 978-7-81117-245-4

Ⅰ.科… Ⅱ.①李… ②史… Ⅲ.沙漠治理 Ⅳ.P941.73-53

中国版本图书馆 CIP 数据核字(2007)第 103921 号

书　名　科学治沙的理论与实践——北京京津风沙源治理工程实例

作　者　李金海　史亚军　主编

策划编辑	梁爱荣	**责任编辑**	梁爱荣　洪重光等
封面设计	郑　川	**责任校对**	陈　莹　王晓凤
出版发行	中国农业大学出版社		
社　　址	北京市海淀区圆明园西路 2 号	**邮政编码**	100094
电　　话	发行部 010-62731190,2620		读者服务部 010-62732336
	编辑部 010-62732617,2618		出　版　部 010-62733440
网　　址	http://www.cau.edu.cn/caup	**e-mail**	cbsszs@cau.edu.cn
经　　销	新华书店		
印　　刷	北京鑫丰华彩印有限公司		
版　　次	2007 年 7 月第 1 版　　2007 年 7 月第 1 次印刷		
规　　格	787×1 092　16 开本　12 印张　300 千字　彩插 4		
定　　价	40.00 元		

图书如有质量问题本社发行部负责调换